继农业、工业、信息革命之后

由神经科技推动的

第四次革命正喷薄欲出

窥其全貌

既令人惊奇得颤栗

也令人恐惧得失措

它带来的将是

一场新文明的诞生

献给　凯西和凯尔

第四次革命

看神经科技如何改变我们的未来

The Neuro Revolution: How Brain Science Is Changing Our World

〔美〕扎克·林奇 著

暴永宁 王 惠 译

科学出版社

北京

图字：01-2009-7751 号

《第四次革命：看神经科技如何改变我们的未来》原书名为 The Neuro Revolution：How Brain Science Is Changing Our Life，作者为 Zack Lynch，St. Matin's Press，LLC 为原书出版人。

图书在版编目（CIP）数据

第四次革命：看神经科技如何改变我们的未来/（美）林奇（Lynch，Z.）著；暴永宁，王惠译．—北京：科学出版社，2011.6

ISBN 978-7-03-031256-3

Ⅰ．①第… Ⅱ．①林…②暴…③王… Ⅲ．①神经科学-研究 Ⅳ．①Q189

中国版本图书馆 CIP 数据核字（2011）第 101028 号

责任编辑：胡升华　牛　玲／责任校对：刘小梅

责任印制：吴兆东／封面设计：无极书装

编辑部电话：010-64035853

E-mail：houjunlin@mail.sciencep.com

科学出版社 出版

北京东黄城根北街 16 号

邮政编码：100717

http://www.sciencep.com

涿州市般润文化传播有限公司印刷

科学出版社发行　各地新华书店经销

*

2011 年 7 月第　一　版　开本：B5（720×1000）

2025 年 3 月第十次印刷　印张：18 3/4

字数：280 000

定价：68.00 元

（如有印装质量问题，我社负责调换）

开场白

狭窄通道内的体验

我初步窥探到人类的未来，是付出了重大代价的。具体经过且听我在后文分说。不过我在此也要郑重声明，我付出的代价委实值得。

1988年的一个早上，我一动不动地站到了一块小平台的边缘上。平台下面，是澳大利亚昆士兰州北部的一片伸展到地平线的雨林。来自温热潮湿空气中的水分凝为水珠，一滴滴落到我身上。我记得自己一头跃入了空中：没穿衬衫，没穿鞋子，浑身上下只着一条浅蓝色短裤，再就是一条紧紧捆住我双踝的皮索。在平台下方140英尺处，是一个树木被伐光后留下的空洞。我一头栽下平台，向这个空洞俯冲过去，一路上拼命地挥舞双手，徒劳地要控制住自己的运动。几秒钟后，我的长发——我当时蓄的发式——的发梢轻轻拂到了汇在洞底的一洼池水的池面。我落到了预定地点。那根系在我踝部的蹦极皮索，准确无误地完成了广告中的保证——我还是个大活人。这一刻，我已经不再紧张，可以放松神经，开始享受飞行的体验了。

过了一眨眼工夫，我又重新冲回空中，再次被浓密的雨林包围。只不过这一次，周围的一切都是随着我的弹回而下降的。我觉得自己根本就没了重量。这种感觉一直持续到上飞结束，重力重新夺回掌控权，将我再度拉向水面为止。就这样几经起落，幅度越来越小，我最后终于在水池上方吊住不动了。真带劲！我还想再体验体验。

不出半小时，我又做好了第二跳的准备。为了加强体验的乐趣，我将站位转了180度；双膝微弯、双臂过头，猛吸一口气后，将身躯仰着向后坠落下去。就在这一仰一坠的瞬间，后腰突然一阵猛痛，似乎全身被一块块地撕成了碎片。当我跌落到下面时，腰部已经疼得好像全身的每个细胞都在向这个部位加压。我像是在接受电击的折磨，而且每上下振荡一轮，受电刑的感觉就重复一次。当最终停住时，我倒还是牢牢地系在蹦极索上，但脊柱却好景不再。

这一“蹦”给我带来的，是长达八年的脊柱骨科治疗和正骨理疗护理。每天早上起床时，我都不得不服用止痛药，而且还得不断加大剂量。

最后，我找到了一位神经外科医生。他为我安排了一次复杂的扫描检查，以诊断我的脊柱有什么问题。就这样，我很快就来到加利福尼亚大学旧金山分校附属医院，让我长期备受煎熬的身体接受一种成像设备的检查。这台设备当时——1996年——是最最先进的。就是这台机器，成了带领我管窥到伟大未来的指路明灯。当然，这是我又钻研了一段时间后才充分意识到的。然而就在那一天，我在医院的诊室里见证了刚刚肇始不久的一场革命，一场我相信很快便将变革人类未来的革命，而且在深度和广度上无疑将不亚于历史上耕犁、蒸汽机、集成芯片等重大发明给人类带来的变革。

行将带来这场革命的主角是所谓的“神经技术”，**意指用于理解和影响人类大脑与神经系统的所有手段与工具。**这一技术除了能够应用于医学，还能给其他领域——金融、贸易、宗教、战争、艺术，任您随便点——带来长足发展，而这正是本书的着眼点。正是由于神经技术的不断扩展，人类目前正迈向我称之为“神经社会”的未来。所谓“神经社会”，是指在神经技术的推动下，个人的、群体的、经济的和政治的方方面面都会发生重大变化的现实存在。我在讲过本人因蹦极而遭“崩脊”的经历后，接下来将根据来自世界各地的许多最聪明、最努力的科学家、企业家与思想家的工作成果与大力赐教，尽自己所能归纳出这个神经社会的全面图景。

让我们再次回到我做检查时的情景。我将全身衣服一一脱去，再套上一件医院的宽松罩袍，用两枚粗大的耳塞将耳孔严严地堵住，然后就在仍然能听到的电机声响中平躺到一张活动床上，头先脚后地被送入一台中空的机器。机器是乳白色的，形状像是个平放着的大圆筒，筒洞的直径只比我的肩膀略宽些。这台机器的名称是核磁共振成像扫描机，也就是MRI扫描机。

当我的全身都进入这台扫描机的圆筒后，床身便停了下来。从头顶上的一只扬声器里传来了操作技师的声音，问我目前的身体感觉，通知我检查即将开始。有人觉得，待在核磁共振成像机里面听它工作，就像是听到一台开动着的风镐。我倒是觉得仿佛是有一大堆有整个房间大小的活塞在上下翻飞。不过虽然动静不小，但与我几年前在“音响总汇”（伦敦的一家舞厅）听到的电子丛林音乐[①]相比，还算得上安静。

扫描过程在30分钟后结束。机器上的计算机已经记录下了这些轰鸣透过皮肤进入我的身体后又返回外界的情况，并对这些数据进行了分析。之后我穿好衣服，一步一挨地返回家中。几天过后，我又来到了医生的办公室。在那里，我看到了这台机器从

① 电子丛林音乐，又称鼓打贝斯，英语为“drum and bass”，是一种电子舞曲的风格。出现于20世纪90年代初，以快速的节奏与碎拍的鼓点辅以厚重复杂的低音为其音乐风格。——译者

我身体之外透过皮肉看到的内部情况的图像。在我的腰椎下部，有一块叫做椎间盘的软骨被撕裂了，导致那里本已十分拥挤的组织受到挤压，压迫到了重要的神经。正是这不断的压迫，造成了当初那一蹦之后时断时续的痛苦。如今，医生掌握到了我的脊椎神经受到持续压迫的证据，又认为是可以医治的，便决定施行手术。他在我身上割开一个小小的开口，取出了那块惹祸的软骨，让附近的神经有了正常的安身之处。过了几个月——与我受罪的时间相比其实很短，我就可以重返内华达山体验高山滑雪，也可以重去南太平洋历练水肺潜水了。神经技术为我重获自由出了大力。我决心对它有所了解。

对人体进行的最早全身性磁共振成像扫描是 1980 年 8 月 28 日在苏格兰实现的。成像技术的这一成就，很快便被认定为医学诊断领域中自 1895 年发现 X 射线成像以来的最重大进展。而为最终实现核磁共振成像作出有关发现的保罗·劳特伯（Paul Lauterbur）和彼得·曼斯菲尔德（Peter Mansfield），也共同获得了 2003 年的诺贝尔医学与生理学奖。

20 世纪 90 年代初，一项名为功能性磁共振成像（functional MRI，fMRI）的新技术出现了。fMRI 是核磁共振成像技术中的一支新秀，其名称中之所以带有“功能性”字样，是由于它与原有的核磁共振成像技术有一点不同：以往的核磁共振成像技术只能够对病人的某个部位做出诊断，例如判知膝盖的软骨组织是否需要治疗等；而通过功能性磁共振成像技术，却能掌握到有关部位在特定过程内的一系列活动状况。单就对大脑部位进行成像而言，功能性磁共振成像过程涉及的是获得大脑在不同时间的若干快照。大脑中积极活动的区域会消耗较多的氧气，反映到功能性磁共振图像上，则是对应的亮区。对比检查这一系列亮区的分布情况，便可得知当人得到种种刺激时——如看到一堆钞票、想到涉及爱情或者美丽的事物时，有关的信息是由大脑的哪个部位接受和处理的。

仅用了短短数年时间，对大脑进行功能性磁共振成像扫描的专用设备的功能就得到了极大的扩展。可以说，几乎所有领域的科学家，都开始积极地参与起对大脑的研究来，获得的知识呈现了爆炸性的增长。世界各地大大小小的医院、诊所、大学和综合性实验室，无不纷纷对各自的研究内容和侧重点进行了相应的调整。

除了大脑成像外，药物和医疗器械也是神经技术涉足的部分。它们都在共同应对着全球将近20亿人不断遭受的由种种精神疾病和神经系统的疾病和损伤带来的折磨。不过，所有这些事关医学领域的内容，如阿尔兹海默病（老年性痴呆）、精神分裂症、抑郁症、慢性疼痛、成瘾等。其实这些都只是神经技术可以发挥重大作用的诸多领域中的一部分。它能发挥作用的其他领域还有很多，而且也同样神奇、同样划时代。还在神经技术的发轫阶段，许多睿智人物便预见到它将带来深远的社会影响。里德·蒙塔古（Read Montague）——一位性格丰富多彩、令人一见难忘的卓越科学家，本书后文将不止一次地提及此公——便是其中的一位。他是这样说的："神经科学出现了，而且一上场便令人瞩目。它的身上印着最大号字体的'危险品'字样。如果它（神经技术）真正有用，那作用简直就会同核能不相上下。像这样的技术，成熟的速度总会超过人们的预想。想一想我们能够拥有某些手段，用于得知别人都在想些什么，我真是有些茫然不知所措了。今天，我们已经有能力判断出，一个人的大脑里正在转动着的念头，究竟是关乎自己的还是涉及他人的。如今也许听起来似乎没有什么大不了，可要知道，这在以前可是没影儿的事哩。要换到十年前，就连眼下我们正在进行的这场讨论，都是绝对不可能发生的。所以，以这样的加速度进行下去，用不了几年，我们将要谈论的，就将是今天谈起来会使人震惊的内容了。"

附带说一句，就在我读蒙塔古所写的一本书，同时考虑着自己的这本书下一章的构思时，我订阅的《纽约时报》送到了，报上有这样一篇报道："哥伦比亚大学特设沟通艺术教授头衔，兴趣广泛，既通晓精神分裂、又深谙弦歌音律的神经学者兼作家奥立佛·萨克斯首膺此职。"[1]

萨克斯博士迄今已经有10部著述问世，其中有些是介绍脑科学的科普作品，每一部都很出色，其中以两部名气最响：一是《错把妻子当帽子（萨克斯医生讲故事）》①；二是《睡人》②。后一部被拍成了电影《无语问苍天》，由罗伯特·德尼罗和罗宾·威廉斯主演。《纽约客》杂志也时常刊载他的文章。哥伦比亚大学的这一新职衔，使他可以不受任何限制地进出该大学的所有系级。据哥伦比亚大学校长李·卡罗尔·博利杰表示，聘请萨克斯就任此职，表明这所学校促成脑科学与商学院和法学院的各门学科以及其他多个人文学科形成紧密联系的意向，以便引导这些专业的学生寻找和解决理解人类自身存在的种种最基本的问题。

与萨克斯博士得到这一聘任同时发生的另一事件，是纽约哥伦比亚大学为加大神经科学研究力度和确保其对多种学科的渗透，追加了2000万美元的资金投入。在此之前，该大学还做出了一项决定，将上一年所得捐款中的2亿美元用于建设一座新的研究中心，专供开展一项名为"思维、大脑与行为"的研究项目之用。

这所大学显然看到了变革的大潮，预见到它行将拍岸。而引发这番大潮的，正是新崛起的神经技术。在今天，向学术界、文化界、政界和企业界等诸多领域积极引入神经技术的，绝不仅仅是纽约哥伦比亚大学一家。

---

① 原书名为 *The Man Who Mistook His Wife for a Hat*，此为中译本书名，黄文涛译，中信出版社 2010 年出版。——译者

② 原书名为 *Awakening*。

“神经科学将会像不久前出现的DNA鉴定那样，在法律界掀起巨大波澜。”麦克阿瑟基金会[①]主席乔纳森·范同（Jonathan Fanton）宣称：“神经科学家们需要懂得法律，而律师们也需要了解神经科学。”2007年年底，这家基金会向多所大学提供了总计1000万美元的资助，用来供它们联合进行一项调查，以了解神经技术对全世界法律系统的影响。这笔资金可真是用到了刀刃上。正如加利福尼亚大学圣巴巴拉分校参与这一项目的负责人之一迈克尔·加扎尼加（Michael Gazzaniga）所说：“神经科学已经开始为陪审团的判决提供佐证。法庭也业已批准在讯问自述有精神障碍的犯罪嫌疑人时，可以借助大脑成像技术提供有关的证据。”

接受到大量金钱资助的，不单单是大学和学院中的神经技术研究部门（在此类部门中，单是马萨诸塞理工大学一处，不久前便得到了3.5亿美元的捐款，用以筹建麦戈文脑科学研究所）。私营企业和机构也加大了资金投入，以寻求将这一技术付诸日常应用的手段。在过去的十年间，后一阵营所得到的神经技术投入资金已经增长了三倍。与此同时，美国国立卫生研究院专门用于研究脑系科与神经科疾病的拨款也翻了一番，上升到接近70亿美元。尽管这些资金中的大部分将集中用于对有关疾病的了解和开发有针对性的治疗手段，但在相关的过程中积累到的知识，仍可以促进从股票交易到感悟艺术等诸多方面的发展与进步。这些内容将在后文中向读者一一介绍。

自我写下本书的第一行字以来，已经过去了八年时光。如此旷日持久，原因之一是要跟上神经科学领域内喷涌而来的文献的增长步伐委实困难。要跟上这种步伐，真不啻从高压消防水龙的

① 这位麦克阿瑟是美国企业家约翰·麦克阿瑟（John Donald MacArthur，1897～1978），不是第二次世界大战期间的美国将领道格拉斯·麦克阿瑟（Douglas MacArthur，1880～1964）。——译者

水柱中喝水。正如著名的神经生物学家史蒂文·罗斯（Steven Rose）所说："整个世界都在向神经科学领域倾注努力，结果是在它的所有层面上都出现了'消化不良'。"

随着我对有关神经的科学与技术的了解不断加深，我的眼界也渐渐高了起来。这种眼界，就是既能揣想到技术今后将会向哪些方向发展，又能认识到文化环境与能否取得这些发展的关系，并在这两者间找到合适的兼顾点。我将努力凭借这一眼界进行叙述，以确保我在为读者导航时既不致触礁，又能见识到真正应当看到的景致而不会漏掉重要景点。

这本书，将把大家领上一个观景台，看到面前绝对震慑、美不胜收而又完全现实的美景，一如20年前我居高临下时所见识到的那片热带雨林。从当年我被送进核磁共振成像机的那天讲起，本书将会介绍有关的种种科学背景知识，说明为什么会有众多的杰出头脑以巨大的热忱投入到神经科学领域的研究，并促成它朝我们希望的方向发展。本书还将指出人们应当提高警惕的潜在危险区，以避免自食恶果。人类当前所面临的这一变革时期，是希望与危险共争消长的时期。让更多的人认识到这一变革的深度和广度，并对它的规模发展和一浪高过一浪的前景做好思想准备，也正是我撰写本书的目的之一。

明智地掌控神经科学的进展，并用于创造福祉，这将是人类有史以来最重要的使命之一。

目录

CONTENTS

Chapter 1 时间望远镜

你回首看得越远，你向前也会看得越远。

—— 温斯顿·丘吉尔

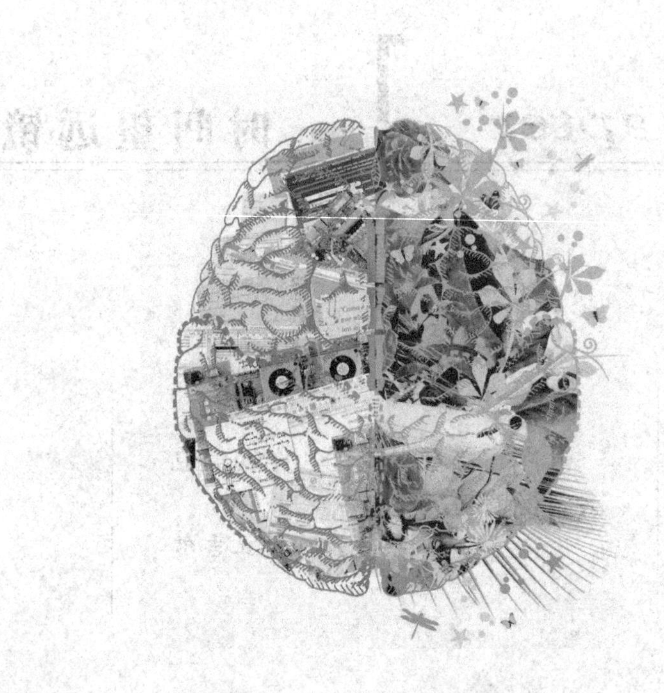

当我在旧金山市的医院里被送进核磁共振成像机，被这一当时最新的技术成果紧紧围在里面时，我的感觉就有如一只被蛹壳包住的毛毛虫：眼下受缚，但憧憬着化为蝴蝶的前景——不再受慢性疼痛的折磨。这个愿望实现了，使我至今每天都还要谢天谢地。而就在那一天，我开始了另外一种经历，就是我一天天认识到，这一十分先进的成像技术，除了对医药学和外科学有着积极作用外，还具有远远超出这两个范围的巨大潜力。

这个巨大潜力，就是给历史带来又一场必然会出现的重大变革。也就是说，新的神经技术所带来的巨大变化，势必会促成对人类的自身存在具有提纲挈领作用的方方面面的彻底重新塑造；生命、家庭、社会、文化、政府、经济、艺术、休闲和宗教等，将无不包纳在这一全新改造的范围之内。

这样一场变革的巨大浪潮，将会涌入我们这颗星球的每个角落，所到之处，都将出现由蛹化蝶般的彻底蜕变。

如果我们之中有足够多的成员，能够认识到目前的这一形势，并且能够明智地、博爱地和注重实际地引导这一浪潮，使之不断地达到新的高度，那么，它将使人类的能力得到空前扩展，并以此实现重大变革，构筑起新的社会，使得在这个社会中，人人都会得到更大的发展，实现更均衡、更满足的生活。而人类的这个能力就是对既是宇宙间最复杂的**存在**，也是决定人类生活质量的最重要的**决定因素**，实现越来越精确的控制。这个存在，这个决定因素，就是人类的大脑。

科学家目前正在以惊人的速度，建造起有关大脑反应与运作方式的知识“大厦”。对于为何能够以这些越来越多的知识为工具进行变革，以及如何才能实现变革，并以此改变生活的方方面面，人们的有关认识也在不断地长足增长。更好地了解自己的大脑，可以使无论个人还是国家都做出更扎实可靠的决断，营造更持久的幸福快乐。我们将努力发掘出种种潜力，实现人类多年以来一直梦寐以求的目标——实现人与物质环境的和谐，实现人与人之间的和谐，实现人与自身情感的和谐，步入安泰，构建繁荣。切实认识自己的大脑，就可能创造出学习、工作与分配的新方式，更好地理解人类实现文明的不同方式，加强自身的创新能力。种种存在于从肉体到精神的各个层面上的“慢性疼痛”——这里借用了医学术语——也将得到缓解和消除。将这个行将出现的神经社会与目前的社会相比，两者的差别将不啻文艺复兴时期之于石器时代。无论是人际关系、政权基础、艺术表现方式，还是宗教体验、学习模式、身心健康和商业竞争，都将出现巨大变化。

这些个人的和社会的变革，会严正涉及人类存在的意义。因此，变革的过程将会从始至终伴随着深刻的思考和严肃的争议。

对于神经技术和神经科学，读者可能已经通过近期杂志和报纸有所知晓。这些传媒会刊载介绍科学家研究大脑成果的文章，宣传这些人已经看到了大脑工作的实时状态云云。这些报道主要集中在介绍一些初期成果上，其中涉及的又基本上只是医学领域。诚然，医学是极为重要的领域，研究起来也非常有趣，不过，在即将到来的世界性变革中，它确实只是构成了一个侧面而已。神经科学如今在带动着诸多领域的研究。诸如神经神学、神经法学、神经营销学、神经美学和神经金融学等许多崭新的学科组合的快速出现，使大学的院系划定处于沿革状态。神经科学的发展是如此之快，以致即便是当今最出色的科学家，也往往会隐隐感到，神经科学推动的变革，正在使原先本属于自己学术专长的领域变得陌生起来。

通过大众传媒对神经科学的新闻报道，读者可能会对神经社会已经迈出的最初几步有所了解。本书的后面几章将会让大家看到，神经科学阔步向前的时代即将到来，并将如同历史上其他重大变革之于当代一样，对我们这个时代产生确定无疑的影响。

近几年来，我一直以当今世界上若干最出色的头脑所预测的即将出现的重要事物为目标，进行全面的调查和整理，以便准确无误地掌握企业、大学和独立实验室等各地开展神经科学研究的进展和取得突破的动态，为的是综合不断更新的大量信息，并在此基础上尽可能准确地判断将会出现的新的实际突破。

在接下来的几章里，我将会站在这个独特的视角，提供我所看到的某些重要片段，以帮助读者形成有关未来的图景。

变革会引发动荡，自然就会导致恐慌。我们面临的种种挑战将是巨大的，因此，它们固然会带来难以估量的收益，但也仍将引起社会和文化的深度冲突，甚至会触发可怕的暴乱。

置身于神经科学大潮中的人们，有时会觉得正被卷向灾难。这也正是目前人们不时产生的感觉。不过，面对从地狱前来拘人的牛头马面，难道有理智的人不应当对这样的未来忐忑不安吗?

报纸上刊登的、连篇累牍地尽是可怕消息：恐怖分子一次接一次地血腥报复、全球气候变化、世界范围的食物短缺、中产阶级的迅速消失、触目惊心的高自杀率、扶摇直上的能源价格、波及各洲不绝吞噬生命财产的战争、币值跳水、婴儿在赤贫家庭中大量出生……一幅幅尽是不稳定的多极世界前景。种种纷乱和艰难时世，有如传说中的九头喷火恶龙，造成了一种广为流传的预言，就是人类正面临大规模死亡甚至灭绝的前景。

幸好我们还有祖先传给我们的好奇心和闯荡精神；幸好我们之中有数十亿人，都愿意通过在行将崛起的神经社会中的共同努力，构筑起一座通往继续生存的未来之桥，并将它构建得足够宽阔，让全人类都能通过。我们也会让人们不仅仅是苟活。如果人类能够战动荡而胜之，就会驾驭住自己，让被美国前总统亚伯拉罕·林肯称之为“人类天性中的天使部分”发挥近于无穷的作用，就会乘长风破巨浪，进入昌盛的时代。

自文明曙光乍现以来，人类共经历了三次巨大的社会变革，而每一次变革都是由新发明的工具推动的。每一次技术飞跃，都让人们以先前不可能设想到的力度掌控了周围的世界，而这三次掌控能力扩大的结果，是造就了人类的三个新时代。

现在，我们就要去认识一下第四个新时代了。

大约一万年前，人类进入了农业社会。以牛拉犁成为代替人力生产食物的方式，畜力成为人类驾驭起来的首要能源。从此，我们的祖先不再被迫不断地打猎、采集和迁徙；开始有剩余食品供存储之需；一向零散星落的群居点，开始变成有成千上万人定居的市镇和城邦国家；专业化的职业应运而生。人类生活的复杂程度大大增加。

200多年前，蒸汽机出现了，随之而来的是工业化社会的开始形成。人们对能源开发、商品生产和资源分配的控制能力有了成倍的加强；距离比以前容易跨越；世界各地都出现了新的市场。人类生活再一次形成更深更广的相互关联，程度也大大强于上一次变革。

我们这一代人目前所生活的信息时代，是伴随着集成芯片的诞生来临的。我们能够在霎间实现世界范围内的知识交流，而这种大范围内快速交流的实现，一方面大大提高了现有各个行业的工作效率，另一方面又催生了前所未有的新行业和新职业。我们生活的复杂性和内部关联度，都在非常短的时间内达到了令人瞠目的地步。

这些新技术不仅造就了新行业的出现，而且重新构建了行业竞争、人际交流、艺术形式和战争模式。它们带来的变化如此巨大，可以说达到了彻底乃至永远改变后代人命运的地步。

如今的人们正处在另外一轮强势无比的社会变革的浪尖上，并已开始感受到巨浪形成前的暗流涌动。这场变革的潜在能力，要大大超过前三次变革中的任何一场。它就是正在形成的神经社会。大家很快就会在后文中看到这个变革即将来临的初期佐证，并一步步认识到，这场浪潮将赋予我们对人类两大空间以超乎以往想象的控制能力。这两大空间，一是**包围着我们的宇宙**，二是**存在于我们体内的世界。**

催化神经社会形成的因素很明显。它的到来是无法避免的，更何况已经端倪初现。不过，对这场扑面而来的变革将会达到的深度和广度，即使最切近其中的人们也无从全面构想。可以说，它带来的将是一场新文明的诞生。

我认定它必然到来的理由是这样的：世界人口在过去的200年间猛增了20多倍，达到了66亿。而且在同一期间，人类的平均寿命也延长了一倍多，达到了创纪录的70岁以上。最新的人口预测表明，到2040年时，美国达到和超过85岁的人，会从今天的420万增长到5400万，也就是将从今天只占人口总数2%的比例增长到将近20%。

人口剧增和年龄老化，给现代社会带来了难题。近年来开始形成的全球性人际密切关联，在带来机遇的同时，也造成了新的困难。与此同时，许多一直存在的老问题也变得尖锐起来。我们在时时都在变化的世界中蹒行，而指导我们行动的大脑却基本上仍停留在旧石器时代的发展水平上。尽管人的大脑——这个用于处理问题的机器复杂无比，但却不得不处在应接不暇、刺激又过多过强的状态，而且还是日复一日、无所停歇的。长此以往，大脑便有可能于无形中迅速变为阴险可怕的麻烦制造机器。我们不断接触到种种有关生活方式的信息，但却无法具体实现这些方式；我们要找到真理，但真理却总在改变。这两种遭遇的结果，使人们不断陷入认同危机。面对当今财富分配不均和权力滥用的现实，我们中的许多人感到震惊与气愤；而另外还有一些人有财有势，却终日在无聊中打发时光混日子，感觉不到自己处在特权地位有什么幸福。无论在哪个国家，也无论在什么文化环境中，到处都能看到严重的迷茫、沮丧、愤懑和怨怼，而且都在不加掩饰地表现出来。

不过，在花费了数千年时间提高掌控自然界的能力后，人类即将获得的是提高掌控精神世界能力的新工具。这些工具将帮助我们迈出合乎逻辑的下一步，即战胜产生于这个高度关联而又城市化的信息社会的压力。

利用大脑科学的现有成果，通过用以了解和影响人类大脑活动的神经技术所提供的一整套工具，我们便能以前所未有的方式体验生命。神经技术让人们得以自觉提高情绪的稳定性、增大认知的清晰度，并扩大享受最佳感觉的感官体验能力。

这场神经革命带给人们的，远远不止于给部分人提供几种突破脑化学进化程度局限的新奇玩物。它所能带来的，是能从最深处重新构筑每个工业领域、一切组织机构和各个政治系统的功能。

让我们共同见识一下即将来临的前景吧。

让我们以近250来的历史为参照，将“时间望远镜”指向未来方向，看一看在即将来到的半个世纪里，工业、商业、政府和人际关系都将会如何构成；再看一看人类的第四个具有划时代意义的变革，将会对这些构成产生哪些影响。

这里所说的“时间望远镜”，是一种概念、一个模型，指代对人类社会的发展，按照将历史划分成后浪推前浪的一系列技术浪潮的方式，进行比一般性概述更精细的阐述。对这个概念模型，我在后文会有较详细的解释。我相信，它能使我们对未来社会进行长期性预测的结果更为可靠。我所说的预测，意指看出在未来世界中会有哪些因素起作用，以及这些因素的作用会遵循什么规律，而不是对于事物做出十分具体的估计。这就是说，预测是对以往各个变革阶段的规律进行不以细节准确为目的的映射，以看出未来变革的方向和强度。

不涉及过于具体的估计，理由是十分充分的。历史的经验使我笃信，即使是学识最渊博的巨擘，在对未来的预测上也往往会大大失灵。

比如，著名的爱尔兰物理学家开尔文（Lord Kelrin）勋爵曾在1895年宣称，比空气重的飞行器是“科学上不可能的”。但只过了五年，莱特兄弟便在美国小城基蒂霍克的多风海滩上进行了第一次飞机试飞。再如，托马斯·爱迪生（Thomas Edison）也在1880年表示，他刚刚发明出来的留声机“并没有商业价值”。而不久前，我在得知赫比·汉考克[①]被授予当年的格莱美音乐奖后，也加入了争购他的名为《约尼·米切尔谱写的音乐之河》这

① 赫比·汉考克（Herbie Hancock），美国爵士乐作曲家与演奏家，被认为是20世纪最有影响的爵士乐代表人物。下文提到的《约尼·米切尔谱写的音乐之河》，是他2008年的得奖作品、题赠给他的多年音乐知交、通俗音乐女歌手约尼·米切尔（Joni Mitchell）的歌曲集。——译者

张光碟的百万大军，用实际行动表现了对这位“门罗帕克的魔法师”[1] 当年断言的不敢苟同。1955 年，一家很有名气的家用器具公司的首席执行官预言说，核动力吸尘器将在 1965 年成为现实。实际上，原子家庭清洁革命并没有实现，而我们无疑都应对此额手称庆。1962 年，英国迪卡唱片公司的总裁将四名前来求助的青年音乐家拒之门外，说“公司不喜欢他们的声音。靠几只吉他打天下的时代已经结束了”，迫使起名为“甲壳虫乐队”的这几位来自利物浦的不修边幅的小伙子，不得不继续去其他公司碰运气。然而正是这只乐队，后来在整个流行文化界和音乐领域掀起了狂飙巨浪。20 世纪 70 年代初时，有专家告诉我们说，日本的电子工业将很快走入死胡同，因为立体声和晶体管收音机的市场即将饱和。在预测未来方面，此类例子可谓俯拾即是。鉴于以往有如此众多的事后看来明显为妄言的错误，要想比较有把握地预知未来的社会，从哪里切入为好呢？

我的经验是从历史入手。诚然，不少人都知道拿破仑的一句名言，即历史就是“胜利者一致通过的谎言”。我们也认识到，人们有许多凭借断章取义的历史来支持自己观点的手法。“时间望远镜”只是看视历史的诸多手法之一，不过其纵观效果还是令人信服的。

回顾一下自工业革命闪烁出第一星火花以来的这 250 年，人们就能看到，新技术的发展为社会变革开路的事实，呈现出一种大体固定的每 60 年一轮的模式。也就是说，这 250 年间共出现了五轮这样的浪潮。在每一次新浪潮中，都会涌现出一系列新技术，解决一些以往被认为不可能解决的问题。

这五轮浪潮中的每一轮，都是在若干种新出现的低成本产品

---

① 门罗帕克（Menlo Park）是美国地名，在美国有三个：两个城市名和一个地区名。这里指的是新泽西州的一座中等城市，是爱迪生当年做出众多杰出发明的地点，他也因之被称为“门罗帕克的魔法师”。1954 年，此市更名为爱迪生市。——译者

得到开发和广泛使用的促进下涌现的。这些产品既催生了全新的行业，又同时改造了旧有行当，一路创造了社会组成的新模式。

回溯这一次次浪潮，追寻其中的关键技术的作用，我们能够发现一个可以预测的变化规律。尼古拉·德米特里耶维奇·康德拉捷夫、布赖恩·阿瑟、克里斯托弗·弗里曼和卡洛塔·佩雷斯等一些杰出学者，都已经广泛地研究过这类规律①。我相信，神经革命将沿着这些已被证明为规律的轨迹发展。正因为如此，这个规律为这一供人们探索未来的重要而又永远充满危险的事业的“时间望远镜”，提供了一个坚实的架设平台。

第一轮浪潮是水力机械化，发生在1770～1830年。水力机械化以水流提供的动力带动机器，取代了纯手工劳作，带来了生产力和供能的巨大飞跃。第一轮的浪潮为大众带来了廉价的棉布和食物。

第二轮浪潮是蒸汽机械化，大约开始于1820年，一直持续到1880年左右。出现在第一次浪潮末期的设备使铁成为廉价之物，导致了铁路的大规模营造。铁路加速了我们把商品和服务配送到远距离市场的能力。

第三轮浪潮是电气化，于1870年开始，延续到1930年。在此阶段，钢的生产成本变得十分廉价。这种优质金属的使用，再一次改变了铁路系统，也建立了现代化的城市。钢和新近发展成功的电力基础设施，使得摩天大楼、电梯、电灯、电话和地下交通成为可能。

第四轮浪潮是机动化，从1910开始，持续到1970年前后。

---

① 尼古拉·德米特里耶维奇·康德拉捷夫（Николай Дмитриевич Кондратьев，1892～1938），苏联经济学家，最早提出“康德拉捷夫长波”，即经济发展过程中存在着周期为50年左右的景气与萧条交替的长期波动的概念。1938年在肃反扩大化中被处死，终年46岁；威廉·布赖恩·阿瑟（William Brian Arthur，1945～），英国经济学家；克里斯托弗·弗里曼（Christopher Freeman，1921～），英国经济学家；卡洛塔·佩雷斯（Carlota Perez，1939～），委内瑞拉社会经济学家，她发展了康德拉捷夫的学说。——译者

廉价的石油促成了工业生产的规模化和工业经济的机动化。廉价的运输，使平民百姓陡然间可以获得便宜的商品和服务。刚出现时被贬称为“带轮子的卧室”的汽车，几乎改变了我们经济和社会生活的所有方面，导致了20世纪50年代的城市大发展和随之而来的州际高速公路网和大规模郊区的建设高潮。

第五轮浪潮是信息化，其崛起时间是在1960年前后。一开始时，电子计算机的使用只限于一小部分人，主要是大学、公司、政府和军队人员。但渐渐地，电子计算机的尺寸变得越来越小，效率越来越高，也为越来越多的人买得起。人们想出了让计算机进入家庭的种种良好理由。人们这样做得越多，信息浪潮的势头就越猛。企业家和发明者绞尽脑汁，钻研“呱呱叫别别跳”的产品和服务，以便充分利用这一浪潮的巨大潜力。

还是在20世纪50年代期间，已有学者们预见到，并具体描述了这个他们称之为“信息社会”的这一事物。但这个社会的真正来临，却是经历了20世纪80～90年代由高科技带来的真正的经济发展和社会变革的结果。我们这一代人在自己的有生之年，见证了地缘政治、经济和社会这三大领域内出现的巨大变革。在不到50年的时间里，信息技术重新塑造了整个世界，导致了亚洲经济崛起、即时环球资本网络、战争人员不对等的非对称战争[①]及其他许多事物的出现。在非对称战争中，手机和车库门遥控开关之类电子器件，变成了自杀式袭击者手里用来与世界历史上拥有最昂贵装备、技术最先进的武装力量鏖战的利器。

这些浪潮中的每一轮，又都各由四个长约15年的阶段构成。第一阶段是新技术的骤然增长，体现为纷至沓来的革新和全新技术类型的出现。在接着来到的第二个阶段，出现的是将新技术用于创造利润、催生新行业和重塑原有行业，这一过程在由此引起

① 指反恐战争。——译者

的金融混乱中进行。粗略地回顾一下以往的浪潮，会发现金融泡沫是这个阶段的常客。再接下来的第三个阶段便是扩大再生产阶段，产品市场在此阶段趋于饱和，利润大大下降，商品大规模普及。在最后一个阶段里，增长的减速导致投资者把投资转移到可能创造高价值和高利润的其他内容上，从而促成后面一系列改变世界的新技术登场。我们现在正在接近信息浪潮中的扩大生产阶段的尾声；虽然还不是强弩之末，但是计算机已经变得十分价廉，因此已经深深地渗透到人们的生活中，而且渗透程度达到了从某种意义上可以说是迩于无形的地步。

这五轮浪潮每 60 年形成一次，每轮浪潮的开始阶段和上一轮的最后阶段有大约 10 年的交叠期。每一轮浪潮的到来都表现得比上一次更强大，传播面也更宽，并为下一轮浪潮创造着洪波涌起的有利条件。

后面的章节将细论行将来临的第六轮浪潮的初起征兆。这里提前向大家出示几幅有关的“快照”。

神经科学的进步，已经使法律系统开始改变。在鉴定证言真伪方面，精确的大脑扫描技术很快可望使现存的多波描记式“测谎器”黯然失色，它以 90％甚至 95％的准确度向最高法院提供结论。“读脑”这一步目前固然还做不到，但在询问口供时，仍是可以使用大脑成像和已达到可信程度的情绪感受技术鉴别是否存在欺瞒现象，以维护真理和公正。不幸的是，在人权不受保护的国家，这些技术会如何被独裁政权滥用与歪曲，则实在是很难构想的了。

除了此类直接功用外，神经科学还能帮助人们寻找诸如某些人为什么会有暴力犯罪行为，以及其中是否含有生物学原因等极其重要问题的核心答案。弄清犯罪的根源，会使得通向未来的公正道路更加顺畅、更加可靠。犯罪行为的确有其生物学方面的原因，因此我相信，也许将来在对待罪犯时，除了关进监狱这一手段外，还可以通过责令服用改变精神状态的药物来改造之。

纵观以前的变革浪潮，我们可以看出，金融是最能适应新变革的行业之一。在即将来临的神经技术浪潮中，情况也会如此。设想一下，在密切关联着的世界市场里，每时每刻都有数十亿美元处于运转之中。登上经济大舞台，力图改进贸易绩效、令自己的每项经济决策更加精确的舞者堪称为数甚夥。人们曾被认为是经济活动的理智参与者。然而这一信条已经被神经科学的早期发现粉碎了。例如，最近的研究已经表明，人们几乎总会对未来事件的成效做出过高预期。购物就属此种情况。我们可能会相信，买来一辆宝马新车会使生活更加美好。其实，不管这辆车有多么了不起，拥有它的事实所带来的兴奋，会比我们原先期待的低得多，而且消失得也快于原先的设想。脑科学将会在许多方面改变传统的经济理论，而且还将催生出帮助专业金融人员胜出的新工具。有了神经技术，贸易商至少会得到两个新技术手段的辅助：一个是实时大脑扫描和神经反馈软件，用以将历次大脑状态和贸易成功与否的结果结合到一起，并根据神经生物学的连续性向经贸界人士提供预测，帮助他们在新的机会前赢得新的胜利；另外一个工具是无副作用的情绪稳定手段，使他们在处理压力巨大的复杂金融交易时保持平静心态。

我们还不妨对未来做更大胆的展望，在相信会出现种种今天看来已是情理之中的成果外，更希望有所谓“脑机接口”（brain-computer interface，BCI）系统问世，从而扩大人们提取与分析数据流的能力，加快做出有益决定的速度。此类新技术将给能使用它们的人创造新的用武之地，在全球范围的金融业和许多其他知识竞争行业中实现改变成本结构和变革效率的突破。有了神经技术，目前占主导地位的有关如何获得最高生产力和收益的经济管理理念，将发生根本性的改变。

神经革命将给艺术表现方式和娱乐界带来的变革也同样会令

人惊喜。电催生了电影院的产生，信息技术催生了视频游戏的产生；神经革命也将催生出艺术发展和体验艺术的新形式。例如，目前尚处于襁褓阶段的虚拟现实体验，将会繁荣到令人难以置信的程度。它们不仅包括使用梦幻般的景物和声音震撼人们的感官，而且会有能够感知愿望并随之调节娱乐体验的情绪感应技术。另外一种由神经技术催生的合流艺术形式，是在深入了解人们认为有些表现是可怕的或有趣的原因后开发的技术系统，通过佩戴它们得到对头皮的非损伤性磁学刺激来放大特殊的情绪状态。看到人类将如何在全球范围内发挥创造性，运用这些新的煽情工具来满足对新体验的欲望，将会是很有趣的事情。

神经科学也正在试图揭示宗教与大脑的关联。一些神经神学家希望最终将能用科学证明上帝的存在，其他一些同仁则希望通过科学给无神论以合法地位。对于神明是否存在这个带有根本意义的问题，即使人们永远得不出答案，也仍然有理由相信：揭示宗教信仰和宗教体验在神经生物学领域的内在联系，将能对一个一向被认为超乎人类理解能力的领域提供富有突破性的真知。在这方面获得的新知识，将可能动摇当今世界许多种宗教的根基。人们目前已经知道，癫痫病是可以通过外科手术治愈的；在大脑深处的一个名为角回的区域植入电极，就能够引发“灵魂出窍”的体验。神经技术也将创造无须打开人体的非损伤式手术方式，超距离地刺激人的情绪感受。这可以说是有了新的“招魂术”。达到更高水平的神经神学，会使不曾进行过长期意念修炼的人，体验到神秘的置身于祥和境界的感受。除了有助于获得神秘体验外，神经神学还会提供若干显著并可能是持续的影响。例如，摆脱抑郁症的羁绊，获得更好的免疫功能，增强与他人的沟通能力与愿望，对生活持有更积极的态度，等等。

刚才谈的是信仰，下面要说说破坏。复杂神经武器的发展，将会造成希望和危险之间的永久矛盾。神经武器的开发会引发社会巨大的焦虑、争论和臆想。情绪监测系统将会形成全球监控网络并遍及公共场所，以搜寻恐怖分子和罪犯。在未来的战争中，兼有勇敢武士和体育健将素质的人会是合乎需要的战士。筛选出此类人才，并增强他们的体力、毅力和认知能力，需要用到种种新型的强化剂。而现时的种种有争议的兴奋药物，若与这些未来的药物剂比起来，简直就会像是温和之极的“小儿阿司匹林”。此外，神经武器还会给这些战士提供诸如消除记忆之类的手段。

伴随着神经技术在对复杂的神经辅助娱乐系统和金融贸易辅助平台的全球性需求下高歌猛进，种种新型的神经武器系统也将迅速出现。

当然，有些发展未必会像我在这里描述的那样丝丝入扣地发生。在神经革命的初起阶段，准确预测细节并不重要，重要的是对事关每个重大领域里行将出现的大范围变革做出正确的预测。

了解脑科学已经造成的重新认识自由意志领域和改造刑事司法制度的既成事实，是观察脑科学将如何重塑世界的绝佳出发点。不知读者诸君的大脑，是否已经有所准备抑或开始行动了呢？

Chapter 2 颅腔里的证人

行为正义得到的每一个报偿，就是我们意识到知道我们做了正确的事情。

——让–雅克·卢梭①

第一次，魔鬼诱我这样做；第二次，是我自己找上门。

——比利·乔·谢弗②

① 卢梭：《爱弥儿》，李平沤译，商务印书馆，1978年，第4卷（下册）。——译者

② 比利·乔·谢弗（Billy Joe Shaver），美国乡村音乐歌手。这两句歌词摘自他自己创作的《第一次，魔鬼诱我这样做》歌词。——译者

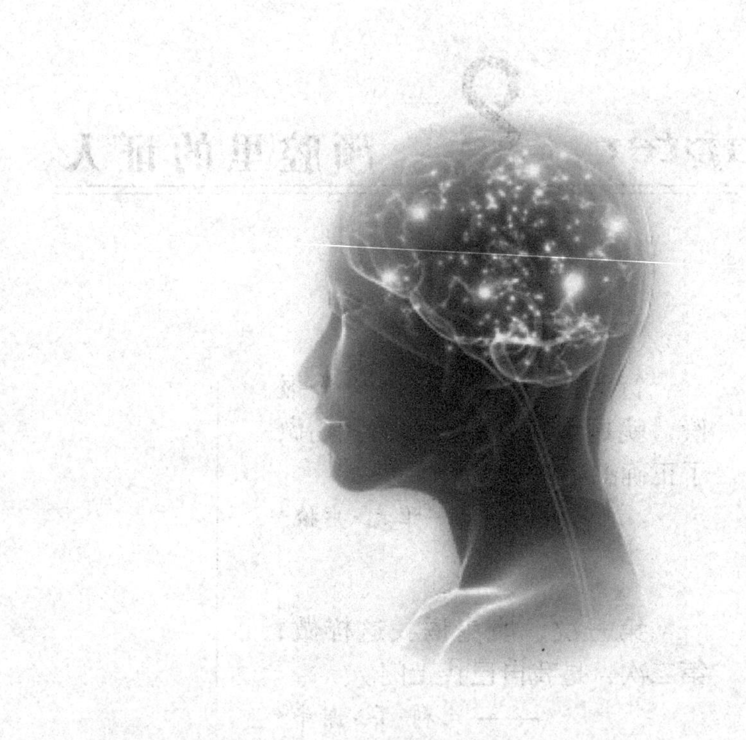

赌城拉斯维加斯有这样一个自我标榜的口号："凡事在这里都概不出门"[①]。为了宣扬这个特殊之处，这座城市已经源源不断地花费了上百万美元。它所宣传的，就是希望人们相信，到了拉斯维加斯这个地方，就可以随心所欲，而离开后，这些胡作非为却不会被外面的人们知晓。正如清口滑稽演员比尔·马厄所评论的，这个城市喊出这个口号来，几近于在它的所有信笺上堂而皇之地印上"请来青楼享艳福"[②]的抬头。而就在我写这本书的时候，该市的现任市长正直言不讳地表示，亟盼在赌城开设顶级奢华妓院，以便为当地经济增加一股新的诱惑力。

其实，这座城市所宣传的"密不透风"纯属子虚，只是一个

① Whatever happens in Vegas stays in Vegas.
② Enjoy your hooker.

无法兑现的允诺。不论是在拉斯维加斯，还是在别的其他任何地方，发生的每件事情，都会铭刻在大脑组织的几个不同的区域里，并一直伴随着参与者。与用计算机硬盘下载音乐相比，用大脑记忆坏事、丑事更容易做到，而且几乎不可能删除。

探知人们所说之言是否属实，是一个超级热门的话题。它对法律系统和社会整体都有影响。许多大公司和政府正在花费数百万美元进行研究，力图发现神经科学是否能从根本上提高我们辨识真相和谎言、区分恐怖分子和旁观者、识别骗子和清白民众的能力，以及估计我们距使此魔力成真的时间还有多远。拉斯维加斯所说的那句口号只是浪花中的小小一朵、冰山上的小小一角。在观察大脑同时处理众多信息的过程方面，我们已经具备了一定的能力，而且这种能力正在不断扩大。那么，谎言无法立足于法庭或其他迫切需要真相之处的时代，应当是指日可待的了。

神经法学是一个新开拓的研究领域，旨在探索神经科学的种种新发现对律法条文和执法标准的影响。就当前而言，人们对神经法学的发展对鉴别真伪会有何作用及会产生何种成果给予了太多的关注，致使另外一个事实动辄遭到忽视。这就是神经科学也会以若干种不同的方式大范围地影响法律系统，而测谎只不过是神经法学研究领域中的一个分支。其他分支目前也都在得到大力的研究，其结果是可能给一些存在争议并长期未能解决的议题，带来同样富有戏剧性的变化。

不过，以鉴定真伪这一议题作为本章的开端是比较适宜的，理由如下。

第一，在一些情节最严重的案例中，美国法庭正越来越看重测谎器以外的其他基于神经科学研究的判断。就在本书撰写到这里的时候，全美国上下处于审理阶段的案件中有神经科学介入的，据专家估计就有900宗以上。神经成像在人身伤害案中被认为是有效的证据，能鉴定出多种伤害的种类与原因，如医疗事故和接触有毒物质等。在因终止合同关系引起的法律纠纷中，神经成像也已被用来提供某一方是否不具备恪守合同的精神能力的证据。在伊利诺伊州，联邦地方法院最近已经同意由州一级机构提供大脑扫描证据，以说明青少年在现实生活中表现出的侵犯性行为是否与暴力视频游戏有关。

第二，这几年来，美国中央情报局和其他情报部门一直在神经科学研究上大把花钱，希望尽快开发出和使用上最先进的保卫国家安全的工具。美国国土安全局最近已经开始对一种名为“觅因探”（malintent）的设备进行实地实验。这是一种便携式设备，可用于需要对人群进行快速扫描的场合，如准备上飞机的乘客等，以发现盘踞在某些人头脑中意欲制造破坏的图谋。当人们通过一排“觅因探”接受扫描时，传感器能够发现面部肌肉的极其微小的不自主运动，从而揭示有人正力图隐藏自己的真实思绪。这些设备有望于2010年开始用于探测应激激素的存在。

第三，一些有科学眼光的企业家，正在打造种种基于新兴技术的真伪鉴定手段。这表明，此等人认为该类手段可能会在私人应用领域赚来亿万利润。据专家估计，尽管用测谎器得出的结论比掷硬币猜正反可靠不了多少，私人企业仍然肯每年花费大约40万美元用于测谎器的测试。美国政府每年也会安排约4万次测试。这使得一些有冒险精神的企业家估计，如果能够达到更可靠的测谎水平，肯花大钱的主顾会更多。这样的测试无须绝对准确，只要可靠程度能达到95%，联邦最高法院便会接受。

用神经科学方法鉴别真伪是个新事物，但有研究已表明其有令人瞩目的准确程度。研究人员已经揭示出，在了解如何获取大脑信息以令其吐露某些类型的秘密方面，神经科学确实存在着巨大的发展前景。目前的研究集中在通过观察大脑中与记忆有关的区域是否会在特定条件下——例如出示只有了解犯罪详情的人看到才会有所反应的证据——呈现出可以观察出的兴奋灶。

一些研究人员声称，他们的测试准确率已经达到95%。还有一些人认为有望在五年内实现100%的可靠程度。如果确实能够做到这一步，判断嫌犯案发时是否在犯罪现场的证据将会既迅捷又经济，而且近于万无一失。到那时，法庭将远不会像目前这么拥挤。正义的车轮将不再只能慢慢碾动，甚至有可能会像自动咖啡磨一样飞转。

至少这是许多研究人员目前的设想，是由实实在在已经取得的丰富成果所激发的憧憬。当他们在这个道路上坚定前行时，仍须注意到一个重要的事实，那就是在梦想成真之前还有许多困难尚待攻克。另外还有一个必须注重的情况，那就是激发这个梦想的愿望实在强烈，随之而来的压力实在巨大，这就要求人们极度谨慎地行事。要设置极高的标准来衡量证据是否可靠，而历史的经验告诉我们，人们通常却会设置相当低的标准。

有这样一个故事，说的是一批土地投机商想向正担任着美国总统的林肯行贿，目的是想从总统那里知道，北美洲西部的哪一块会成为美国的下一个州——成为新州后，土地价格就会猛涨。他们许下了重金许诺。林肯不肯接受。投机商对这个反应是有所准备的，于是马上大大加价。林肯再次拒绝了。接下来，这些人又开出了天价。林肯叫来了附近的卫兵，吩咐说："请把这些人带走。他们开的数目已经接近我的底线了。"

这个故事的要点是：如果连林肯总统都会在诱惑前动心，恐怕任何人都会在所难免。前进中的神经科学向我们的司法体系和经济体系都提供了全新的重大可能性。我们之中许多人的金钱底线，与林肯相比会低得多。神经科学要发展到哪一步时，真伪鉴定的结论才是可靠的呢？

更为重要的是，在涉及真伪鉴定的研究人员、企业家和政府官员中，哪些人值得被信赖呢？

欺骗一向是行之有效的社会技能。我们在孩提时代便已学会，而且一生中都不时使用。人类自有了占有意识后就一直用其行事，而且时至今日也仍会为实现更大更好的占有目的而祭起这一法宝。这说明欺骗是个由来已久的历史现象。

另外，即使基于神经科学的测试能够实现95%的正确概率，鉴定结果仍有5%的误判可能。对于遭到错误指控的人而言，这个百分率仍然是太高了。

或许，大脑神经扫描的有效性目前尚未达到可立为常规检查的水平，这未尝不是好事情。让社会清楚地了解这项新技术对未来司法会有的、能有的和应有的意义，是需要一定时间的。据部分专家预测，不出五年，以功能性磁共振成像技术为基础的测谎技术便会臻于成熟，达到能够供联邦最高法院用于听证会的标准。更有甚者，还有一些专家认为，不出十年，大脑检测技术便能够辨识出谁是犯案者，而谁又仅仅是目击者。这就需要我们在面对的诸多问题前，争取在短时间内得到答案。

2008年6月，印度的一所法庭判决一名24岁的妇女犯有谋杀罪。依据就是大脑扫描结果显示，此女子了解某些足以判定其有罪的细节。扫描所使用的设备，在审理此案之前已经用于75例其他案件的调查，是一种通过传感器解读脑电波，在相关的记忆区域寻找兴奋灶的仪器。庭审法官事后写了一篇洋洋洒洒的长文，说明扫描结果的可信性。但这并未得到独立研究的支持，顶级的科学杂志也没有报道。美国的神经科学家们一致认为，这项技术目前仍是不成熟的、应当慎用的，甚至是不足为凭的。不过这些神经科学家也知道，将神经科学技术用于测谎确实存在着非常大的压力。

法官、律师、警察、国土安全局人员、家长、教师，以及所有与法律系统有关的人，都希望测谎技术能达到完美无瑕的地步。美国司法部的数据表明，这个国家坐牢的人数，已从1990年的110万人，急遽增加到2006年的210万人。以2008年初的情况计，有将近1%的美国人是被关在监狱里的[1]。如此高的入狱率，表明美国的犯罪问题是多么棘手。我们愿意尽一切所能使犯罪形势得到控制。最近几年，司法的重心已发生重大变化，从先前的以改造为重点转变为以惩处为重心。1994年加利福尼亚州通过公民投票确立的“三犯为限”立法①，便标志着这一潮流的突显。接下来就是“9.11”事件之后对识别间谍、变节分子和恐怖分子的强烈关注。有鉴于此，美国中央情报局和其他情报机构对利用神经科学鉴别真伪研究的热衷，实在是不难理解的了。

许多研究人员希望未来的神经法学不要再以量刑为重点。他们认为，随着人们对大脑异常会导致犯罪有更多的了解，法律会渐渐走向“治疗性执法”的道路，注重更先进的预测和防范犯罪的手段。

衡量神经科学是否沿着正确的方向前进，有三个著名的法律判据。第一个是所谓“多伯特标准”，它确立了决定科学证据是否在法律范畴内适用的必要条件，并已为许多美国法庭所接受。1993年，最高法院首次在一项判决中将该标准援引为判据。那次宣判虽然导致了一些激动情绪和伤感场面，但毕竟是使确定技术结论是否可用于法律有了依据。

“多伯特标准”的核心是，但凡来自专业人士的结论，一定要建立在已经为科学杂志发表的内容上，并已然接受了其他科学家的检验。

贾森·多伯特1947年出生时便先天畸形，少一根右前臂骨，右手只有两根手指。他的母亲在怀孕期间曾服用过“本可停”

① 指对第三次犯下重罪的罪犯实施无期徒刑处置的立法。——译者

(Bendectin)——一种据信可治疗孕妇呕吐的药物。梅里尔-陶大药房是陶氏化学公司的子公司，1957 年开始出售“本可停”，在随后的 25 年间约有 3300 万妇女使用。虽然在该药投放市场的第一年，该药房便因受到数百例事关婴儿出生缺陷的诉讼而受重创，但仍然有人使用这种药物。

一些颇具威望的科学家为作为原告的多伯特一家执言，认为贾森·多伯特是“本可停”的受害者。但法庭仍然判决原告一方败诉。不过，让人们感到既可笑又不堪回首的，是这一家人在败诉的同时，自己的姓氏却成为法律标准而青史留名。

问题出在法律条文中对于证据可靠性的具体规定上。当时还不曾有人发表过“本可停”会造成出生缺陷的全面研究资料。为多伯特出庭作证的专家们首先应当做的，是从文献资料中找到佐证，而这些资料应当有不止一个出处，还都应该刊登在有影响的杂志上，并已经接受过同行的检验，同时这些检验结果还得是对这些佐证归纳后提交发表的正式文献。这些要求加到一起都得到满足，才能具备作为证词提交法庭的资格。对此案而言，有关佐证的来源固然都符合“多伯特标准”(尽管这个名称当时尚未出现)，但归纳的结果只是形成了一份新文献，而它却尚未在科学杂志上发表过。因此，尽管这样的结论以科学尺度衡量是可信的，但从法律角度看却不足为凭。

通过这一诉讼而确立为可援引先例的法律原则表明，神经科学的进步，只有先通过在科学杂志上的出版和学界同行的检验后，才能为司法系统所接受。多伯特的故事至少再次证实了这一点。

第二个在美国神经科学上引起过争议的可援引先例，是 1923 年的弗赖伊案件。此案的可援引性后来根据《美国法典》1975 年第 702 修正条例得到了进一步的澄清。

詹姆斯·阿方索·弗赖伊被指控犯有谋杀罪。指控方提供的证据是由一位曾就读哈佛大学的心理学家威廉·莫尔敦·马斯顿出具的。马斯顿在六年前发表的一篇论文中提出，可以通过监测心脏收缩期血压的变化鉴别谎言。而《纽约时报》也在1911年的一篇报道此人工作的文章里，提出了同样迫切的要求，就是希望将神经科学测谎方式引入当前的法律体系。这篇报道预言说：将来“会不设陪审团，不用传唤成群的侦探和证人，也无须指控与反诉等程序……政府只需把嫌疑犯一一带到科学仪器前测上一测即可”。其实，这一要求未必不切实际。

这位马斯顿所发明的东西，就是雏形的测谎器。这一仪器所依靠的技术，尽管已被多次证明只是“黄铁矿”（fool's gold，或称做愚人金），但时至今日仍屡屡被当做“金标准”。

弗赖伊一案的审理结果导致了“弗赖伊标准”的确立。此标准又称“普遍接受标准”，内容是规定科学的证据，应该建立在能被科学界所接受的理论之上。由罗德·斯特林编导并主演的电视系列剧《暮色苍茫》[①]一经推出便大红大紫。其实，在这部剧集出现的35年前，主审弗赖伊一案的几位法官便写道：“如何认定科学理论从实验阶段跨入实用阶段的转折点，是件十分困难的事情，有如在苍茫暮色中划出一条日夜分界线……在这方面进行的推理必须有充分的依据，才能得到普遍的认可。”这几位法官认为，以当时的状况而论，测谎器还未曾达到可被广泛认可的水平。

《美国法典》1975年版第702款修正条例对此标准进行了修改，判定科学证据即便在尚未得到普遍认可的情况下仍是可以接受的，以此帮助法官和陪审团在一些案件里更好地理解证据从而做出判决。根据该条例的规定，只要有关证据系出自有关领域的

---

① 《暮色苍茫》（*The Twilight Zone*）是一部美国电视系列剧，共156集，从1958年起分五季播出，内容很杂，但多以异常环境和未来事件为题，多设难以界定性质的难题，并以情节跌宕为其卖点，其中不乏涉及科学及法律的内容。——译者

合格专家，即可承认其法律效力。

可以援引的第三块试金石，也是到目前为止最古老的一条标准，是上溯到英国法庭1843年的一项裁定。1812年，一个名叫丹尼尔·麦克诺滕的人，因预谋刺杀当时的英国总理罗伯特·皮尔，结果却误杀了另外一个人而接受审判。判决的结果是宣告被告无罪。

导致对麦克诺滕做出该判决的关键，是谋杀者的精神不正常——虽然过后有证据表明此人可能是个做戏高手。使这个案例成为法学经典的原因，也是至今仍在给法官们和陪审团成员们制造困难的存在：什么时候我们才能正确地辨别一个人是否应当对自己的行为负责。

这个麦克诺滕据信经常表现出偏执型妄想症状，认为很多人包括梵蒂冈教皇和英国政府在内，都在密谋对付他。他以木匠为职业，但以前当过演员，也学过医。据此人所在地格拉斯哥市的图书馆记录显示，他在行刺前一直在阅读有关精神病学的书籍——有可能是在寻找逃避定罪的法律缺口。他未被裁定有罪，但被判处在一家精神病院度过余生。自从1843年裁定以来，他的名字已经和被告一方以精神障碍为由进行辩护的概念联系到了一起。

后来，在维多利亚女王的命令下，英国上议院成立了一个小组，对这一案例进行核查。12名法院法官作证，帮助上议院完善了麦克诺滕标准，规定被告只有在精神障碍严重到不能意识到其所作所为的内容，或者不能理解其所作所为是错误的时候，才能按精神错乱的个例提供辩护。

这是历史上将有关精神障碍的条文写进法律的第一例。不过，人们理解这一状况存在的意识却早已形成，可以一直追溯到古罗马帝国时期，而且还在古希腊神话中得到了反映。半人半神的大力士赫拉克勒斯杀害了自己的全家成员，又屠灭了全村，但没有被降罪，因为这是神后赫拉向他施了魔法的结果。不过，在这个精神障碍案例的判决中有另外一项要求，就是责成赫拉克勒斯完成12项艰巨任务以资救赎。这就为后人留下了“有如赫拉克勒斯般努力”这一句俗语，意指付出了极其艰难的代价。我们今天视为神话的东西，当时可是融合了人们信念的结果。古希腊和古罗马的律法，实际上已经将精神残障纳入司法程序了。

就当前情况而言，在等待神经科学给我们带来技高一筹的手段的同时，当年的测谎器仍在得到普遍使用。从马斯顿发明有关技术时起，这种仪器便一直记录着同一个内容：受试者的紧张程度。这一点是科学的。

测谎器的幕后原理是这样的：如果撒谎会使你感到不安，你的身体就会出现若干反应，如血压和皮肤电导率的升高，而它们则会被测知，并通过一系列针笔记录到移动的纸面上。如果经受这种方式检测的人是位不喜欢或者惧怕权威人士的人，即便此人本性非常善良，没有做坏事，却仍然有很高的出现假阳性的概率；而一个不会为撒谎感到不安，或者虽然撒了谎而不自知的人，却可能会被测谎器放过。如果你被告知将接受测谎试验、但却知道自己并不是撒谎高手，那么不妨上网查看一番——有超过17 000条的信息帮你迎战测谎器呢！

根据美国国家科学院2003年的一份报告，在支持使用测谎器的研究论文中，近半数是科学质量低下的。而在使用这种所谓“测谎器”的所有场合中，对所得结果有正确预期的也只刚刚过半[2]。通过探讨和使用这种仪器，倒是很好地揭示出了两条始终正确的道理：一是人们热切地想要通过可靠的手段了解自己是否遭到了欺骗，致使得到经不起推敲的结论；二是用尚未得到真正开发的技术来愚弄自己会有多么危险。

1988年，美国国会通过了《雇员接受测谎器鉴别法案》(EPPA)。该法案规定，除了某几种特殊情况外，雇主在招聘时和雇用期间均不得对他们进行测谎实验；对于拒绝接受测试的雇员也不得“施行开除、惩罚或歧视”，并必须在工作场所的鲜明地点张贴这一法案。促使这一法案出台的，是“美国公民自由联盟”这一机构于1987年代表北卡罗来纳州的公务员提出的法律诉讼。在《雇员接受测谎器鉴别法案》实施之前，这些雇员须接受常规测谎测试，回答诸如“最近一段时间内让你有心亲狎的儿童是哪一个?”和“你最后一次酒后裸裎下体而不自知是在什么时候?”之类有辱人格的问题。

提出大量诸如此类的问题，会导致心理正常但性格较懦弱的人萌生犯罪感。这是由内心尊严受到损害引发的。

与此正好相反的情况也会出现，即具有反社会心态的人，能够接连撒谎而不会感到什么压力——他们之中甚至有些人，会对自己的反社会行为怀有不小的成就感。一个名叫加里·里奇韦的人就属此列。他在华盛顿州制造了多起谋杀案，制造了多年的恐慌。他一面为教会挨门挨户募集善款，一面诱拐妓女寻欢，并在事后将其中相当一部分妓女扼死。

这个里奇韦把自己和妓女的关系比作瘾君子和毒品。很长一段时间里（近20年），人们将这个在西雅图及周边地区制造恐慌的连环杀人犯称为“格林河杀手”（格林河是华盛顿州的一条长约100公里的河流）。他的大多数牺牲品不是妓女就是离家出走的女孩，在要求搭顺风车时入了他的蛊。1984年，他曾被指控为犯罪嫌疑人而接受测谎检测，结果被无罪开释。

最后是来自DNA检测的证据使他于2001年11月再次被捕，但这已经是在他战胜测谎器17年以后的事情了。他被判定有7宗谋杀妇女罪。此后他又承认了另外41例谋杀。许多人认为，被他谋杀死掉的人恐怕还要远远超过这个数字。

看一看近年的历史，测谎器大大失败的例子可以说是俯拾即是。

1995 年，时任美国中央情报局局长的威廉·凯西发表声明说："我很抱歉不能在公众面前更详细地说明奥尔德里奇·埃姆斯所造成的损失。如果我这样做了，就等于向苏联人承认这一损失的严重，并让他们更好地评估自己破坏行动的成败效果，这会使损失更加严重。这就是我不能再说什么的原因。"[3]

他所提到的这个奥尔德里奇·埃姆斯，曾经是美国中央情报局反间谍处的头目。他利用职务之便，成功地先后为苏联和俄罗斯服务，成为美国历史上最臭名昭著的双重间谍之一。例如，他在 1985 年泄露了几个美国间谍的名字，很快便使至少 9 人死于非命。仅以向克格勃输送文件这一条而论，经他手弄出的文件码到一起便足有 20 英尺高。因为位高权重，他无论什么情报都能手到擒来。他也曾经受到怀疑，但却通过了测谎器鉴定，又继续多年工作于地下，给美国造成了极大的破坏。

在根据大脑反应鉴定真伪方面，目前有多种不同的方法都处于研究阶段，而且都在争取资金支持，也都在努力争取应用于司法和其他领域。其中有两种方法是主要竞争者。这两种方法都基于在大脑记忆存留区域发现兴奋灶，工作原理也都是同一个：即便你杀了人，而且除了自己以外没有其他证人，但凭着一张只有罪犯能够明白其所指的照片（如受害人的照片），或者一段只有罪犯能够明白就里的口头叙述，几乎就百分之百地能使大脑里的记忆库活动起来，有如打开赌场大门前变幻闪亮的霓虹灯。

这两种方法中的一种叫做"脑反应图谱法"。这一名词是此项技术的发明者劳伦斯·法韦尔博士命名的。他在西雅图创办了一家公司，起名为"脑反应图谱实验室"，并为这项技术应用于实际付出了大量的精力。他并不是唯一相信这项技术具有极大潜力的人，该研究已经得到了美国中央情报局的大量资金支持，美国联邦调查局和美国海军也为他提供了协助测试手段。

他用头箍将传感器固定在受试者的头皮上，用以接收大脑在受到某种外来刺激时发出的脑电脉冲，从中发现特定的模式。这就有如鉴定出人们的特定指纹一样。因此也被称为“大脑‘指纹’”。这种方式也被称为“与记忆及编码相关的多元脑电反应”，又称 P300-MERMER，在此过程中产生的脑电脉冲称为 P300 波。外来刺激可以是中性的，如看到一张熟悉的面孔；也可以是恶性的，如看到一个凶杀场面。

时至今日，还没有发现有人具备主动控制自己的 P300 波的能力。因此“脑反应图谱”测试已经被印度司法系统在略加改造后采用。不过，基于法韦尔博士的这一测试方法之上的手段也并不是万无一失的。

美国西北大学的临床心理学家和神经生物学教授 J. 彼得·罗森菲尔德，在 2004 年发表了一篇论文，详细阐述了受试者如何使用简单易学的精神把戏，降低法韦尔博士的脑反应图谱法的准确度。罗森菲尔德目前正在从事一项研究，除了用到法韦尔方法中的脑电图监测之外，还将瞳孔大小、脉搏状况和体温变化在内的许多指标综合到一起。迄今为止，他只用志愿者做测试人，还没有施之于重罪嫌疑人和间谍。据他宣称，经过这样的改进后，可望达到 90%～100%的准确度。

另外一种方法是依托于所谓“知情测试”的功能性磁共振成像技术。2001 年，美国宾夕法尼亚大学的丹尼尔·朗格本发表了自己在这方面的初期研究结果。毒品成瘾者经常是老道的撒谎精，而多年致力于对海洛因成瘾的精神过程的研究，使朗格本积累了大量提问样本，可以有效地探知是否存在刻意控制冲动和愿意吐露真情的心理成分。

简单地说，“知情测试”的过程，是要求受试者回答几个问题；有些是随机抽取的和中性无害的，有些则是只有高度知情者才能回答的。无论受试人在回答问题时说些什么，只要问题能使其进入“知情”状态，理论上说就会引起大脑表现出明显的受激反应。

有相当的理由相信，朗格本的理论是有坚实科学依据的，但仍需要时间以资进一步求证。撒谎比讲真话难得多，需要更多的大脑区域的参与。一项最新的研究表明，讲真话是大脑7个区域共同努力的结果，而撒谎时却会有14个区域参与。额叶区的负担最重，抑制真相而同时用捏造的“事实”替代它，都有这个脑区的参与[4]。

朗格本2001年发表的这篇报告，引起了人们的极大兴趣。借助功能性磁共振成像技术，他得以揭示出大脑的哪些区域能够压抑真相和制造谎言。和法韦尔不一样的是，朗格本将重心放在创新性研究上，并在近年间发表了大量重头论文。“真实的谎言：骗局与测谎技术”即为其一。这篇于2006年发表在《精神病学与法学杂志》上的文章，综述了测谎技术的发展，并提出了具体建议：告诉有关科学家，为使该技术更加可靠，有关科学家们应该学习哪些新的知识。

这一研究的潜在商业价值并非朗格本自己的侧重点，但却是不少企业家的大力关注目标，并对此抱有极大的企盼。这些人中的大部分目前仍在观望，想等到实现95%甚至更高的准确性之后再有所动作，不过也有一些人已在推销收费不訾的服务项目。

法韦尔本人也在积极推广自己的实验室研究成果并加以改进。他的修改有时实际上只涉及个把无关紧要的细节，但他一贯坚持认为，自己所做的一概重要的甚至统统关键。

这并不是指责法韦尔缺乏科学判断力，但它确实造成了不好的后果。诚然，每个企业都有权推销自己，有的甚至会做得过头。但是，当企业成果会导致不是无辜便是犯罪时，不管涉及的是一个人的还是成百上千人的命运，都应当力所能及地达到最高标准。可信的测谎技术涉及几十亿美元的经济前景。就像在林肯的那则故事里，总统也得让士兵把企图拉拢、腐蚀他的人带走一样，神经系统科学界为找到测谎方法所受到的压力，以及兼顾慎重和机会的艰难，也会超出大多数人的承受能力。

脑电图已经在若干项十分正式的研究中得到了应用。不过，目前为许多研究人员所垂青的，是更新的功能性磁共振成像技术。斯坦福大学的布赖恩·克努森是神经经济学的开创人之一，后文将对他做详细介绍。据他形容，通过脑电图判断一个人在想些什么，就好比站在棒球场的高墙外边，只靠倾听观众叫喊声的高低来猜测选手们的表现。

法韦尔在脑反应图谱的早期实验中所用的测试方法，是给受试者看一些数码，它们的长度都与电话号码相同，而这些人自己的电话号码也随机地排在其中。结果发现，每个受试者都会在看到自己的这个号码时，其 P300 波中会呈现一次大跳，并且只会在看到它时如此。法韦尔告诉来自他的家乡艾奥瓦州的小报《费尔菲尔德总汇报》的记者说："到目前为止，准确率一直是100％。"他接着又加上了这样的陈述："所有的科学家都知道，永远的 100％是不存在的，所以我没有宣扬这是 100％准确的技术，但从统计学角度看，我确实对它有极大的把握。"

目前在美国，脑反应图谱提供的证据还没有被接受为足以形成定论的水平，但已经具备了成为证据的资格，并在一些事关生死大事的案件里发挥了一锤定音的作用。

这其中就有一件俄克拉荷马州加斯里市一名谋杀嫌疑人的案件。此君的姓氏不怎么吉利，姓屠（Slaughter），名吉米·雷伊。据原告方律师指控，他在 1991 年先是凶残地用匕首刺伤了29 岁的女友梅洛迪·沃尔茨的胸部，然后又用枪开火，但没有让她立即死亡，只是令她瘫痪。屠吉米和她所生的 11 个月大的女儿杰西卡·雷伊·沃尔茨，也被这个当爸爸的用枪射击头部杀死。再接下来，凶犯才将梅洛迪杀死，还用刀肢解了她的尸体，可能还试图在尸体上刻上一个大写字母 R。

1994 年，法韦尔对屠吉米进行了脑反应图谱测试。据他宣称，测试结果很肯定地表明，受试者对犯罪现场根本不知情。虽然总检察长助理塞斯·布拉纳姆称这一测试为“垃圾科学”，但屠吉米还是争取到了暂缓宣判并上诉陈情的机会。不过，上诉只是推迟了宣判日期。最后，俄克拉何荷州最高法院裁定屠吉米“没有权利要求判决后的复审，驳回脑反应图谱提供的能证实其无辜的新证据”。这一新证据倒是没有被推翻，只是未得到理会——法定程序使得脑反应图谱测试沦为不适当时机的牺牲品。再加上被告也未能争取到 DNA 鉴别的机会，否则，这一新技术也可能会有助于证实他的清白。

随着时间的推移，人们对这个案件有了进一步的了解。这让我们认识到，一旦神经科学能够提供鉴别真伪的可靠手段，司法审判能够并且将会如何清澈透明。

同时，据一篇新闻报道说，最初的主要调查人员声称，他曾因提出该案件处理不当而被调离此案。调查还表明，另外一个和沃尔茨有性关系的男人在案发后几天便失踪了。他提供的不在案发现场的证词被证实是虚假的。尽管如此，此人仍被排除在嫌疑名单之外。

2005 年 3 月 15 日，屠吉米吃了最后一餐：炸鸡和土豆泥，外加苹果馅饼和半升樱桃冰激凌。餐后，他被绑在了死刑室的轮床上。他对所有在场的人说：“我被指控犯有谋杀罪，但那不是真的，打从一开始就不是真的。愿上帝保佑你们。”然后他接受注射死去。

1999 年，法韦尔参与了另外一个棘手的案例，对一个名叫詹姆斯·格林德的人进行测试。此人系因其他罪行被捕，而在审讯中又承认曾在 1984 年强奸和谋杀了密苏里州梅肯县的朱莉·赫尔顿，此外还需对另外三起谋杀起诉接受庭审。虽然他已经认罪，但是他在不同时间的陈述是自相矛盾的，这使得供词并不可信。

根据法韦尔的测试结果，格林德对犯罪现场是熟悉的。当格林德被告知脑电图测试的结果后，他和控方达成一项协议：接受无期徒刑并不得保释。

根据脑反应图谱实验室的说法，“脑反应图谱法并不能测出有罪或者无罪，也不能确立是否参与犯罪。它所能够做的，只是查找有关信息是否储存在大脑里。”

法韦尔已经做客于《新闻60分钟》、《48小时》、《ABC世界新闻》、《CBS晚间新闻》、《CNN重大新闻》等重头电视新闻节目，并接受了“福克斯新闻”和“发现”两个电视频道的采访。《纽约时报》和《美国新闻与世界报道》杂志也报道过脑反应图谱研究的进展。在2001年11月的一次《新闻60分钟》节目播出中，主播迈克·华莱士提起了一直悬而未决的特里·哈林顿案件。

特里·哈林顿是艾奥瓦州的一名少年，被控于1978年谋杀了一名退休警官。2000年4月，法韦尔对哈林顿进行了脑反应图谱测试。经他确认，哈林顿的大脑中并没有关于犯罪现场的记忆，倒是存有哈林顿在证词中已经提出的自己不在犯罪现场的记忆。

艾奥瓦州的立法并没有规定必须遵循“多伯特标准”的条文，但是在一次决定是否需要重新审理这一案件的听证会上，地方法院一位叫做蒂姆·奥格雷迪的法官认为，与“多伯特标准”一致的脑反应图谱测试，可以为此案提供证据。不过，在艾奥瓦州地方法院的另外一次审理中，法庭又驳回了哈林顿要求重新审理的请求。艾奥瓦州最高法院根据宪法又驳回了地方法院的这一裁决，公诉人最后决定放弃指控，哈林顿恢复了自由。

法韦尔的测试结果并不是促使控方撤诉的唯一原因。就在进行测试的同一时期，又有越来越多的证据出现，表明犯人嫌疑人是无罪的。当初曾有过八份对哈林顿有利的不同的警方报告，但辩护律师都没有出示。另外又一位提供过对哈林顿不利证据的证人，后来推翻了自己先前的证词，承认那是受到胁迫的结果。

虽然促使控方撤诉的原因不止一个，但哈林顿案件中引起人们极大兴趣的，是法韦尔的研究工作。

大众媒体也对朗格本的“知情测试”进行了报道。朗格本的一篇发表于2001年的论文，一个月后又被《纽约时报》的一份报道提及。该报道告诉民众说，朗格本研究小组随机发给18位受试者每人一张扑克牌，并要求他们不要如实地说出手中扑克牌的点数和花色，然后对这些纸牌进行扫描，随后在显示器上一一打出来；每显示一张，就挑出一位受试者，询问这是不是他刚才拿到的一张。这样，这个人早晚会撒谎；而当他撒谎时，功能性磁共振成像技术会显示出此人大脑中的一个重要区域（叫做前扣带回）会变得较先前活跃。目前人们已经知道，这个区域在大脑的所谓“执行功能”上起着重要作用，比如在两种可能的选择中遏制住其中一个。

这一早期试验区分谎言和真话的研究，准确性达到了77%，固然不会赢得法官的认可，但已足能激发起认真的商业动机。

据企业家乔尔·休伊曾加估计，高准确度的测谎设备，会有每年360亿美元的市场前景。针对这个市场需求，他创办了一个名称非常时髦的公司，叫做“可信赖之MRI”（no lie MRI），希望借着“知情测试”商业化的契机腾飞。“可信赖之MRI”公司的管理顾问亚历克斯·哈特是休伊曾加最大的股东之一，还是万事达卡国际股份公司的前首席执行官。公司所聘的四位科学顾问中，有一位是台伦斯·塞伊诺斯基，他同时还在圣迭戈就职，任索耳克研究所克里克-布洛诺夫斯基理论和计算生物学中心主任。

塞伊诺斯基以研究学习过程中的电学和化学变化而声名卓著。他用超级电子计算机研究分析数据，试图证实有关神经细胞工作机制的设想。与测谎比起来，塞伊诺斯基更对治疗阿兹海默病等一类实际应用有兴趣，但他也断言说（大多数专家也会认同），“可信赖之 MRI”公司使用的方法，要比当前流行的测谎器测试更科学些。

所有这些，都解释了为什么休伊曾加会对“可信赖之 MRI”公司的前途极为自信。“我们手中有一项技术，虽然目前尚处于起步阶段，但它会日臻成熟，”休伊曾加这样向《今日美国》报的一位记者表示，“不过目前我们能向（客户）提供的，是建立在科学基础上的并有高度准确性的证明，证明他们所说的是否为真相。这在以前是不可能做到的。”[5]

2007 年，我在旧金山的一次投资人会议上见到了休伊曾加。此人学科学出身，有分子生物学学士学位和硕士学位，同时还获得了工商管理硕士学位。他的主要职业活动，是寻找科学发现可能带来的商机。他开创的第一家公司名叫 ISCHEM，从事的就是利用核磁共振技术，在血液循环系统里搜寻会导致心脏病的脂肪沉积。他目前仍是该公司的总裁和首席执行官。

休伊曾加告诉我说，“可信赖之 MRI”公司的商业开发得到了两个支柱的支撑。第一，许多医院，大学和私人实验室都有昂贵的核磁共振扫描机。当他向他们说明，如果将这些设备的闲置时间租赁出去，能给他们带来不菲的收入时，他们都很高兴地表示同意；第二，“可信赖之 MRI”开出的每次试验收费 1 万美元的价格，对那些想要在一场花费巨大的法律战中避免破产的人来说，仍然是一笔划得来的开支。

“可信赖之 MRI”公司有一个竞争对手，就是塞弗斯公司。后者开设在马萨诸塞州，专营测谎业务，由史蒂文·拉肯领导。据塞弗斯公司的网站宣称，该公司“使用最新的医学成像技术，检测人们在撒谎时大脑的内部变化”。据拉肯表示，公司还在解决一些枝节性障碍，也还没有制定收费标准，目前这方面的工作仍定位在开发阶段。但他相信，即将进行的深度改造，将会大大提高准确率，从现在所报道的90%上升到95%。他表示，相信自己的公司很快就会提供这样的测试服务，但也提醒潜在的客户慎记，任何准备提供真正有效的测谎服务的商家，目前都还面临着大量的工作。

他的从业计划是建立在由南卡罗来纳医科大学发明，后又转让给塞弗斯公司的若干项专利权之上的。他的市场目标是每年的大批“公说公有理、婆说婆有理”① 的对象。对于这样的各执一词，如能判断出哪一方说得真实可靠，哪一方就会胜出。

拉肯认为，律师和他们的委托人可能会是塞弗斯公司将来的第一批客户，但主顾也可能是国防和国土安全部门。当然，以功能性磁共振成像技术为基础的测谎手段不涉及水刑、电击、剥夺睡眠和人身恐吓等折磨手段，从而能够改善最近因严重违反《日内瓦公约》而大失脸面的美国政府的公众形象。

拉肯不仅是一位科学家，还是一位企业家。他取得了包括著名的约翰·霍普金斯大学的细胞和分子医学博士学位在内的许多文凭和证书。但是，即便有这样出色的学术背景，他的话仍不能减轻怀疑者的忧虑。神经伦理学权威人士、斯坦福大学法学教授汉克·格里利便是其中的一位。“在这项技术推向应用之前，我要看到根据”，格里利说，“而根据可不是什么让40个大学生撒上三轮谎，说自己手里拿着的纸牌是不是黑桃皇后之类”[6]。

格里利的这番话里包含着一个很重要的内容，就是我们需要知道，当测试的内容改变时，大脑运行的机制是否会因之不同。

---

① 原文是“他说她也说”（*He Said*, *She Said*），是美国1991年的一部喜剧电影，讲述的是两名观点不同但负责同一专栏的记者分别讲述相重叠的个人经历，但说法却很不相同。——译者

由于谎言的内容不同，潜在的后果也可能有所不同。一天下午，马萨诸塞理工大学的约翰·加布里埃利在我在前去拜访时，说出了他的担心："最大的难点就是把试验和真实情况联系起来，因为只有这样辨谎才真正有意义。"不过他也承认："更高的精确度可能还是有用的。"

只要测试的准确性达不到接近100%，不管是塞弗斯公司，还是"可信赖之MRI"公司，都不可能得到大多数神经科学家的认可。

然而在表态时，有人谨慎地表示支持也好，有人老实不客气地否定也好，神经科学似乎有把握帮助我们重新审理一下1843年的麦克诺滕案件。

请设想一下，大约在一个世纪以前，对于精神疾病，医生基本上只能诊断出两类：一类是"疯"，另一类是"傻"。医学的发展给了人们更加精确地对精神疾病进行分门别类的能力。现在，我们有了能够观察活着并正在执行功能的大脑内部的工具，这些设备同样也能开始帮助我们，正确理解人们为什么能够，或者为什么无法控制自己的行为。这些努力在过去使人们给精神疾病的不同表现贴上了不同名目的标签，如今将要带来的，则可能是更有效地推动神经革命，更好地、更准确地划分种种反社会行为的程度和处置标准，并从法律角度进行细分。

如果对麦克诺滕的案例能形成新的结论，那么无论是褒奖还是问责，首当其冲的都会是从英国来到美国、现居住在加利福尼亚的阿德里安·雷恩。

在英国的约克大学获取心理学博士学位后，雷恩在两所高警戒级别的监狱任心理学家职，同时他还在诺丁汉大学教授行为科学。1986年，他成为名为"毛里求斯儿童保健行动"这一项目的负责人和主要的研究人员。

反社会行为往往具有家族传递性。"毛里求斯儿童保健行动"

是一项雄心勃勃的跨代规模的研究，旨在了解反社会行为是如何传承的。该试验的第一步，是对1795名都是3岁大的女孩和男孩进行测试，地点选在非洲马达加斯加以西约560英里的热带岛国毛里求斯。这里地处印度洋西南，当年马克·吐温访问这里时，盛赞这里是“天堂设计的第一稿”。

对孩子和他们的父母进行了广泛测试后，该项目选定了100名孩子，对他们进行为期两年的强化培养，主要内容是按照他们在2～5岁期间应当接受到的标准给予足够的营养、锻炼和教育。那些孩子现在都已30多岁了。他们在11岁时，与没有接受此类干预的孩子们相比，便已经表现出较好的生理激励度和注意力，17岁时则比同龄人有较少的不正当行为。这个研究目前还在继续对这些已经成人的受试者进行着，同时还将他们的配偶和孩子包括进来。研究者们希望以更充分地介入社会的方式，争取在一代人的时间里消灭反社会行为。

围绕着“毛里求斯儿童保健行动”展开的种种关注，至今仍然是雷恩的策动力，只不过他如今是通过神经科学来寻找答案的。1987年，雷恩来到南加利福尼亚大学，从那时开始，他多次获得美国国家心理卫生研究所的嘉奖。2003年南加利福尼亚大学也因他在研究方面所表现出的创新能力予以表彰。

从遗传和行为两个角度研究涉及暴力、反社会行为，酒精中毒和精神分裂的神经生物学内容，是雷恩的工作重点。他的许多研究内容，都可以说成是“研究罪犯的大脑”、试图了解各种不同的反社会思想的形成原因，以及反社会行为是如何触发的。此类研究的目的也同“毛里求斯儿童保健行动”一样，旨在确立若干基本真知，并用其帮助梳理社会问题和救助制造这些问题的人。神经科学领域里的研究通常比较平和，但同样与鉴别真伪一样值得关注，只是后者容易吸引大众传媒的注意，从而被渲染得尽人皆知而已。雷恩和许多其他神经科学家的不事声张的工作，到头来可能会导致神经法学在法庭和审讯室以外的地方出现最令人瞩目的进展。

例如，雷恩使用了神经成像技术建立因殴打配偶被判犯罪的人的大脑活动模式，结果发现这些罪犯是在受到害怕遭到抛弃的心理这种非常特殊的情感折磨下施暴的。

当对这些施暴者宣布庭审结论、让他们知道遭殴打的配偶宣布独立并正式离异时，这些人的大脑里与焦虑和愤怒有关的区域便表现得异常活跃。这对治疗此种倾向，并通过实现更丰富的社会交往而终生防范此类行为，具有重大的意义。

南加利福尼亚大学的这项研究结果，仅仅是促使我们对罪与罚进行重新思考的不断扩大的证据体系的一部分。这样的工作一方面向全体民众提供科学依据，证明人类需要一个更为慈悲的温暖社会，同时又证明投资于实现更好的社会，终究会得到极大的回报，打破恶性循环的链接，让大家都更有安全感；另一方面也使存在问题的人更多地得到改变自己命运的机会。

展望未来，我们至少还可以期待会有另外两大类重要事件发生。由于有科学证据表明，犯罪行为经常同大脑病变和功能萎缩有关，这样一来，就会有更多的被告找到为自己开脱的理由，说什么有“魔鬼诱我这样做”。既然会出现这种可能，司法系统就得顺应，制定出合理、明确而又可行的标准，据以判定犯有罪行的人在什么情况下应当或不应当受到惩处。

大脑是决策的司令部。既然我们对破坏决策能力的因素有了更多的了解，就可以通过功能性磁共振成像技术实际看到错误行为是否是大脑里“线头搭错”的结果。帮助瘾君子脱瘾就是具体、可能实现的结果之一。例如，美国大城市里因重罪而被捕的人中，55％～90％的控制药物或酒精检测结果均为阳性；州立监狱中30％的关押者和联邦监狱40％的在押犯，所受指控都与毒品有关。不妨将嗜毒看做是用来与精神疾病带来的内部焦虑相对抗的自我控制方式，只是选择不当而已。这种设想将瘾君子们放到了不会意识到自己所作所为的地位上。更有可能的是，他们只是聊想摆脱某些使他们痛苦的体验而已。

专家们还估计，约 1/4 的在押暴力罪犯之所以使用暴力，是由于包括反应迟缓或者物理性损伤在内的多种大脑功能缺失导致的。在解剖被判有罪的杀人犯处决后的尸体时，经常会发现脑震荡造成的脑内额叶区的大面积损伤。在过去几年中，报纸的体育版报道了许多原美式足球职业球员的悲剧。这些人经年尽全力用自己的魁梧身躯冲撞同样强壮的对手，造成了无法治愈的大脑损伤，他们要么暴虓，要么落残。

请设想一下，如果我们当初能够正确地审理麦克诺滕一案，当会得到什么样的结果。将上述想法再施之于其他场合，比如，设想医学界的神经科学家发明了治疗暴力和反社会倾向的方法，结果又会如何。把神经科学知识和法律体系结合起来，可能会形成人们既尊重事实、又宽大为怀的理念，同时促使人们少乞灵于严打、多立足于救助。这听起来似乎不很务实，但现实是我们的监狱里关押的犯人一直在不断增多，不管建立多少新设施，都有迅速人满为患的可能。与其花钱建立监狱来限制已经成为职业罪犯的人，不如利用脑科学来帮助我们找到犯罪原因并挽救罪犯。

当然，准确地预测未来是不可能的。神经法学将要促成的实际进展，带给我们的可能会是惊诧和意外，而这正是我们目前就应该预见到的。近几年来，神经科学和心理学都有了长足的进步。但是，这两个学科之间还没有足够的交流与互动，仍然存在着有待填平的深沟巨壑。可以通过大脑成像来解读思维、发现谎言，或者决定一个人是否有罪的具体技术，目前并没有真正出现。已有的实验文献只包括 16 类研究，而且没有一致的和可靠的结论。现有企业能够提供的利用大脑成像进行测谎的设备，充其量也还只处于初级阶段，如果从纯科学角度考察恐怕就一无是处了。只要这项技术没有真正成熟，这些企业就是在推行伪科学，与上个世纪一直挂靠在司法系统边缘的测谎器难分轩轾。

借助大脑成像技术看到人们在想什么，这种希望既深入人心又引人入胜，因此要根除这种想法，实在像清除杂草一样困难。但是我们必须不懈地让人们知道，科学要求的是最审慎的行为。在准确的、有效的、确凿的大脑成像技术出现以前，神经法学还会在相当一段时间里处在不确定的和纷乱的状态。

尽管如此，我们仍有充分遐想的余地。

首先，技术会向不曾预见到的方向发展，困难往往会按照自己的逻辑、而不是专家制定的方式出现。1995 年，尼古拉斯·内格罗蓬特[①]写了一本非常出色的书，书名是《数字化生存》。他在书中指出，由于压缩和解压计算机文件的能力的提高大大超过了预期，数字化时代就比一些专家预计的提前若干世纪来临了。一个领域的微小进步，施之于另外一些领域，就可能发挥出倍增作用。以神经科学领域里如此众多的杰出人才之努力，焉能不带来霹雳般的震撼！

其次，目前也有些极富才具的人，正致力于探究神经科学应如何改造法学的巨轮，以更科学地立法和更有效地司法。

玛格丽特·格吕特博士是我所见过的最令人钦敬的女士之一，也是我们应当感谢的人物。她于 2003 年以 84 岁高龄去世。就在她去世之前的几个月，我在参加一次对我而言最重要的会议时见到了她。

希特勒建立他的帝国时，年轻的德国女子格吕特被纳粹当局定为“不可靠者”。她亲眼见证了纳粹当局制定反社会方针并大规模实施，戕害和摧残个人生活。目睹生活遭到如此扭曲的社

① 尼古拉斯·内格罗蓬特（Nicholas Negroponte，1943～），美国计算机科学家，马萨诸塞理工大学著名的“媒体实验室”的创始人。书中提到的《数字化生存》有中译本，胡泳、范海燕译，海南出版社出版（1997 年）。——译者

会，她想知道这些变化是否能得到复原。从此，这就成为她工作的主题。格吕特接受的教育和人生体验，促使她寻找公平、公正和道德的含义，让她相信科学和法律应该融合在一起发挥作用。完成大学阶段广泛的人文学科学业之后，格吕特又进入海德堡大学的法学院深造，获得了法学博士学位。

1951年，格吕特移民美国，先是帮助丈夫在俄亥俄州的乡间行医，然后在一家为发育性残疾人开设的医护机构里做管理人员。由于受到神经性伤残的影响，这里的病人生活得很艰难，无论尽多大可能提供帮助也无济于事。她想用当时所具备的最先进的科学手段来了解病人的神经状况。

1969年，格吕特和丈夫移居加利福尼亚。嗣后，她又进入斯坦福大学法学院学习。她的有关社会价值形成的见解，使她与简·古道尔博士[①]作了几次深谈，并在1972年见到了以动物社会研究著称的诺贝尔奖得主康拉德·洛伦茨博士，还在后者的鼓励下，继续寻找法律和科学相结合的途径。

1981年，格吕特创办了以她本人的姓氏为名的研究所，以进一步扩展自己有关法律系统必须帮助人们改善生活的理念。实现这一理念的方法之一，就是使法律工作者从科学角度理解法律对人们行为的影响。

格吕特研究所主办的年会是智力和人道价值观的非凡结合，并一直以此著称。许多生物学家和法律界专业人士都会参加这一会议，神经科学家也包括在内。我是在2003年第一次参加该会的。

当时我正在写这本书，并一直在科学论文文献中搜寻我想了解的信息。在加利福尼亚州内华达山斯阔谷滑雪胜地普伦杰克假日旅馆举办的年会上，我突然面对面地见到了诸多均为各自领域

① 简·古道尔（Jane Goodall）女士是英国灵长类动物学家与人类学家，联合国和平大使，因在坦桑尼亚野生环境下坚持对黑猩猩的研究达45年而为人钦敬。——译者

中的翘楚人物。我特别记得，在一次绝妙的讨论餐会上，有关自由意志的讨论在保罗·扎克[①]、保罗·格里姆彻[②]、霍华德·菲尔茨[③]、奥立佛·古迪纳夫[④]、玛格丽特·格吕特、凯文·麦凯布[⑤]和莫利斯·霍夫曼[⑥]之间滔滔不绝地进行，以至于我根本没去注意席上的美味烤鸭。这几个人中有几位还会出现在本书后面的不同章节里。我在那个晚上完全沉浸在这些极其坦诚的对话中，他们有关大脑研究彻底改变未来生活的所有方面的探讨，给我的启发是难以言传的。我感觉自己有如一个靠自学出道的初出茅庐的乐手，突然出乎意料地被邀与艾莉西亚·凯斯、埃里克·克莱普顿、博诺、布鲁斯·斯普林斯廷等人[⑦]一起同台即兴演出一样。我们讨论随机性、时间箭头、掷硬币、功能图简并、选择性进化趋势、多巴胺与神经元、动机、催产素、联感、鲸鱼……极其热烈而又融洽无比。没有人摆出无所不知的架子，即便当话题涉及自己的专业领域时也是如此，更不用说对进入神经科学这一不断扩展的知识领域中的其他新知识了。不过，与会的每个人都尽最大可能给出自己最明智的见解，揭示出最值得注意的问题。

就是在这个普伦杰克假日旅馆，我开始意识到一个现实，而且这一意识又在我参加的随后另外几次会议中有所强化。这一现实就是：虽然这些人都很优秀，但由于太专注于自己领域里的工

① 保罗·扎克（Paul J. Zak），美国学者，神经经济学的开创者之一。——译者

② 保罗·格里姆彻（Paul Glimcher），美国神经经济学家，美国神经经济学会的创建人与主席。——译者

③ 霍华德·菲尔茨（Howard Fields），美国神经科学家，加利福尼亚大学教授，惠勒瘾毒神经生物学研究中心主任。——译者

④ 奥立佛·古迪纳夫（Oliver Goodenough），美国工商法学专家。——译者

⑤ 凯文·麦凯布（Kevin McCabe），经济学家与经济理论专家，现任美国弗吉尼亚州乔治·梅森大学神经经济研究中心主任。——译者

⑥ 莫利斯·霍夫曼（Morris Hoffman），美国科罗拉多州法官，兼职教授。——译者

⑦ 这里提到的几个人都是流行音乐的时尚人物，有的是歌手，有的是器乐手。这里所说的即兴表演（jam session），是指流行音乐界经常出现的一种表演形式，并不是事先完全不准备，而是有所准备，但允许（并欢迎）表演者在现场演出时即兴发挥，这就需要全场演出者以高超的应变能力与技巧灵活配合，提供新的音乐感受，并时时会表现出超水平效果。——译者

作，致使没有足够的时间关注其他学科的进展；而在我自己这一方面，虽然我尽了最大努力去汲取所有知识，但又不知道如何把所有这些不同门类的所学知识综合为一体，因此很难进一步通过“时间望远镜”推知遥远的未来。

2007年，为帮助美国法律系统了解神经科学的最新发展并促成这两者的融合，麦克阿瑟基金会捐款1000万美元用于有关的教育开发，并冠以“法学与神经科学计划”的总名称，下设各种资助项目。在推行这一计划的努力中，以格吕特这一姓氏命名的基金会（此时格吕特女士已去世四年）发挥了关键作用。该计划规定，每一项目的资助时限为三年，到期时如已取得可观成果，麦克阿瑟基金会还可能延长其资助期。该基金会主席乔纳森·范同在宣布这一计划时表示，“神经科学家们需要了解法律，而律师们也需要了解神经科学。实现这一相互了解，将会给司法系统带来不亚于DNA鉴定的巨大影响”。

据我个人管见，这一认识仍然失于低估。

该计划的执行中心设立在加利福尼亚大学圣巴巴拉分校，执行主任兼首席研究员是心理学教授迈克尔·加扎尼加。前最高法院法官桑德拉·戴·奥康纳女士是名誉主席。

加扎尼加是2005年出版的《大脑与伦常：研究道德的科学》一书的作者，还曾是小布什总统任内成立的生物伦理学委员会委员。现在，全美国有来自20多所大学的科学家和法律学专家在他的指导下，分别致力于这个计划的不同项目。他们主要形成了三个联合研究网，每个网各负责一个研究领域。

加扎尼加同斯坦福大学的汉克·格里利共同负责第一个研究网，探讨脑功能减退的原因。所谓脑功能减退，是指由于出生时出了意外或后来受到损伤，致使大脑辨别对错或者控制行为冲动的能力明显降低的生理表现。

第二个研究网研究的是成瘾与反社会行为。第三个研究网的重点是研究决策的神经生物学基础。每个研究网的所有成员每年至少聚会三次，三个研究网一年至少共同聚会一次，交流各自的研究成果。

推行“法学与神经科学计划”重要的第一步，是发现当前科学领域中的知识空白，从而加快攻克亟待解决的神经法律问题的步伐。寻找空白的具体结果，又将为该计划提供特定行动的方向与内容，并吸引相应的科学人才加盟。

加扎尼加和他的伙伴们在迈出这第一步时，面对的是一个问题名单。名单很长，问题很多，而且都很重要，都值得重点关注。人怎么会成为罪犯？有没有与生物学有关的基本原因？在具有自我毁灭倾向的人群当中，有的是滥用毒品者，有的是见赌忘命之徒，有的是阔佬，却会为蝇头微利铤而走险……这些人的大脑是否异于常人？从小在罪行丛生的穷困社区长大的孩子，会表现出何种神经功能？为什么有的人在面对纷乱的不利环境时，反应是理智而积极的，而另外一些人却会在相同环境下诉诸暴力？当我们置身于群体当中并试图做出重要的决定时（如作为陪审团成员为犯罪嫌疑人定谳），大脑里会发生什么情况？……不过，在林林总总的问题中，最重要的一个是：神经科学最终能否给我们提供判明真伪的高度可靠的保证？

在一一分析了可能涉及的所有领域后，该计划的领导者们认为，首要目标应当是刑事责任，以及一个与之密切相关的内容——社会对罪犯应负的责任。

刑事责任是一个坚实的起点。它有着相当明确的法律学定义，从而提供着部分可资倚重的框架结构，也使研讨有了重要的参考准绳。例如，社会应将个人无法控制的阈界定在哪里才是准确的呢？类似这样的界定是要格外小心的，司法系统对此必须做到尽量准确。

得克萨斯州大学奥斯汀分校校园内发生的悲剧已经过去了

40多年。它长时间地引起了美国全国范围的关注。不幸的是，这样的事件在以后仍在不断出现，表明自由意志和个人选择的内涵有多么复杂。

1966年8月2日，得克萨斯州大学奥斯汀分校学生、前美国海军陆战队士兵查尔斯·惠特曼，把一整套武器带上了学校28层高的主楼的顶层观景台。在此之前，他已经谋杀了自己的妻子和母亲。他的武器是一管将枪柄锯短的猎枪、一只带瞄准镜的猎枪，外加一只步枪、一只卡宾枪和三把手枪。这座主楼的观景台堪称狙击手的天堂。事件发生几个小时后，警察才找到机会，将惠特曼当场击毙，但那时他已经杀死14人、击伤31人。

惠特曼因为有不当行为而被海军陆战队除名，但未受处分，仍算是正常退役。在大学期间，校内一名医生给他开了镇静药物，还将他转诊给一位精神病医生。该精神病医生认为他“处于强压怒火状态”。下这个结论毫不奇怪，因为惠特曼向他承认，自己有一个欲望，就是想登上学校大楼，“用打猎的枪去打人”。

在登上大学主楼开始随意杀人的前一天晚上，他还写下了自杀留言：“我不知道是什么原因驱使我写出这封信。可能这是为我最近的行为给出一些含糊的理由。这些天来，我连对自己也都无法理解了……然而最近（但记不清是从什么时候开始的）我已经成为许多不寻常的、不可理喻念头的牺牲品。”

枪杀了母亲和妻子后，惠特曼又补写了几句：“我觉得自己的确是残忍地杀害了两个为我所爱的人。我只是试图做得干净些、彻底些……如果我的人寿保险单还有效，请用于偿付我欠下的债务……剩余款项请匿名捐给精神健康基金会。也许研究结果可能阻止这类悲剧再度发生。”

法医在解剖惠特曼的尸体时，从他的大脑里发现了癌肿，肿块正好压迫着一个叫做杏仁核的区域。大脑的这个小小的区域，长度仅3/4英寸，却是处理情绪的重要中心。

这一系列事件，构成了一个令人伤心而又实难置信的过程。惠特曼的病情居然历时这么久，结果又导致了这么多人的惨剧，成了全美国上下报道的重点。每当这个案件取得新的进展时，都会把公众引向更深一步的思考：事情怎么居然会到了这步田地呢？

今天，如果精神病医生发现有病人有类似于查尔斯·惠特曼的表现，就会立即要求其做大脑扫描。磁共振成像机会揭示出脑内的肿块。如果是可以切除的，马上就会在第一时间实施外科手术。

就“法学与神经科学计划”的研究结果而言，科学家们的发现是，对于不同的病人，即便大脑内都生有同惠特曼的肿块位置与大小大体相同的癌瘤，影响也可能是完全不同的。

惠特曼有很高的智商，在当童子军时达到了鹰级这一最高等级，后来又做过童子军教练志愿者。但他也像自己的父亲对待母亲一样，对自己的妻子施行肉体虐待。他是伴随着枪支和狩猎长大的，在海军陆战队又接受过大量的武器训练。是不是他的人生经历，导致肿瘤对大脑中的这个极其重要部分的影响有所不同，造成了最糟糕的结局呢？这种疾病造成了大脑信号出现了什么变化呢？

将一大堆庞杂的情况去粗取精后，便可浓缩成为一个简单问题：什么时候法律系统应该认为“大脑让我这样做的”是有效的辩护，而别的时候则不能呢？

这个问题经常会引发一项争议，就是杀人的是究竟是枪还是人。普遍的看法是枪不能杀人，只有人能杀人。（清口滑稽演员埃迪·伊泽德对此说法表示同意，但又认为枪支也起了很大作用。）因此，我们要根据该人是否故意犯罪而确立不同类别和程度的量刑标准。

然而，大脑成像研究表明，人们在意识到自己的意图之前，大脑就已经先行有所反应了。自宗教和哲学诞生之日起，有关自由意志的争论就一直存在着。心理学和神经科学已经发现，自由意志主要是想象的产物。这是一条让人不容易接受的信息。但是凭借着大脑扫描技术，这一辩论内容的答案就比较容易得到了，而此类答案又可以形成法律政策的基石，用于研究其他社会问题。

除了理解意图的困难，最近的研究还表明，在未成年青少年的大脑中，某些部位还没有达到发育完全的阶段，额叶区特别如此，而这个部位在涉及衡量行动的危险性和控制冲动等有关理性判断反面，是起到重要作用的。这一知识在 2005 年的西蒙斯一案[①]中，对促成最高法院的减判裁决起到了关键作用。美国心理学会和美国医学会都提交了大脑扫描结果的分析概要，分析结果均表明，和成年人相比，青少年的脑容量相对较小，所以对青少年罪犯不应处以死刑。

然而，在社会决定是否接纳神经学提供的证据之前，人们还需全面了解的是，在确定犯罪行为原因方面，神经科学能够做什么、又有哪些是它无能为力的。所以真是可以说，加扎尼加和他的研究合作者的手里，掌握着许多人的生死命运。

“我们必须重新审视有关社会责任的理念。”这是加扎尼加在 2007 年 10 月卡内基科学研究院主办的一场名为“大脑、思维和社会进程”的讲座上，向首都华盛顿的听众表述的意见。

虽然大脑是负责作决定的器官，但加扎尼加在他的谈话里仍坚持认为，大脑实际上并不能真正控制决策过程——至少没有达到大多数人认为能够实现的程度，也没有达到法律认定大脑所能

① 西蒙斯一案于 1993 年发生在美国的密苏里州。时年 17 岁的克里斯托弗·西蒙斯（Christopher Simmons）说动两名比他还年轻的伙伴，准备入室行窃并杀人，并商量好了折磨与杀人的过程。此预谋于当年晚些时实现（有一人作案前退出），折磨并最后杀死一名妇女。由于被害者完全无辜且凶手手段残忍，州法院判处西蒙斯死刑。但作案主谋又为未成年人，而且有人证明西蒙斯心智不全，故就如何量刑多有反复。最后，美国联邦最高法院于 2005 年做出终审裁决，免除了西蒙斯的死刑。此后，美国通过联邦法律，规定凡 18 岁以下人，无论所犯何罪，均不得施以死刑。——译者

掌控的程度。他念了一长串可以通过神经科学帮助解决的法律问题，如确定任何一个犯有罪行的人是否真的因为精神异常而不能算是罪犯，如何准确诊断意识减退状态，审判证据可能受行为偏差影响的方式等。这些问题都是司法系统长期争议的内容。但在此之后，他又补充说，解答这些问题的行动目前才刚刚起步："这些都是非常棘手的问题，我们离准备好回答所有问题的那一天还远得很。"

可以认为，在今后的20年里，神经技术将加快前进的步伐，以低成本提供极度精确的大脑扫描技术。回想当年，人们也是由于在集成芯片方面取得了同样的进步——功能增加而成本下降——破译DNA以证实是否有罪的必要电子计算机技术才成为可能。当大脑扫描水平达到接近今天的DNA鉴定技术水平，人们又对大脑扫描所提供的证据的含义达成足够的共识后，神经技术将证实自己有能力改变法律系统的运作方式。

我们应该预见到的是，变革会以不同的形式出现，有的苦涩，有的甘甜。随着破译大脑功能能力的提高，各个社会都会出现迅速而有力的变革，但会以不同的方式进行。在比较开放的民主社会里，真伪鉴别的种种新技术将被用来证实无辜者的清白，保护这些人的自由权利，这是非凡的进步；但在闭关自守和独裁强权的国家，当政者却会利用此类技术钳制持不同政见者，强制要求对现政权的忠诚。

无论脑功能减退是先天所致、损伤造成，还是疾病影响，一旦掌握了此种异常对个人行为产生影响的方式后，就能发明强有力的新治疗对策。这些干预不仅会改变治疗精神疾病的手段，而且会改变执法方式。与在铁窗后度日如年相比，未来的司法对象会受到轻判，即监督其服用改变思维的药物，从而在其影响下戒瘾、遏暴和怡情。然而，这些药物如果被无法无天的恶人掌握，也会利用它们害人，如抹除记忆、挑起激愤和唆使暴力等。

一旦神经技术使得根据趋势预测犯罪行为成为可能，一些国家便会防患于未然，对国民进行大脑扫描；对可能的沉迷毒品者将令其服用阻瘾剂以防范其沉沦。研究人员目前正在研制用于制止尼古丁和可卡因成瘾的药物。据他们相信，这样的药物能够阻止成瘾性物质随血液进入大脑。

脑隐私将是21世纪中有关保护公民权利的关注内容之一。许多国家的法律和政治机构将会提出保护公民免受脑歧视的举措。美国的《基因信息非歧视法案》（GINA）在耗时将近十年后才于最近通过，它的形成会阻止雇主和保险公司凭借基因信息歧视有关人等。这一法律的出现，证明了革命性的重要技术（如DNA检测）会带来彻底的法律变革。随着《基因信息非歧视法案》的通过，美国人在充分利用基因研究的潜能来促进健康时，便无须担心自己的基因资料被别有用心者利用。我们也期待着神经科学的进步，将在同样的模式下被纳入保护个人认知自由的轨道，从而通过诸如“大脑信息非歧视法案”等法律条文；而此类条文的通过，又将进一步加速神经技术的应用进程，产生有益的积极结果。

神经技术将广泛施用于法庭的诸多方面，包括判定偏颇、索求真相和探知未来犯罪的可能性等。不难设想，鉴别真伪仍会是一个热门的重头议题。可以肯定的是，在并不遥远的将来，神经法学会在几个不同的领域里大显身手。它所要完成的，绝不是单单重新审查一下类似于麦克诺滕案的陈年积案，而是对我们赖以为生活准绳的绝对不下于数千条之多的法律规定一一更新。

Chapter 3 大脑营销术

我们研究理论，不是为理论而理论，而是为了用于实际。

——胡志明

思想的大部分内容是欲望的体现。

——埃里克·霍弗[①]

① 埃里克·霍弗（Eric Hoffer，1902～1983），美国作家与哲学家。他的《狂热分子》（*The True Believer*）一书（有中译本，梁永安译，广西师范大学出版社出版（2008年））受到广泛好评。2001年，美国设立了以他的姓名命名的著作与出版奖项。——译者

我来简单介绍一下人的大脑：通常的看法是它由三部分组成；外面的表层叫新皮质，是最晚进化生成的脑组织。表层下面是两个古老的结构：肢体皮质和爬行皮质。这两个比较古老的结构掌管着人们的基本功能——呼吸、血液循环、消化食物等，它们的运作是自主进行的，无须意识的干预。它们还可以根据直接的感官印象（如所看到的他人的面部特征和表情）不断地做出快速选择。至于最外面的较新的大脑组织，则从大脑的不同区域接受信息并一一权衡，然后不紧不慢地、深思熟虑地处理，俨然像是个议会。至于两个比较古老的大脑组织，却有些像是个性格冲动的司令，发布大量的命令而不顾及是否能够保持平衡。

在大多数情况下，大脑中的这个比较新起并且喜好进行斟酌的部分，是意识不到它要受到较老旧的大脑部分的控制的。我的一次经历很可以充当佐证。一天，我偶然听到了一首乡村歌曲，唱的是屈从于诱惑最终引祸上身的故事，歌词的内容围绕着一个与所有人都密切相关的醒目话题展开："我有什么感觉，自己还算明白；**我在想些什么，这可说不出来。**"

人类的情况当真就是如此。人作为生物，时常会有相当神秘的表现，甚至自己对自己也会产生这种感觉。有的时候，我们会在体验到强烈的感觉时只产生点滴思绪，而有的时候却因点滴感受导致震撼的思想。而且在这两种情况下，我们都不知道如何应对。在大多数情况下，我们甚至不知道火花是如何迸发的。我们不仅会在不知道自己是在想些什么的形势做出选择，而且会在明明知道哪些选择对我们有益时却予以否定。

既然我们自己都会对自己的选择莫名其妙，那么试图影响人们选择商品、服务乃至政党结果的人，对他人就更会是身处五里雾之中了。以广告为推动力的美国经济，每年会刺激超 1200 亿美元规模的广告市场，其中单单用于广告市场研究的部分就超过 80 亿美元，专题调查①又占去了 1/8。

那些能支配多至数十亿美元的人们，热切地希望得到大脑成像技术的帮助，以将公众的选择引导向他们的意愿所在。可以肯定的是，他们正在作这方面的研究。"对人们的想法和感受不能靠臆测"，美国沃金移动通讯公司市场部的一位负责人 2008 年 3 月在谈论大脑成像技术时，向《纽约时报》表示说："要能实实在在地**看**到他们想法和感觉。"[1]

每年肯在专题调查上花费十亿美元的事实，昭示出商人们真心要破解这个核心难题。把人们找来，让他们对不同商品一一比较，固然能把他们认为最喜欢的品牌、特征或者风味一一指出，

---

① 专题调查（focus group），是经济领域中的一个实验方法，指实验人就某一拟定的调查内容选定某一群体中的人员。通过询问和面谈，在充分保障意见分享的前提下，获取有关的观点和评价。专题调查小组的概念由美籍奥地利心理学家欧内斯特·迪希特（Ernest Dichter）提出，并由美国学者罗伯特·默顿（Robert Merton）率先具体实行。——译者

但在多数情况下，这些人就会像我在前文提到的从收音机中听到的那个歌手所吟唱的歌词一样，其实并不知道自己的真实想法。他们在专题调查中给出他们推崇的产品，而后却可能捂紧钱包不去购买。

在我们进行选择时，包括在下意识状态下这样做时，大脑成像技术都能够显示大脑的状况。但是，对于大多数具有普遍意义的、旨在建立基本原则的研究，营销界并不肯解囊资助。他们感兴趣的是想出独特的实用秘诀，以抢在竞争对手弄出同样招数之前，将自己的商品兜售出去。

对于直接来自商家的研究，或者参与者与研究成果有直接经济利害关系的研究，我们最好要慎重对待。一些心理学研究已经表明，偏差很容易产生于不知不觉中，而其结果是会影响到结论的准确性的。（举例来说，假若有某位科学家对“希尔达靓汤公司”的产品进行实验，而它的这一研究工作又是由这家公司出资赞助的，那么，即使此科学家的确有心追求毫不掺假的真理，但也难免会早晚下结论说，这家公司生产的东西确为无上妙品。）

大凡基础性的和开拓性的研究，资金来源通常是政府拨款（例如，美国国立卫生研究院便是这样），但划定此类研究都包括哪些具体内容和确定其重要程度通常很不容易。神经技术研究是跨学科的，而且往往跨度很大；而在卫生研究院这样的机构里，各个研究门类早已得到严格划定，指导原则也已制定已久，但都是在不同于现今的环境中形成的。这就是说，研究者们不仅在构建科学思想时要有创新能力，在获得资金方面也当有不相上下的商业资质。

布赖恩·克努森既是众多大脑成像技术研究者中的翘楚之一，同时又有出众的财政决策魄力。我们在前面一章里曾简单地介绍过他。最近，他从两个不为众所周知的机构获得了资助；一是美国证券商协会（NASD）；二是 eBay 基金会。

在后文中即将介绍的里德·蒙塔古，同样是一位重量级的研究人员。军界首脑们对他的研究兴趣极为浓厚。但是，他并没有向美国国防部下属的高级研究规划局（DARPA）或其他军事基金组织申请经费。因为他认为，一旦拿了这些部门的钱，随之便会形成可能影响自己研究结果的压力。在这种情况下，他仍然在最近说服了他所在的大学购置了三台新的核磁共振成像机，每台价值 300 万美元。再加上原有的两台，遂形成了阵容空前强大的组合，能够用来检测诸如组队合作和达成共识等涉及多人在集体环境下的大脑反应。

神经营销学方面的基础研究是由政府和私人慈善机构资助的。一些公司也都各自利用神经科学针对某些细节问题进行高度专业化的研究，如从声学角度设计一种关车门的声音，让人们听到觉得放心，从而从这一声学体验中相信该车有上乘的质量。

目前已经涌现出不少从事神经营销业务的公司。它们为企业客户提供的服务，是利用神经科学寻找能够有效影响消费者大脑的知识，以期了解人们挑选特定商品的方式和理由。提出“时时刻刻分析消费者对广告的反应”这一口号的美国旧金山动机电子传感公司（EmSense）、英国伦敦纽罗神经公司（Neuro）和神经传感公司（NeuroSense）、美国伯克利自诩“以最新的神经科学进展武装广告业和新闻业”的神经焦点公司（NeuroFocus）、美国亚特兰大以“神经营销先驱”自许的布莱特豪斯公司（BrightHouse）、美国洛杉矶的 FKF 应用研究公司（FKF Applied Research），还有总部设在美国波士顿的阿诺德世界广告公司（Arnold Worldwide）和数字市场营销公司（Digitas），都是其中的代表。

这些公司多数以检视广告理念为当前的主要业务内容，宗旨是告诉厂商，唱什么促销调调最有可能达到自己的预定销售目标。诚然，他们目前基本上仍然是通过专题调查方式开展工作的，但在具体操作上已经更加合理、更加注重成本效益。我敢打保票说，就在不久的将来，大脑成像技术在其中会得到远为复杂也远为成熟的应用。例如，未来的广告部门负责人在做最后决定前，先会研究大脑成像的结果。

1999 年前后，哈佛商学院的工商管理学名誉教授加里·札尔特曼在营销研究中率先使用了功能性磁共振成像技术，从而成为这一方面的先驱。札尔特曼认为，人类的思想活动有 95%是在潜意识中进行的。正因为如此，营销若能与大脑的深部区域产生心理联系，便能取得最大的成功。如果一个人大脑中的那两个古老部分会形成某种感觉，认为某种产品能让其产生群体融入感，或者能令其心理上接近某位心仪的伴侣时，就会产生购买该产品的意愿。所以，制定公司的营销策略时，产生这类心理共鸣在许多情况下便尤为重要，而产品是否性价比高反而会成为次要因素。也就是说，成为最受欢迎的和成为最好的相比，前者有更高的回报。

虽然札尔特曼被誉为第一位进入这个领域的研究者，但“神经营销学”这个词，却是由荷兰鹿特丹大学的神经经济学中心主任阿勒·斯米特茨在 2002 年创造的。斯米特茨之所以开始研究广告，是因为从中可获得大量了解人们如何被说服的信息。他认为，研究做广告的技巧和策略，将会增进对人类大脑的了解。

他的早期研究课题之一是研究代言广告。这个历史悠久的广告把戏的要法，就是找专家或者名人（或者二者合一的人）现身说法，让人们相信其代言的产品正是时尚之物。2006 年，斯米特茨在密歇根大学做关于大脑成像研究的讲学时告诉人们说，他的研究已经证明，即便仅接触到**一次**名人与产品相结合的广告，也会“导致记忆中对该产品的态度形成持久影响”。

斯米特茨希望人们能够明白，把神经营销学当做研究课题，和利用神经营销学作为说服工具，两者之间是有差别的。出于诸多原因，许多人对于广告业难以泰然处之。这些原因中，有许多真是不无道理。这正如 2005 年的电影《多谢烟民》提供的一个很恰当的例子。由阿龙·埃克哈特[①]扮演的尼克·内勒，既像叭儿狗一样惹人喜爱，又如双髻鲨一样不讲道德。

在一些人身上——至少在那些端游说饭碗的人身上，欺骗和无情是他们的标准工作程序。人们普遍对他们的花招感到恐惧，原因是因为认识到，即便绝顶聪明的人也会感受到诱惑并产生动摇。现在，有脑科学做后盾的游说者们，将会加深人们的这一惧怕感。

1999 年，拉尔夫·纳德[②]创建了一个名为“广告防线”的组织，旨在对商业行为进行监督。2003 年，这个组织向一个叫做“人类研究保护办公室”（OHRP）的联邦机构投书，建议禁止在营销中使用诸如大脑成像一类的技术。信中还指出，亚特兰大有一家名为布莱特豪斯公司的神经营销企业，曾得到艾默理大学的许可，用该校的大脑成像设备进行营销研究，要求对此事进行调查。“广告防线”认为，这一试验中使用人类受试者的做法，触犯了联邦法律。它的观点是，制造更多的消费，结果会导致疾病和痛苦。如果“人类研究保护办公室”决定进行调查并做出同意上述观点的结论，那么作为美国生命科学研究龙头之一的艾默理大学，将会被吊销获得联邦研究经费的资格。

---

① 阿龙·埃克哈特（Aaron Eckhart），美国电影与舞台演员。饰演过《地心浩劫》（*The Core*）等电影的主角和《永不妥协》（*Erin Brockovich*）等影片的配角。——译者

② 拉尔夫·纳德（Ralph Nader，1934～），美国法官、作家、政治活动家、绿党领导人，曾作为该政党候选人和独立竞选人参加过美国四届总统大选。——译者

或许此事未必会引起严重后果。但纳德在1965年出版的一本关于汽车安全的书籍《开多快都不安全》，可是对联邦政府制定汽车行业法规起到了至关重要的作用。然而说来有趣，他在2000年和2004年的总统竞选中作为第三政党的候选人参竞，结果竟然都起到了反规章的作用[①]。

游说客们从科学中寻求帮助的历史，远在纳德之前许久便开始了。1898年，爱德华·惠勒·斯克里普丘[②]在他的著述《新型心理学》（*The New Psychology*）中描述了一种他起名为“阈下暗示”的手法，具体做法是快速显示图像或者一组词语，显示的速度很快，快到观看者无法形成意识，但却会在潜意识中留下印象。

1957年，一位叫做詹姆斯·维卡里的广告商声称，他已经成功地掌握了这种“阈下暗示”的技巧，从而引发了一场持续数年的公共辩论。据维卡里说，他在电影《野餐会》的播放期间，每隔五秒钟插播一次一闪即逝的信息，如“请喝可口可乐”和“有胃口吗？请吃爆米花”等，持续时间仅为三百分之一秒。据他说，这一做法让人们去影院前厅购买爆米花和其他零食的人明显地多了出来。

最终有人爆料，维卡里的营销行径，与莱昂纳多·迪卡普里奥[③]在2002年的电影《猫鼠游戏》（*Catch Me If You Can*）中所

---

① 美国2000年和2004年的两度总统大选，共和党与民主党两大党各自推举的总统候选人（共和党两次都是小布什，民主党分别是戈尔和克里）在得票数上都几乎相同，而共和党均略占上风。占第三位的又都是纳德，不过远远低于两大党候选人，但若与民主党的得票数相加，又都超过了共和党。共和党之所以能占上风的原因，是在这两次大选中，民主党选民中都有相当一批人，因为不满意本党较为宽松的治国理念而转投了主张加强严峻立法的纳德的票（共和党的观念比民主党还要宽松）所致。故而作者说是“反规章”。——译者

② 爱德华·惠勒·斯克里普丘（Edward Wheeler Scripture，1864～1945），美国心理学家。——译者

③ 莱奥纳多·迪卡普里奥（Leonardo Wilhelm DiCaprio，1974～）美国著名电影演员，以早年在电视系列剧《成长的烦恼》饰演养子为中国观众所知，更因在《泰坦尼克号》中饰演男主角而名扬天下。——译者

扮演的“干家”弗兰克·阿巴格内尔对多家银行和航空公司行骗的手法，真是何其相似乃尔。科学家们曾多次重复维卡里所吹嘘的实验，但始终没能得到类似的结果。虽然最后维卡里承认，有关《野餐会》的报告和他的其他的“研究”结果，统统都是在弄虚作假。但长久以来，维卡里所谓的“潜意识广告”技术却一直不胫而走。它让顾客愤怒，也让营销界疯狂。维卡里也靠此手段，坐上了一代宗师的交椅，还成立了一家“潜意识播映公司”。他还有不少其他胡编乱造。正因为如此，一位名叫万斯·帕卡德的作家写了一本《隐身说客》，以大量资料揭示广告和营销中诱人受骗上当的种种伎俩。该书也因之火爆起来，成了1957年的畅销书之一。

从1958年开始，澳大利亚和英国禁止使用潜意识广告，美国的全美广播事业者联盟也通过决议，禁止在电视网络使用这一手段。

1969年下半年，一位名为赫伯特·克鲁格曼的研究人员，开始研究人们在收看电视时的大脑状态，方法是将传感器置于受试者脑后。他的研究结论是，看电视会将观众置于一种被动接收信息的状态，此时大脑发出的是典型的α波。

克鲁格曼也是最早使用瞳孔仪的人，瞳孔仪是一种测量瞳孔大小变化的装置。当我们认为某些事情值得关注时，瞳孔就自然而然地扩大。还有一种相似的装置，叫做眼球跟踪仪，人们也已经开始使用它，以期制做出更具吸引力的广告。眼球跟踪仪能够记录人的眼睛在接受视觉信息时发生兴奋的踪迹。从19世纪90年代开始研究眼球跟踪技术的法国科学家认为，典型的眼球运动是间断地来回扫动，仿佛表现出大脑急于找到最快理解信息的方式似的。后来，俄国人也开始了眼球跟踪研究，一位叫做阿尔弗雷德·卢卡诺维奇·亚尔布斯的心理学家在进行了有关研究后，于1965年撰写了《眼球运动与视觉》（*Eye Movements and Vi-*

sion），此书的英译本两年后在美国出版。今天，尽管眼球跟踪技术在广告设计当中还是个小角色，但作用却不可忽视。它能帮助研究人员知道人们注意的焦点在哪里，掌握什么能在第一时间里吸引人们的视线，了解人们浏览或者细读广告、报纸或产品包装时的特点。

曾在20世纪60年代风行一时的直流电皮肤反应法（GSR法），是另外一个令广告商寄予厚望的科学测试技术。它能测量由情绪反应引起的皮肤表面电导率的变化。研究人员使用这个方法记录人们对商品品牌、背景音乐和广告内容的情绪反应。这一技术的依据与传统的测谎仪完全一样，而后者已被证明并不足为凭。

1973年，威尔逊·布赖恩·凯伊[①]的新书《诱惑向潜意识进攻》（*Subliminal Seduction*）问世，随之而来的是出版业、广告业和科学三者之间的又一场冲突。他在书中的矛头指向，是诸如在平面广告中以冰块在倒有酒的酒杯中隐隐拼出"性"（sex）字之类的设计。他在后来的另一本书中说他发现了一个饭店，在餐垫上印出的油炸蚝照片里，藏进了挑逗性的多人裸体性嬉的画面。他告诉读者说，所有这些从正常意识这一"雷达"的死角内进入潜意识的图像——色情的也好，神秘的也好，要通过圆柱体表面的反射才能清楚地看到[②]。但凯伊说，尽管是这样，这些图像还是在潜意识里打上了烙印。

一些人至今仍然认为，凯伊做出了一项重要发现；其他一些人则认为他对人脑中的性概念诠释不当。不过人们一致认

① 威尔逊·布赖恩·凯伊（Wilson Bryan Key，1921～2008），美国人，传播学博士，著有多部有关潜意识的著述，均引起广泛争议。——译者

② 指这个餐馆所提供的餐垫，上面的画面是严重变形的，因此直接看时并不容易分辨出内容，但放在桌面上后，通过放在垫面的适当位置上的直筒式玻璃杯（恰为有反射功能的圆柱体）的扭曲反射的还原，就可以一目了然了。这自然是餐馆经营者要的花样，既令不在桌旁就座的其他人看不出来，又可促使对此类画面感兴趣的人更多地光顾。——译者

为，他是在让人们去注意一个虚妄的东西。但是，即便是虚妄体，也会不断影响人们的信念，导致行政机构的介入。公众呼吁的巨大声浪，使美国联邦通信委员会于1974年召开听证会，公布了一项声明说："潜意识广告的目的是欺诈，是与公众利益相左的。"

人们早就尝试过把营销和技术结合在一起。那么，在如今正在形成的神经营销学中，这一做法又与以往有什么不同呢？除了神经营销学需要更加复杂和更加昂贵的设备之外，这种不同还表现在，功能性磁共振成像技术已经在科学界引起了根本性的变化，使越来越多的科学管理人士相信，研究人类情绪已成可行之势，而这些管理人士又正握持着延聘教授和批准资金的权限。

布赖恩·克努森是斯坦福大学的今日学术新星，也是用科学的方法研究情绪的带头人。他的工作曾长期得不到认可，因此久久徘徊在学术就业市场的边缘。1993年，他在斯坦福大学获得博士学位后，接着一连7年都在做博士后，此间一直努力希望找到一份教职。然而，到了2000年，他突然收到了8个单位的面试通知，其中4份表示正有虚席以待的职位。

"噢，老天爷，"克努森在斯坦福大学他的办公室里对我说，佯装出某个刚刚得知他的大脑成像研究成果的人的口气，"我们**知道**大脑中的这些区域，而克努森正在这些涉及激励处理的区域翻腾呢。"

"激励处理"是大脑研究的一项内容，其研究结果最终会解答出那个有关**"我在想些什么，这可说不出来"**的问题。它所涉及的内容，是了解大脑在试图从各种可行的选择中，断定倘若执行其中的某一个，究竟会导致什么结果——是得到衣食供应、性事享受、增加收入等好事，还是某种不好的结局——时的活动。因为"激励处理"涉及观察大脑变化的特点，广告商家自然大感兴趣，以据此掌握使自己的产品更能吸引人的手段。

还是在“激励处理”研究的早期阶段，克努森和他的同事就注意到，金钱是使大脑兴奋起来的好办法。这也是赌场老板们和彩票贩售者们早就琢磨到了的。因此，斯坦福大学实验室的研究人员的许多工作内容，都会涉及记录人们的大脑对钱的反应：花钱、丢钱、挣钱……甚至只是看到钱。

私人公司也正在研究金钱造成大脑反应变化的威力，但他们的动机则完全不同。在大学里，研究成果的发表和评审都是由学术界同行评议的，因此不同的意见也会有得到发表的足够空间。这样的做法，能在很大程度上保证结果经得住时间的检验，因此能形成未来研究的基础；而私人研究是为了追求竞争优势，任何一个已经取得市场优势的公司，都会把优势力量很好地隐藏起来。接受厂商投资的研究结果，几乎从来都不会发表，也几乎从不接受竞争对手的审议——除非是在雇用工业间谍盗取竞争对手的研究成果之后。

提供神经营销咨询的公司通常只会放出自己为大公司提供服务的口风，具体信息是不肯披露的。不过，由于大学希望减轻花数百万美元购置神经科学设备带来的财政负担，往往会同意私人公司租用其实验室，这就使我们得到证据，确知商业性研究目前是大量存在的。

美国波士顿的阿诺德世界广告公司是一个罕见的例外——它公布了自己的一个小小的研究成果。最近，该公司使用了哈佛大学医学院麦克林医院的功能性磁共振成像扫描设备，对六名年龄介于25～43岁的男子进行大脑扫描。这几名受试人均为威士忌酒徒，实验中让他们观看布朗-福曼公司2007年促销酒类产品的广告图片。而委托阿诺德世界广告公司进行这项试验的，就是生产名牌威士忌“杰克丹尼”的布朗-福曼公司。（附带提一下，阿诺德世界广告公司的客户中还有快餐巨头麦当劳和进入《福布斯》杂志“《财富》500强”排行榜的福达投资公司。）

“杰克丹尼”是一种波旁威士忌，有一种浓烈的焦炭风味。几十年来，该品牌的广告始终属意于创造一种粗犷的魅力，出现在广告中的穿着工装裤的乡村男人，给人的印象就是在美国田纳西州的小木屋长大的，因此从骨子里知道什么是上好的波旁威士忌①。然而，因为“杰克丹尼”一直是许多摇滚乐手喜欢的杯中物，这也就使饮用此酒成了一心追求强烈刺激，既不在乎金钱，也不考虑损伤脑细胞的年轻人的时尚行为。这种普遍现象自然会被制售烈性酒和啤酒的厂商大加利用，将广告铺天盖地地塞进电视和平面媒体。布朗-福曼公司当然也想增加自己的市场份额。

不久前，阿诺德世界广告公司成立了一个被称为“人性研究部”的建制。据该部经理贝茜·怀特曼说，功能性磁共振成像技术能“有助于给我们提供人们做决定时所处情绪状态的试验证据”[2]。她指出，在评定“杰克丹尼”威士忌广告的视觉效果的试验中，受试者们自述最喜爱的画面是崎岖不平的户外风光，但最能引起他们大脑兴奋的，却是年轻人在明媚春光中享受假期的照片。这个例子表明，功能性磁共振成像技术不仅说明了消费者**自己认定**的所想内容，与**实际发生**的所想内容存在差距，还证明了什么样的图像可以弥补这一差距，从而找到占领市场的最好途径。

广告界和营销界梦寐以求的目标之一，就是缩小研究报告的结论与真实市场表现之间的差距。

有一个经典的例子告诉我们，相信研究报告的结论有可能招致严重后果。第二次世界大战结束后，美国开始恢复生产民用汽车。就在这时，克莱斯勒汽车公司在有购车意向的人中进行调

---

① 酿造此种威士忌的杰克·丹尼尔酿酒厂就建在田纳西州的林奇堡。——译者

查，了解这些人选择新车的标准。他们得到的回答集中在优先考虑经济能力和汽车的可靠性方面，所以在接下来的几年里，克莱斯勒汽车公司不断造出坚牢但是拙朴的车型来，特别是其中的普利茅斯车，结实得几乎有如装甲车，但却有砖头般的外形。与其形成对比的是卡迪拉克牌汽车。通用汽车公司在第二次世界大战后生产的这种车是以设计优美著称的。比如，像鱼鳍一样在车尾两端竖起，并从后窗一直延伸到尾灯的金属凸缘薄板，就是这种设计的典型代表。人们喜欢这样的设计。经历了战争岁月的人们固然注重经济和可靠，但从他们对卡迪拉克汽车尾缘设计的喜爱中，却不难看出人们的真实渴望。他们愿意接受更可爱、更具表现力的设计。到 20 世纪 50 年代中期，由于福特汽车公司和通用汽车公司都正确地判断了形势，生产了两色和三色喷漆汽车，汽车的尾缘板也越来越长。克莱斯勒汽车公司的产品转瞬坐上了冷板凳，使这家公司失掉了巨大的市场份额。

神经营销学有比汽车、汽水和威士忌更加利益攸关的用场。既然神经营销技术能够用来测试品牌忠诚度，也就可用来了解人们做出政治选择的过程和知道如何更有效地进行政治游说。最近的实验业已表明，在进行政治讨论时，固然大脑的多个区域都处于受激状态，但区域数量却不如进行理性思考时多——以此解释人们并不是很热衷政治辩论，恐怕是很有说服力的吧。

当我们决定将手中的选票投给谁时，情绪会处于高亢状态。感觉到与某位在某个问题上见解“正确”（其实也就是与自己的见解一致）的人联系到一起，是一种令人愉悦的“所见略同”体验。正因为如此，政治同盟往往会造就临时的同盟者。而担心或者讨厌遭到别人反对的感觉，也会使政治讨论急转直下、变为敌意与攻讦。

加利福尼亚大学洛杉矶分校的研究人员分别从两大政治党派中选出若干受试者，向他们展示特定的竞选广告，研究他们会如何反应。党派所属表现出明显的世代传承性，即从父母那里继承来政治态度，然后又传递给下一代。要知道，生物性状也是代代相传的。从这一点看来，拥有不同政治态度的人，或许会有生理结构或者功能方面的差异。人们已经证实，同性恋男人和异性恋男人在大脑结构上确实是有所不同的。也许有一天，我们也会对政治倾向推断出相似的结论。

一方面是愿意出租功能性磁共振成像扫描设备的医院和大学，另一方面是存在有意借助高科技手段在商业战中获得成功的客户，FKF 应用研究公司在这两者之间搭建了一个合作平台。这是该公司制定的一项商业规划中的一部分，旨在为“属意于对广告方式实现重大改变的客户”提供全面服务。虽然 FKF 应用研究公司没有透露客户信息，但它声称自己是为“《财富》500强”成员提供服务的，而这些客户是“了解在视觉和情绪层面锁定特殊客户群的重要性”的。

FKF 应用研究公司的创始人之一、医学博士乔舒亚·弗里德曼强调公司对成本效益的注意。“有意向广告投入 5000 万美元的人”，他说，“难道会不去注意自己的广告是否能一炮打响?” FKF 应用研究公司开设有广告测试项目，观测 10 名受试者对一则广告的反应，收费 3000 美元，大约只为进行一次专题调查所需费用的 1/4。

在预测美国 2008 年总统大选结果方面，FKF 应用研究公司和加利福尼亚大学洛杉矶分校的一些神经学家，将神经营销学的作用夸大得有些过了头，也太有些急于求成。《纽约时报》的“各抒已见”专栏在 2007 年 11 月末的一篇名为“这就是你们的政治头脑”的文章告诉人们说，这些研究人员声称能够针对当前选民的大脑反应，预知选举的最后结果，方法是找出 20 名态度不明朗的选民进行大脑观察。他们甚至公布了具体做法，即通过观察这些人看到总统候选人形象时的大脑反应，直接解读他们的思想。[3]

十几位世界顶级的大脑成像专家从多方面发出指责，批评这一研究漏洞百出，也同时指责了对此进行报道的《纽约时报》。他们一致相信，大脑成像技术固然存在着巨大的潜在优势，显示出了解政治决策的心理因素的令人兴奋的前景。但他们也坚定地认为，不能仅仅因为在某人大脑的特殊区域观察到了活跃行为，就判断他存在焦虑或者感到与已有关。这是因为，许多不同的心理状态会与同一大脑区域有关。大脑和心理状态之间绝对的一一对应是不存在的。例如，在报道 FKF 应用研究公司与加利福尼亚大学洛杉矶分校研究成果的文章里，提到了与情绪密切相关的大脑区域的受激。但是该文章有个假设的前提，是大脑区域的受激是焦虑程度加剧的标志。然而，同一大脑区域也可因受到正面情绪而活跃起来。所以，为了避免曲解大脑成像研究，需要严谨的实验设计。并且，这些科学家还补充道："对于任何科学资料，至关重要的一点是得到同行的审核，以由此了解数据是否健全，其方法论的基础是否坚牢。"

斯坦福大学有一个名为"受激神经科学共生性研究"（SPAN）的科研小组，属于情感神经科学领域，组长就是克努森。他特别强调实现严谨设计的重要性。据信，这个小组的研究工作，将有助于进一步了解大脑中有关情感和情感表达的物质基础。

2007 年 8 月的一个温暖的午后，我走进了斯坦福大学帕洛阿尔托分校的办公楼。克努森的工作地点就在这里。楼内前厅伫立着两座雕像，一位是亚历山大·封·洪堡，另一位是路易·阿加西斯——科学史上最伟大的两位跨学科巨擘。洪堡以他在植物地理学方面做的定量研究，为日后的生物地理学打下了基础；阿加西斯则不但因最早提出地球经历过冰河时期的科学证据而名垂青史，还极大地丰富了人类的鱼类学知识。

如果这两位科学贤哲能得知大脑成像技术的存在，肯定会非常兴奋，而且兴奋的原因也会同克努森及许多当代科学家一样。众多的不同领域正在进行融合，杂交出新的学科，结果是重大发现接踵而来。

“我接受的基本上是比弗·克利弗[①]式的教育。”克努森这样回忆着自己在堪萨斯州堪萨斯城度过的童年时代。在想了片刻后他又补充道：“但是，这样说并不意味着我能与那里的环境很好地融合。许多半大孩子都会有同样的想法，只不过我的感觉尤为强烈些。我有不少朋友，但从来没有真正属于任何一个圈子。”

克努森从满满的日程安排中为我特地挤出两个多小时。我们的话题从最新的研究到书架上俯视办公室全景的两尊小印度神像——湿婆和象鼻天，对我非常有启发。我确信他的回忆是正确的，只是不可能从他看似漫不经心的举止和想到什么就说什么的表现中判断出来。

得克萨斯州圣安东尼奥的小型文科院校圣三一大学是克努森的母校。他在那里学习时，就觉察到情感联系缺失现象的存在，并开始寻求解答。他的研究重心是心理学，导师是后来进入哈佛大学的丹·瓦格纳。后来，克努森去尼泊尔待了一段时间并研究佛教社会。“当我接触其他宗教时，思想受到了触动。”克努森说：“佛教对我的触动最大。它的世界观尤其值得注意，可能对我们是有益的。”

当时，瓦格纳的研究内容是如何从思想上和情绪上应对希望摆脱掉的念头。这也就是对“意念抑制”的研究。克努森告诉我：“我们一直在寻找的，就是根据受试者思维的总体状况，预

---

① 比弗·克利弗是美国20世纪50年代电视系列剧《让比弗自己了悟》（*Leave It to Beaver*）的主人公，是一个可爱的小男孩。他在普通的美国小镇中生活，有很普通的父母、兄长、学校、同学、教师、邻居。他遇到了许多小麻烦，有不少成长的烦恼，但总能在父母的启发（有时也采取让他吃一堑长一智的方式）下悟出解决的办法并成熟一步。——译者

测其明显的个体特性。”比如，“脑袋里总有一头白熊的影子，怎么也甩不掉”，并因摆脱不掉而心情抑郁的人，就是他们要寻找的受试者。

“所以，”克努森说，“我开始觉得情绪是很重要的”。这个想法和他对宗教的探讨不谋而合。“佛教徒的心理世界的中心是依附，”他说。“对佛教徒来说，依附意味着对事物的**反应**。许多佛教徒进行修炼的目的，就是改变以前的反应模式，培养对自己更加有益的思考方式和情感习惯，这不仅有长远的益处，而且更和平，也更富建设性。”

克努森的跨学科背景——他有实验心理学和比较宗教学的学位，使他获得了斯坦福大学的奖学金，并在 1993 在该校获得心理学博士学位。“我得到的研究数据在我脑海里不断敲打我，提示我说：情绪是个重要内容，我应该研究它，”他说。“但问题是情绪很难测量。我认识到，如果真想要了解情绪，就应当先了解大脑。”

在求知欲的驱使下，克努森又进入医学院学习。他的一位教授建议他师从亚科·潘科塞普学习，当时研究大脑的情绪机制的人寥寥无几，而亚科·潘科塞普就位居此凤毛麟角之列。

潘科塞普当时在俄亥俄州鲍灵格林市的鲍灵格林州立大学教书，学校距伊利湖南岸只有几英里。他出生在爱沙尼亚，但在美国长大，20 世纪 60 年代开始对鼠脑进行研究，并于 1998 年发表了具有开拓性的著作《情感神经科学》（*Affective Neuroscience*）。

克努森回忆说：“对我来说，和亚科·潘科塞普一起工作是一个至关重要的起点。那段体验可真带劲儿。从专业角度来看，这是一个转折点。我们给大鼠药物，观察它们的大脑，研究它们的行为。”

克努森在完全偶然的机遇下发现了实验中的一些惊奇现象。

“我无意中发现，大鼠在玩耍时会发出一些声音。”他说：“大鼠也和人类一样会玩耍。不过重要的是，我偶然听到的它们的声音，是和情绪密切相关的。”

“潘科塞普一向相信大鼠是有情感的，但我们很难知道大鼠在想什么。可现在，我注意它们发出了和情感有关的声音，这些声音分布在人们过去一直没有注意到的频率内。”

当大鼠认为将有好事——如食物或其他奖励——降临时，就会发出叫声来。换句话说，它们在进行“激励处理”。潘科塞普和克努森给它们注射多巴胺——一种刺激大脑愉悦系统（pleasure system，大鼠脑中的一个特定区域）的激素和神经递质。每次注射时，大鼠就不断发出与预料到好事将至相关的声音，那是一种表示高兴的高频长声尖叫。

还在鲍灵格林州立大学学习时，克努森曾决定在自己身上进行一项实验。他和来自加利福尼亚大学旧金山分校的精神病学家合作，研究选择性5-羟色胺再摄取抑制剂（SSRIs）的作用。选择性5-羟色胺再摄取抑制剂是一种与“百忧解”（氟西汀）和“郁乐复”两种成药同属一类的化学制剂，通过调节大脑化学物质发生作用，对包括抑郁症在内的许多疾病很有疗效。研究者们很想了解的是：“如果正常人使用这种东西，情况又会如何？对他们的情感生活会不会产生影响？”

“我们发现确实会产生影响。”克努森说。他又补充道：“我认为，既然我给其他人开这种药物，自己也就应该服用它。”于是他便这样做了。“有一天，我在街上走过。那天很冷。冬季来自伊利湖的风在鲍灵格林呼啸着——这也正是我不喜欢待在那里的原因之一。我看到两个人从我身边走过，这时我突然产生了一个意识：‘噢，他们很高兴。也许在这里度过以后的一生会很美好吧。’

“意识到自己竟然冒出这一念头，确实让我大吃一惊。我以前从来就没有这种想过。但这一情况的确同我们的研究结果是一致的。我已经是一个相当快乐的人了，一些曾经存在过的烦恼已经消失。‘生活不应当仅此而已’的感觉，这时竟然不再煎熬我了。”

认识到大鼠行为和多巴胺关系这一发现的重要性，再加上决定继续在学术上进一步发展，促成克努森在美国国立卫生研究院争取到了一份博士后研究的位置。1997 年的一天，研究院里有一位咨询专家向他提到，实验室里新到的大脑成像设备还有一些空档时间。

“我就这样接触到了功能性磁共振成像技术。结果令我非常兴奋。”克努森说：“我立即想要在大鼠大脑深处**找一找**，看看能不能发现一旦受到刺激就致使它们发出声音的部位。这在当年并不容易做到，我费了不少精力，但事后看来非常值得。”他后来发现，当人们预期到好事将至时，来自大脑内部比较原始部位发出的信号便有增强的趋势——正是他期待得到的结果。但是他也发现，如果受试者即将拿钱冒险或者就要花钱购物时，大脑也会发出**预料**将有大事来临的信号。

“这些行为是相当复杂和抽象的。”克努森说：“以往的科学认为，这种行为和大脑深处的边缘系统并没有关系。”

这也就是说，大脑中最古老部分的活动，能够刺激新进化区域产生相应的活动。最复杂同时也是进化程度最高的大脑区域，会在无意识的情况下接受大量来自大脑中心处理系统的指令，而这个中心处理系统，和与人类近缘的所有灵长类的这一系统基本上是一样的。

不久以前，我到克努森的办公室拜访了他。他所发表的一项预测购物行为的研究，占去了他按规定可以享受的一整年学术假。“购物是一种决策行为，我们每时每刻都在作这种决定。”他评论道：“以前几乎不存在将神经科学和经济学联系到一起的研究。经济学提供了对事物的非常成熟、有时堪称美好的理论，而神经科学则具备了非常基本的起点。我的工作就是尝试把它们联系到一起。”就这样，通过反复试验验证，预测购物行为的第一项研究结果问世了。

《科学的美国人》对这项研究进行了报道。26 名受试者参加一项名为“买不买由你”（save holdings or purchase，SHOP）的试验项目[4]。受试者躺在功能性磁共振扫描机里观看屏幕，屏幕上出现的是些普通商品，每种商品的图像出现 4 秒钟后，又会显示出商品价格；价格打出 4 秒钟后，商品的两侧会各出现一个小方框，一个上面写着“买”，另一个上面写着“不买”。每当这两个小方框出现时，受试者需决定是否购买。他们的大脑此间会接受扫描。方框上的字样并不固定在商品的同一侧，而是随机定位。在大多数试验里，买和不买都是虚拟的，但其中也有两次是真的选购，每名受试者各拿到 20 美元，用以真实购物。

克努森花费了本可以用来休息的一年时间，设计和实施了这项试验，目的就是为了发现预测个人购买行为的方法，而这种方法就是商人们梦寐以求的“圣杯”。

功能性磁共振成像的扫描结果表明，当商品第一次出现时，位于中脑的一个区域便出现了活动迹象，看来此部位应当是大脑奖赏中枢的一部分。当价格得到显示后一个较晚进化的、与权衡决策有关的大脑区域便表现出反应。与此同时，大脑另外一个区域也活跃起来，它的功能似乎是接受比较各种负面刺激。当受试者选择点击否的时候，该区域是异常活跃的。

简单说来就是，通过研究大脑参与反应的区域，研究人员就能够预测参与者每次是否决定购买。

这对厂商的意义可真是非同小可。这促使他们建立以功能性磁共振成像技术为基础的评估中心，以对广告和价格进行评估。例如，克努森和加利福尼亚理工学院的经济学副教授安东尼奥·

兰热尔共同进行的一项研究表明，当给出的葡萄酒的价格较高时，品尝者会觉得它更为醇美。“我们发现，葡萄酒的价格越高，眼窝前额皮质中区就越活跃。”兰热尔说：“我们并不更换产品，而只把价格更换成人们认为合适的价格，就能改变这些人大脑里负责主观愉悦区域的活动。”（这里需要指出，部分神经科学家已对上述结论提出了异议。）[5]

克努森关心的不是刺激消费，而是了解决策的机理，以帮助人们做出更明智的决定。

例如，刷卡消费往往会导致判断上的失误。使用信用卡购买商品时，会使消费者不能完全意识到此举减少自己财政储备的程度，这种抽象认识的结果，是花费超量、钱包变瘪。保持健康的财务储备，是保证经济独立的关键，无论对个人还是国家都是如此，这是不以人们意志为转移的事实。克努森希望，通过了解大脑与购买相关的受激情况，可以找到更有效的途径，防止买了以后再生悔意。当你叮嘱自己的脑岛①说：“嘿，注意啦，你可别胡来呀!”或者干脆命令大脑前额皮质中区下判断时更准确些时，可能正是在对大脑的近期未来进行培训，从而让追求眼前一时满足的大脑安分守己些哩。

将来会出现什么样的防范滥花钱的技术，这一点暂且不论，目前应当知道的，是神经科学不仅证实了与有关花钱行为有关的普通常识是正确的，也精确地告诉我们大脑的哪些区域能够在财政决策方面造成“或此或彼”的局面，让我们了解到冲动购物是由相对原始的大脑区域支配的，而正是这个区域，表现得相对张狂。

克努森的所有研究中贯穿着一条主线，就是涉及寻求科学答案的一系列深刻的哲学问题：人们以其当然会采取的方式活动，

① 脑岛又称岛叶，是大脑皮层中向内凹陷的部分，据信与上瘾与满足感有关，但目前尚未形成定论。——译者

究竟是何种力量使之所以然？如果人的行为源于大脑的结构和化学成分，那么该如何与这两者打交道？是必然会听从大脑的召唤，还是有可能未必完全服从？如何改变大脑工作过程以取得更好的结果呢？大脑的工作机理又是怎样的呢？

在说明他的观点时，克努森用双手环扣在自己的额头上。“工作机理就在这里。”他说：“我不知道所有这些研究最终会得出什么样的具体结论。我现在能说的只是，了解这样的机理将能让我们更好地介入大脑功能的发挥。”这样的介入，能够极大地提高全球范围内的人类的生命质量，而且并不仅仅是涉及理财行为，而是将涵盖非常广泛的内容，包括精神疾病在内。

更早些时，克努森在设想前进中的大脑科学可能产生的长期影响时曾经说过：“目前的一切都还处于新生阶段。从历史的角度来看，功能性磁共振成像技术的出现，仅仅是十几年内的事；至于涉及决策的研究，更只有四年或者五年左右的历史，所以进步是非常显著的。当然，一经宣传，就会被渲染得过了头，结果是使人们产生不切实际的企盼。不过，我要是不认为这些期望至少会部分实现的话，是不会投入我的时间和金钱，也不会将它作为事业的。”

得克萨斯州贝洛大学的里德·蒙塔古是另外一位非常忙碌的研究人员。他的论文也像克努森的一样，是该领域里被引用次数最多的之一，而且已经对学界和企业界都发挥了巨大影响。他在2004年发表的大公司竞争战的出色研究成果，特别是其中有关可口可乐公司和百事公司旷日持久的市场战的部分，是使他引起双方关注的起点。

蒙塔古上中学时，棒球、篮球和橄榄球都很出色，还是一名径赛选手。他靠田径奖学金完成了大学学业，并曾作为一名很强的十项全能选手参加过奥林匹克运动会选拔赛。这都是他投身科学事业之前的经历。不过这一经历使他深知，在体育竞赛当中，有灵敏的反应能力，才有望获得好成绩。正因为如此，一些教练会告诫自己的队员们说："别将注意力放到'想'上：一想，动作就晚了!"比赛时判知球的去向和对手会暴露出的破绽，要靠敏锐的直觉，甚至是间不容发的本能。而要是临到头时再想，就可能失掉机会。

生活本身就是适者生存的竞争。因此，为了自我保存，大脑想让我们成为能干的武士兼出色的运动员，让我们能够快速做出摆脱困境的决定，从而能继续存活，让自己的 DNA 得到不断传承。

蒙塔古对可口可乐与百事可乐之争进行研究，目的是要详细了解大脑快速反应的工作机理，以及当反应一旦不利时又如何应对。他说："我研究意愿，研究受意愿影响的选择，而这个课题恰恰大有实际意义。"

许多商人早已闻风而动，试图从这项研究的基础出发做出具体而微的结论。其实这未免为时尚早。蒙塔古进行这一研究的目的，并不是打算证明某一个品牌好过另外一个，而是希望掌握一些有关大脑如何进行选择的基本知识。人们已经知道，进化使大脑有能力进行快速的本能性反应。现在我们需要了解的，是这种能力在现代社会中如何发挥作用。

"当你吃草莓时，"他解释道："如果看到它的外皮红艳艳地，一副熟透的模样，吃起来时就会产生味道好的口感。但如果改变了浆果的外表，虽然果肉与原来一样，吃时的感觉却会不同。"

"这其实是有缘故的。"他补充道："灌木正在**推销**某种信息。它必须吸引鸟类和其他生物来吃它的浆果，好因此将它的种子带到其他地方的土壤里。灌木又不可能印发广告，告诉鸟和其他生物'请吃此物'。不过它自有高招。作为进化的结果，灌木知道如何刺激鸟的神经系统，使得它**想**吃浆果。这就是让浆果包上某种碳水化合物的外皮，而这种外表正是鸟儿喜欢的。最后再给外皮衣以一种特定的颜色，而这个颜色就是品牌。一旦灌木把浆果准备好，准备召唤鸟儿们前来的时候，就让浆果变成红色的。”

换句话说，营销并不是人类的某种经济体制的发明创造，它直接来自于大自然。

人类身体里与生俱来的“回路”，会提醒自己去注意隐藏着的价值。在这一点上，人和鸟、蜜蜂、骆驼——或者应当说和几乎每一种生物是一样的。浆果的颜色，就和超市里货品的包装一样，同属象征性的存在。它代表了满足。它的意思是说：“你选择我是对的。我能使你满意，我能满足你对吃的需求。”

大脑深处比较原始的区域，是负责接受诸如浆果的形状和红润色泽之类的信号并随之发布命令的。这些区域控制着人的行为。就像鸟儿会用自己的喙衔住成熟的浆果一样，人们会把包装吸引人的商品挑进自己的购物篮、购物网站的虚拟购物车，或者通过拍卖系统出价。

就连货币和信用卡都在起着代理（proxy）的作用。它们代表着人们有购买许多东西——许多诱人的东西——的权力。诱惑还不止这些。信用卡是金钱的象征。它们充当了“教唆犯”的角色。不妨比较一下用信用卡支付和用现金支付的情况。大脑中有一个能够预感到痛苦来临的区域，在用信用卡支付时，这个区域表现出的受激程度，是用现金支付时的一半。

在蒙塔古设计可口可乐公司与百事公司之争的研究方式时，想对一个长期以来一直困扰着他的问题求得答案，这个问题就是：“这些命令是如何传达入神经系统的呢？它们发挥作用于无形，它们能控制人的行为，因此应当是能够控制大脑神经回路物质、作用于知识网络的吧？”

当时，蒙塔古的女儿刚刚从初中毕业，即将升入高中，愿意在暑期到父亲的实验室帮帮忙。蒙塔古设计的试验，一向会涉及不少与高等数学、工程学和物理学有关的知识。但这次他打算有所不同，不想涉及太复杂的试验，好让女儿在参与时不致感到过于困难。

从化学角度看，百事可乐和可口可乐在成分上其实没有什么差别，堪称半斤八两。但尽管这样，却仍然有人厚此薄彼。蒙塔古很想弄明白个中的道理。他和他的助手们使用塑料管，把这两种软饮料喷入受试者口中让其品尝，同时对受试者的大脑进行扫描。在部分实验中，受试者会被告知所尝饮料的品牌，而在其他实验中，品牌对受试者是保密的。

进行第一轮实验时，研究人员什么都不说，只是观测两种可乐的任何一种接触到受试者的味蕾时，这些人的大脑做出的反应。反应的结果是这些人对两种饮料的喜欢程度差不多一半对一半。因为受试者此时不知道自己品尝的是那种产品，所以这种试验也叫做盲试。不管对于哪种品牌，大脑中负责对刺激起反应的区域都会立即受激，两者的活跃程度几乎也差不多。

然后研究人员们重复上述步骤，但有一个关键性的差别，即在味蕾受到刺激之前，受试者先被告知将要品尝到的品牌。

结果颇为令人惊讶，占 75％的受试者的大脑反应表明，他们对可口可乐有所偏好。既然盲试的结果是比例接近，为什么当预先知道品牌的名字之后，一些人却改变了想法呢？蒙塔古对此的解释是：“人们接受的并不是罐子里的饮料，他们实际上接受的是品牌，或者说是品牌带给他们的感觉。”

换句话说，预先知道味蕾将要接触哪种品牌的可乐，起到了提供额外信息的作用。受试者的大脑理解此类信息的意义，遂使其体验到了一场有混合成分的受激。在大脑里接受刺激的区域中，有很多是与记忆密切关联的。

这个研究并没有表明是否某个品牌当真优于另一个。它只是表明可口可乐的营销比百事可乐的更成功。可口可乐创建了一个更有力的形象，让公众一看到这个产品，就会自然而然地联想到美好的体验。

自从可口可乐和百事可乐各自在美国南方诞生以来，这两个品牌的营销战役已经持续了一个多世纪。可口可乐出生在亚特兰大，而北卡罗来纳州的新伯尔尼创造了百事可乐。

百事公司是在1940年率先通过无线电广播向全国播放百事可乐广告的。而在可口可乐公司铺天盖地的广告中，担任主角的是圣诞老人。这个快活的老头儿身着一身红色衣裤，正是可口可乐的标志颜色。百事可乐吸引人的广告词不断地更迭，告诉消费者这种软饮料是“新一代的选择”，是“我的乖乖呀，绝对就是它”，而可口可乐公司宣扬自己的产品能够“让世界遍响和谐天籁”。

可口可乐的成功之道，可能来自于普通得不能再普通的包装颜色。发明可口可乐的药剂师约翰·史密斯·彭伯顿博士选中的包装色恰为红色。红色可以使人们联想到浆果、苹果、李子等果实，也可以联想到性刺激。大多数唇膏是鲜明的红色，也正是这个原因。当人感到害羞或者情欲萌动时，脸上也会出现相同的颜色。这是受到刺激时血液涌到皮肤下面的结果。

创造一种象征显然是有效的。模仿是自然生存策略的基础。1852年，一位名字叫亨利·沃尔特·贝茨的英国科学家在巴西雨林里研究蝴蝶时，发现有两种蝴蝶看起来非常相像，但仔细研究的结果，却让他认识到它们根本没有关联。

这两种蝴蝶中，一种体内含有剧毒，会使吃它的鸟类丧命，而另外一种没有毒性。这第二种蝴蝶虽然可以成为鸟儿的口中食，但由于进化到了象征程度，于是通过模拟——这在生物学上叫做拟态——有毒蝴蝶的外貌，发出了能骗过鸟儿的信息：“还记得我吗？我可是能要你小命的嘿！”

人类自然也会采用模拟术。人类的神经系统是在同鸟类和其他动物一样的基础上发展起来的，因此也有着千方百计、机关算尽地想出一切手段和花招的本领。例如，汽车和卡车的销售商无论为什么车子做广告，照片里的车身旁边，总会有一位身穿比基尼泳装、明眸皓齿、曲线毕露的迷人女郎，斜靠在车身上，面露灿烂的笑容。为什么卖汽车要找女郎帮衬？显然，她的性感有助于推销。一些潜在的买车者，会在他们大脑深处比较原始的区域里，把汽车和卡车看做繁育后代的象征。远在可口可乐和百事可乐竞争的年代到来之前，尼安德特人和克罗马侬人相遇厮杀前，这些远古时代人物的脑细胞里就会叫嚷道："我们要女人！攻下有女人的地方，女人也就到手啦！"

我们可能永远也无法确切地知道彭伯顿为可口可乐选择红色的原因。但是，在不久的将来，人们也还是可能会在对大脑扫描数据进行归纳后做出类似的选择。广告商们从蒙塔古的研究中总结出两点关键性内容。

第一点，如果你从业的时间足够长，工作足够勤勉并且足够聪明得可以建立自己产品的声名，你就能够让这个品牌楔入大脑的愉悦系统回路中。一旦你的品牌成功地实现楔入，竞争对手的品牌就难以与之争锋。

第二点，如果你所做的是一件创造（产生）代理效应（象征效应，proxy effect）的工作神经技术能够对你的工作提供反馈，这样，你就会知道是否需要对营销方式有所调整。

在最近的四年里，蒙塔古和他的同事们一直希望从实验中得知一个简单而又艰深问题的答案：当受到他人恩惠，如得到资助后，是否还能保持研究的独立判断力？在本章的开始处提到的那个"希尔达靓汤"的假想例子中进行研究的科学家，我们能指望他战胜心理偏倚，如实地说出谁家生产的汤品最好吗？

蒙塔古的这一实验是通过巧妙的（但也完全符合道德标准的）方式进行的，受试者丝毫不知道研究人员的目的。首先，该实验搜罗来包括最知名的油画在内的大量西方艺术作品，其中既有写实的，也有抽象的。接下来，研究人员拿出了一套子虚乌有的公司名单，并都配有看上去很合格的公司图标和网址，甚至还提供了有效的银行账号，总之是看上去与真有这些公司一样。受试者躺在扫描机里，注视出现在屏幕上的艺术作品，作品出现的顺序是随机的，每次显示五秒钟，并要求受试者根据喜爱程度，采用九分制给每件作品打分，分值从－4～＋4。

当受试者在扫描仪里躺好准备观看时，会先看到一条通知，说这项研究受到某个公司的赞助，因此每位受试者将从这一公司领到30美元。这些人不知道此公司是虚构的。与通知一起出现的公司符标，也有助于造成该公司的确存在的假象。在整个试验过程中，这块图符标志会不时出现，同时出现的还有另外一家公司的标志，但是这家公司不是“赞助厂商”。受试者被要求对艺术作品进行评定，就像在前面实验里做的一样。除此之外，受试者没有得到其他额外信息。

研究人员想通过这一实验得知，当艺术作品和赞助公司的图标一同出现时，受试者会不会给该作品打出高分来。果然如此。把艺术品和赞助商在视觉上联系在一起，结果是倾向于正面性的评价。因此，施予者的付出是能得到回报的。这说明赞助与公正不会坐在同一条板凳上。人们不会得了便宜还不卖乖。

这条结论的含义非常明显。“我是学医的。”蒙塔古设问道：“那么，当大医药公司为科学研究买单时，会出现什么情况呢？这些巨头们具体给钱的结果，是出现什么情况？在它们赞助下形成的研究论文还会是客观的吗？答案是否定的。人们的思考是不可能置身于外界影响之外的。所以，摆在我们面前最大的问题，是如何保持科学的不断进步。我们能够让科学完全脱离商业吗？看来未必真能做到。但是，如果瞪着眼睛分说金钱完全没有对你产生影响，那就不是撒谎便是天真。”

蒙塔古的看法是，这一研究的结果表明，应当以明智的方法，在建立激励机制和使用科学方法时做到“盲知”，以此尽最大可能使工作者消除偏倚。这样一来，促进知识增长的因素便是存在的体系，而不是出钱的大公司或政府机构。在偏倚之见下的工作，到头来得到的只会是无用的数据。

“有某些关键的环节上，你的意愿恐怕就是行不通。”蒙塔古说：“我们在选择上并没有完全的自由。百分之百的独立意愿是没有的。”

蒙塔古在研究领域中取得的成就，使得贝洛大学为他筹措来资金，新购置了三台目前功能最强大的3T核磁共振成像机。3T的意思是扫描强度为三个特斯拉。拥有由五台成像扫描设备形成的组合，是一份前所未有的巨大资源。在当前美国因财政紧缩而压缩科学研究资金的时期，真可谓是非常之举了。

蒙塔古想了解个人在置身群体中时，大脑是如何处理信号和信息的。他认为，通过扫描多个存在互动关系的相关人的大脑，就能更好地了解包括从轻度焦虑到重度忧郁的诸多精神疾病。如果蒙塔古的想法是正确的，他的研究便将向医学界乃至整个社会提供巨大的应用前景。“要进行这种研究，就会要地方有地方、要设备有设备了。”他说：“我也希望通过这种方式来回报种种研究的费用。如果回报不了……”他开玩笑说，笑声回荡在空中。“我大概就会被炒鱿鱼啦。不过在挨炒之前嘛……”

“挨炒之前”（可能性可是微乎其微的），蒙塔古将探讨一系列具有特殊针对性的问题，比如，如果你是群体里的一员，当有权威人物出现在你面前时，你的反应会是什么样的？当有其他种族的人出现时，你的反应又会是什么样的？谁是群体中喜欢发号施令的，谁又是跟风附和的？当别人带着“有色眼镜”看你时，你的反应是什么？造成有人喜欢戴着“有色眼镜”看人的原因在哪里？意志会因为现实需要而受到多大的歪曲？

毋庸置疑，商人们会和医学界、政府和其他领域的专家们一样，渴望破解此类有关大脑的基本问题。

有时，人们会在社会压力下做出违心事和说出违心话。事后他们可能会感到不解："我什么要这样做？我恨我自己！我为什么要这样说？这些话为什么会从我的嘴里说出来？为什么我没有讲出自己要说的话？"此类感觉很奇异，但也可能很普遍。

根据蒙塔古的设想，这个问题的答案应当是，控制行为的是大脑内部的工作机制，它们夺去了你的意志权。对于这种情况的原因了解得越多，我们就越能更好地消除有关机制的不良影响，使得我们成为更"真"的存在。

"身处群体之中，会影响到个人作独立决断的能力。我要研究的就是影响这种能力的究竟是什么因素。"蒙塔古说："唯一的方法就是让群体之间互相影响，然后研究大脑在这种互相影响中出现的变化。"

"不是每个人都能成为领袖的。"蒙塔古补充说："置身于大群体中的人们必然会分出层次来。有些人必须得成为附和者。这样的安排是如何在群体中自然而然地形成的呢？当有人要来接管这个群体时，又会发生什么情况？更进一步的期望，是理解群体如何接受诸如这样的难以理解的说教：'嘿，我们为什么不抑制住作为生物的每一种求生本能，去毁掉美国这艘大船并在此举中自杀？'"①

蒙塔古把恐怖分子叫做"思想企业家"，理由是从某种程度上讲，他们是世界上最不可思议的推销员——说服人们去拥抱死神。

从恐怖分子这个内容，可以引出一些深奥的问题。对于说教是如何发生作用的，神经科学家们正在从科学角度确立一些重要论点。随着大脑知识的不断发展，我们会不会看到随之产生的技术和先进的手段，被人们在贪婪和仇恨的驱使下用于戕害呢？

---

① 对恐怖事件中自杀式袭击者的说教。

这是一个简单的问题，却又非常重要。每一位正在这个领域努力的科学家都无法回避它。到头来，神经技术是将实现宏伟的诺言，还是把人类推向极端的危险？或者两者兼而有之，以一定的比例混合？

“我认为”，蒙塔古这样谈论着基础知识领域中正在发生的变革，“不妨以受精技术来类比一下。看一看 100 年前出版的书，你就会看到精子的图片是画成双腿蜷缩起来的胎儿形状的。现在我们知道了 DNA，了解了生殖过程，得知从胚胎干细胞到整个组织的发育过程只有三个星期左右。通过对基因的控制，我们几乎可以无所不能。这已经彻底改变了我们对人类自身的看法。许多以前归因于‘上帝’或者‘大自然的奥秘’的事物，现在已经在我们自己掌控之中。这确实有些可怕。我们并不总能知道该如何应对面前出现的所有形势，说不准什么是道德的、什么又是不道德的。我认为，和神经技术成熟时将会引发的问题比起来，遗传研究方面的问题简直只是小巫见大巫。而神经技术的成熟期，会比人们设想的来得更早。

“事实上，认知神经科学本身就是‘危险’的代名词，而且属于最严重的一类。如果它当真有效，其威力就将不亚于核能。神经科学是伟大的，但也可以是邪恶的，或者两者兼具。这一点我们毋庸讳言。

“但这将是我们付出的代价，目的就是使神经科学不断前进。”

神经科学的确在不断前进着。大脑扫描技术每年都有大跨步的前进，而且前进的成果也为越来越多的研究人员掌握和利用。从“时间望远镜”里向前展望，我们会看到，在今后 10 年左右的时间里，在人们追求了解人类精神过程所能带来的异乎寻常的经济价值潜力的刺激下，神经感觉技术会出现全新的面貌。即将面市的新一代大脑扫描设备，会让今天的扫描仪相形见绌，使后者犹如运算速度和今天的超快微处理器无法比拟老式电子管计算机。20 年或者 30 年后，这些新技术又会将营销领域和决策科学带到什么地方呢？

毫无疑问，我们能发现有关大脑做出决定时的一些核心奥秘。另外，利用非损伤性神经技术揭示人类潜在情感状态的手段，也会变得十分常见。例如，在不久的未来，神经感觉技术就会以附着于高科技视频游戏的轻巧的大脑感觉器的形式，进入千百万人们的生活。

总产值达 280 亿美元的视频游戏产业，早已紧紧盯上了神经感觉技术，如今正将其用于未来视频游戏的开发研究。位于硅谷的电子意念系统公司（Emotiv Systems）已经研发出一种互动式的脑机接口新型设备，叫做电子意念盔（project epoc）。这是一种高度程序化的脑电图系统，从控制装置到个人计算机的所有游戏平台都施行无线连接。另外一个开发商是神经天地公司（NeuroSky），他们利用自己发明研制的无需涂抹耦合剂的干式传感器专利技术，开发了能够捕捉和放大脑波、眼球运动和其他生物信号的出色装置。神经天地系统公司的头盔中装有一个传感器，而电子意念系统公司开发的头盔式系统也不使用耦合剂，但有 18 只传感器，另一方面，“电子意念系统公司”声称它所开发的头盔虽然体积较大，但性能优越，不仅能检测情绪和注意力的改变，还能发现与微笑、眨眼、大笑甚至与有意识的思想和无意识情感对应的脑电波。游戏者在玩游戏时，无需使用控制杆或者鼠标，就能通过大脑所引发的反应直接对他的游戏对手拳打脚踢。

随着神经娱乐技术在热门游戏中加进越来越方便而又有趣的新元素，用不了几年，游戏者就会和控制杆说再见，而用思维直接控制操作。商家为了了解自己所推出的以互联网为基础的多用户新娱乐产品，在下一代新消费者的大脑中所能引起的反应，甚至会自掏腰包请人玩游戏，为的是从中收集信息。

下一代的尼尔森娱乐分级系统[①]和其他系统，也会采用非损伤性情绪感应技术。使用这种系统时，除了一台小摄像机外，受试者不需要穿戴任何设备。旧金山大学的保罗·埃克曼是面部表情研究领域的卓越人物。美国国土安全部目前正在埃克曼的研究成果的基础上开发一种系统，以求察觉被刻意隐藏的情绪，如撒谎时瞬间出现的“微表情”。所谓“微表情”，是指面部 43 块肌肉在短到以毫秒计的时刻里的变化。动漫画家如今已在使用埃克曼的成果来创造逼真的动画形象。他的研究成果也同样被警察用于审问嫌疑犯。不久，情绪感应技术就会以更强有力的方式走进生活的方方面面。例如，这项技术会进一步加速广告的大规模客户化，即让广告内容可以按观者的情感状态随时进行调整。不妨将这一新的应用领域称为“神经化调节”。

为了监控这些复杂的技术，还将有神经营销警报系统投入使用以进行跟踪，查知它们都在什么时间和什么地点被使用过，有些政府甚至会更为严格，对“神经化调节”的应用中涉及私密的部分进行检查和特别警示，以保护那些未受到足够教育的和没有意识到此类问题的人们免受这些技术的侵害。

决策科学和神经说服技术将在教育领域中创造惊人的社会价值。在知识量以指数式规模增长的时代里，我们将得以重新评价和重新开发儿童教育方式。在不显眼的具有神经反馈功能设备的帮助下，教师和家长们将会了解在什么时候学生处于最易于接受外来观点的阶段。公司也会使用这样技术。在这个超级竞争的社会里，要求人们终生都要学习。

今天，我们主要依靠 SAT（Scholastic Aptitude Test）——

① 尼尔森分级系统是用于调查和分析参与娱乐活动的公众的群体规模和构成的统计方法，因其发明者、美国市场分析家阿瑟·尼尔森（Arthur Nielson）得名。在 20 世纪 20 年代开始用于分析无线电广播的效果，后来又在电视节目中得到大力应用，成为统计收视率的部分内容。——译者

“学术水平测验考试”这一手段来测知人的学业潜力。将来可能就要凭借 BAT（Brain Aptitude Test）——“大脑水平测验考试”来做到这一点了。这一考试不仅能检验考生的知识水平，而且能根据考生不断变化的神经生物学指标，检验出其对新知识和新环境的本能反应水平。许多雇主都希望掌握员工们在新的压力下的工作表现。这些技术可用于教育和能力检测，但同时也可用于邪恶的目的，而且作恶范围会十分广泛。因此，确保这些技术不落入邪佞之手，将是我们面临的巨大挑战。

向光明的方向看，我们面临的前景，将是根据这些新发现的知识，形成一整套全新的控制冲动的技能和技术，以帮助我们设法控制不理智的消费模式，抑制购物失控心理，甚至纠正不合理的股票交易趋势。这些技能和技术包括：对脑部疾病患者进行再训练的神经软件系统，预测冲动和减轻大脑失控状态的神经激励设备，还有使精神全面镇静的药物。

在已经全面了解了营销领域中将会出现的所有新技术后，读者接下来可能会希望知道，对工商界中其他行业的发展——更确切地说，对全球金融市场的发展，神经技术又会起什么样的作用。

Chapter 4 情绪与金融

智力之所以会冲决阻力，是因为得到了情绪的鼓励。

——亨利·伯格森[①]

贫穷是万恶之源。

——萧伯纳

① 亨利·伯格森（Henri Bergson，1859～1941），法国哲学家，生命哲学和直觉主义的代表人物，1927年诺贝尔文学奖得主。此引言摘自他的1932年著述《道德和宗教的两个来源》。——译者

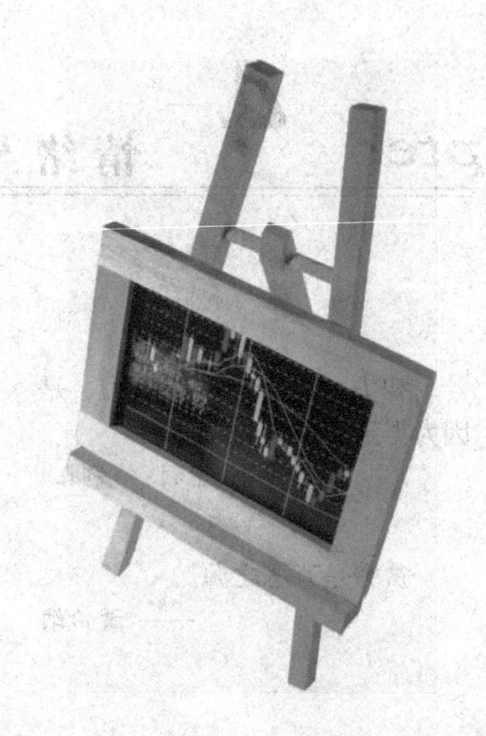

1995年夏天，刚刚从得克萨斯大学毕业、回到家乡拉伯克的22岁青年理查德·彼得森，坐在家里的前廊上，为自己设想着远大前程：完成医学学业，成为一名精神病科医生。

完成学业所费不赀。不过，他倒是有个生财之道，就是使用计算机去证券市场一显身手，以此赚钱支付上学的费用。他认为自己编写的计算机软件，尽可以让他以纯粹理性的方式参与证券交易。按照10年以前在经济领域占统治地位的经典理论，他这个想法很有道理。然而，后来的大脑成像结果证明，这一观念其实是彻底错误的。不过，彼得森当时不可能知道这一点。就这样，以这一想法为目的的执著追求，使他终于成为一场运动的先遣者，而这场运动就像以前曾席卷全球的淘金热一样，从根本上冲击了社会，并且永远改变了人们的金融观。

长久以来，传统的经济理论一直认为，我们的金融生活是由

“经济人”控制的。所谓“经济人”，是指理性的思考能力，为每个人所拥有，我们所有的金融决策都是由它做出的。但是，即便我们所做的金融决策在当时看来是理智的，过后却有可能被证明是错误的，而我们自己还不知道错在哪里。

既然大脑成像能够让人们一窥情绪和判断之间的复杂交织，我们就可以着手研究更加实用的新型理论——人的金融大脑是如何工作的，并据此开发出若干实用的手段，以将新知识转化为实际收益。目前，研究人员们已经开拓出几个新的研究领域。在即将到来的神经社会中，金融的真实情况将靠这些领域提供的事实确定。

神经经济学和它的近亲——神经金融学，目前虽然尚都然处于发展阶段，但已经引起热衷于发现新的竞争优势的人们的密切关注。神经经济学研究借助功能性磁共振成像等技术，以获取的大脑活动实时影像为依据；神经金融学则通过大脑成像结果和神经科学理论，了解如何改善金融运作。

迄今为止，仅有少数金融客尝试过在实际环境中运用研究人员得自实验室的知识，就连许多金融界的从业人员和教授经济学的教师，还都从来不曾听说过神经经济学或者神经金融学这两个名词。我们期待着上述两种现状都能尽快有所改观。

这两个新领域的崛起，是大脑成像技术发展的成果。不妨将这两个新领域，设想为活力很强的杂交成果。它们把冷静、不涉及情感的经济学理论，与同现实捉迷藏的心理学实验方法结合到一起。这两个学科都反复验证了人人须知的如何对待金钱的理论：每当我们认为自己在金融方面的选择是**理智**的时候，实际上却是受到了极其危险的**不理智**的自信的蒙蔽。情绪总是在不断作祟，使人们在金钱上施展聪明才智的行为出现偏差。

不过，还是这些情绪，如果对它们能够有所了解和控制，就能一改原有参与经济行为的方式，帮助人们做出更加有益的选择。

神经经济学家也同传统的经济学家一样，考察的也是经济行为。但他们在进行实验时最为关注的，是受试者的大脑回路对实验中预设的种种道德、伦理和金融决策内容产生反应的不同形态，以此寻求大脑对金钱和选择产生反应的方式和原因，从中找到可以预测的模式。他们的研究触及到了人类思想中最深处的若干最神秘的领域。

基于通过“时间望远镜”得到的证据，我们可以认为神经社会的确即将来临，而这两个新学科的形成，正是这一事实的关键标识。

有人可能认为，金融界人士是极端保守的，无论出现什么新事物，他们总是最后接受的一批人。这个观念其实是错误的，如同我们曾经认为“经济人”能让人们在金钱方面做出完全理智的抉择的观点一样错误。不管别人相信与否，金融界人士一向是把自己推到技术突破的最前沿的。在最先决定将种种发明转变为收益的人中，就有金融家。正是由于他们采用了这些发明，才得以使新的观点和新的方法，在经济领域这个人类社会不可或缺的层面迅速传播。

近年来，金融界人士更是加快了在这个领域的进军步伐，目的是搭上新技术这班车。这些人士生活在一个竞争极度激烈的环境里，并且总是渴望首先发现竞争优势。在工业革命时代的早期，城市之间纵横阡陌的人工运河为商品运输提供了便利，银行紧跟着便使用这些新建的运河，及时、经济地运送金锭和传递商业信息。几十年后，铁路和电报加快了商品和信息的传输步伐，有些银行便将业务重点迅速转到对全国性金融网络的组织上。取得这一成功的银行也因之变成了巨头。当计算器、打字机、电话和电力相继问世后，国际性的证券市场也随即出现。这样，金融家们就更加迫切需要取得竞争优势，而竞争优势的根本在于快速传递信息。接着出现的是微处理器，它能够超高速地传递信息和快速处理大量数据。这些技术催生了一些全新的投资项目，如证券投资基金、对冲基金及其多种衍生物等。温故而知新，我们不难根据历史经验判断，金融家也将是最早引用新兴神经技术的人士。

试图靠计算机技术创造金融收益的梦想，将学生时代的彼得森领到了神经经济学开创者的位置上。在攻读电机工程学位期间参与的一个高级研究项目中，他编写了一个软件程序，目的是预测期货市场的动向，也就是说，据此预知市场这只恶兽是看涨还是看跌。他希望这个软件能够面对时刻涨跌不停的市场行情，给出对下一时段的预测，以帮助他快速投资。这和玩轮盘赌时掷出骰子前先选红或者选黑差不多。编写这个软件，对彼得森同时攻读认知哲学学位也很有帮助。我们大多数人可能认为电机工程和认知哲学风马牛不相及，但在彼得森那充满活力的头脑里，它们实现了完美的结合。

实际上，彼得森从 12 岁时起就开始鼓捣证券了，而且成绩还相当不错。他的父亲——名字也叫理查德，得克萨斯理工大学教授，曾在美国联邦储备委员会任经济学家——将他领进投资之门。老彼得森也参与了儿子设计软件的项目，提供了一些有益的建议，投入了一些资金，还拉来自己的一位同事作为共同投资人，携手成立了一家“明智投资公司”。

小彼得森自己则卖掉了从 12 岁起陆续积攒的证券，差不多有 6 万美元。他把其中的 2.5 万投入明智投资公司，一共凑足了 5 万美元的起步资金。他又准备将从证券获利中余下的 3.5 万美元用于另外一个让他看中的投资计划，这一打算是出于他的直觉，但需要进一步开发。

明智投资公司是这样运作的：股市在当地时间下午 3 点收盘。期货市场随之在 15 分钟后关闭。利用这个短短的时间差，彼得森给他的经纪人打电话获知收盘时的现金价，然后输入他的软件进行运算，由此得出预测结果。在这 15 分钟的最后一点剩余时间里，他根据计算机所预测的第二天的市场行情是涨还是跌、也就是轮盘赌是转红还是指黑，迅速地进行期货运作。

这一过程取得了成功。在头几个月里，它的正确率达到了 58%，得到了 8%的回报——很不坏。然而，1995 年是一个为期不短的、千载难逢的牛市的开端年。彼得森本应该更多地购买和持有好股票，从而获得更高的回报。但是，他把他的计划看成是发财永动机的第一型。他甚至想将上医学院的时间推迟，以便有更多的时间开发这个项目的潜力。特别是当他看到一连 24 天，这个软件都令人欣喜地保持 100%的正确率时，这个想法更是迫切之尤。

与此同时，那另外一个建立在直觉上的设想也在不停地撩拨着彼得森的想象。他搞起了一个并不当真涉及货币的平行试验，每天随意凭直觉记下对市场当天行为的估计。他的这一直觉模型是以内行人的猜想为基础的。它是这样运作的：每个交易日结束时，彼得森记录下自己情绪状态和对市场的直觉估计。同时，他还用五分制记下了自己对这一市场估计的自信程度。这样，他最后得到的是他称之为“市场情绪”的结果，其中综合了他自己完全凭直觉感悟出来的理念和最近通过报纸、电视和其他渠道随意收集到的金融信息。

利用计算机帮助投资，同时也凭直觉进行预测三个月之后，彼得森对两类数据进行了比对，发现直觉方式有 70%的正确率，总的来说优于计算机软件。

然而，在 1995 年 12 月的整整一个星期里，他的这个计算机软件遭遇了一连串打击，使他损失了将近 1 万美元。由于害怕赔个精光，明智投资公司的三个投资人都认为关门大吉才是明智之举。彼得森仍然拥有开始时投入的 2.5 万元，加上赢利 1.2 万元，还有一开始时没有动用的3.5万元。他准备养精蓄锐一段时间，然后开始检验将直觉模型用于现实生活的准确性。

1996年1月，他开始再度尝试。良好成绩接踵而来。2月里，他在与第一个女友约会时，吹嘘起获得的利润来。一个星期后，这位新女友天真地问他："最近你的行情怎么样啊?"他快速心算了一番，结果感受到的是现实的冷酷——"哼，不怎么样。"这就是他不得不承认的结果。在数学面前，他不得不承认自己在上一周内几乎损失了6000美元。几天后的现实更使他目瞪口呆，百思不得其解：直觉模型出现了70％的错报率。

于是，他又回到了使用计算机软件的方式。虽然回报很低，但一直有所回报。直觉方式虽然已经停用，但彼得森仍然坚持记录来自直觉的估计结果。到了2月底，后者又回升到70％的正确率。这种令人欣慰的回归状态在3～5月里一直持续着。所以，当他在1996年6月进入医学院学习的时候，又开始利用直觉模型进行第二回合的投资了。

这一回合以和上次一样，开始时估计结果正确，然后很快又曲曲折折地回到70％的错报率。闹不清究竟是什么原因导致误报，他只好又把它搁置在一边，但仍然记录有关数据。

1996年12月来临了，直觉模型开始以强烈迹象表明市场即将看好。彼得森决心孤注一掷，借钱买了期货。12月5日，联邦储备委员会主席艾伦·格林斯潘发表了他那著名的"非理性繁荣"讲话，警告投资者说，股市正处于过热状态，马上就要一头跌进冰窖。

"我正在研究最后的结果。"彼得森说道："突然接到我的经纪人打来的电话，告诉我股价在一个劲儿下跌。我将借来的资金都赶紧收了回来。"第二天，尽管他的直觉系统显示出**从未有过**的强烈信号，预测股市将会反弹，但他并没有真正做出投入，只是动用了理性进行分析。"就在研究最后的结果的当口，我一下子就损失了 5000 美元。这真是太不可思议了!”

股市老手都清楚地记得，格林斯潘对股市大泼冷水之后不久，股市便停止下跌并转为回升。彼得森明白，如果当时听从自己的直觉大干一下，肯定会获得非常大的利润。但他失去了此次良机。这让他开始对市场情绪的力量有了初步的认识——格林斯潘的讲话吓住了股民，致使他们当中的相当一部分人抛售股票，造成股市下跌。聪明的投资者则在等到几轮跌潮后大批买进廉价的股票。

然而，虽然得到了这一认识，彼得森却拿不准要不要付诸应用，最后还是认定自己玩不起了。不过，虽然离开了股市，他还是继续为自己的直觉系统扩充资料。于是他发现，这个隔岸观火的预测系统再一次表现出 70%的准确率。

这时，彼得森的一些精于投资的大学朋友都乐开了花，他们从高科技股票交易中赚得了成千上万的收益，而彼得森错过了在这场以技术为动力的股市繁荣中冲浪的机会。但是他仍然相信，数学和计算机才是最终的解决方法，前提是知道如何处理股市中的情绪成分。

到那时为止，他已经收集和分析了三年的资料，由此发现根据“市场情绪”进行投资，年回报率会达到 50%。因为曾在股市三次受挫，他还是视投资为畏途。就在这时，他的一位朋友向他介绍了一个完全不同的情绪驱动策略，事实证明它非常有效。

这个策略简单得出奇：登录互联网，查看各种股票行情的数据；找到热门股票，买进其中一种人们疯抢的，然后等到当人们盯上了另外一种股票时卖出；再盯住这只新宠重复上述操作。

彼得森很快便发现，这个策略用起来真是灵验非常。他在 1999 年获得了 800% 的利润，2000 年的头几个月里也接近 300%。

2000 年 5 月，他离开得克萨斯州，来到加利福尼亚州一个距硅谷不远的地方当精神病实习住院医师。实习工作要求他非常投入，以至于一连几个月他都没有精力去考虑赚钱。但渐渐地，他又开始思考人们做出金融决策时的情绪基础。2001年后半年，他遇到了一位叫做弗兰克·默撒的心理学家。当时，这位心理学家正对赌博进行学术性研究。而且像彼得森一样，他也对股票市场的心理奥秘很感兴趣。于是两人联手，办起了一家市场心理学咨询公司，给涉及大笔资金的决策提供服务，帮助有关投资人防范情绪引起的错误。

精神病学实习结果后，彼得森来到斯坦福大学，与布赖恩·克努森一起，投身于神经成像的实验室研究。克努森曾在2000年证实，即便是令人毛骨悚然的犯罪和事故受害者的照片，也不如普通的金钱图片那样能引起更强烈的大脑反应。

克努森通过研究发现，如果真给受试者发一笔钱时，他们的大脑会出现更强烈的反应。多巴胺是大脑中的一种参与奖赏的神经递质，也是人体中自造的导致良好感觉物质的主要成分。当多巴胺接触神经突触时，受试者就会像摄入毒品似地兴奋起来。研究人员第一次看到了视觉方面的证据，证明为什么金钱能够激发狂热的极端行为——从人们所能表现出来的最好的直到最坏的。功能性磁共振成像技术使研究人员再次证实了彼得森还在得克萨斯州时就已得出的结论，即金钱能够掀起最原始的情绪风暴，从而妨碍人们进行推理的能力。我们笃信理性决策的重要性，特别是事关金钱时；但是，情绪却会一而再、再而三地左右我们的金融决策，虽然我们很少能够清醒地意识到这一点。

这一发现，让我们对“经济人”这个传统经济理论中的基本概念产生了疑问。其实，还在两年前，也就是在1998年，这个理论已被证明未必可信了。世界上一些最出色、最聪明，也是最成功的金融界人士，因为遵循着他们笃信的理性决策，导致了规模几近于1929年大萧条的经济灾难。

约翰·梅里韦瑟是美国所罗门兄弟银行的一位富有传奇色彩的证券交易人，他在1993年创立了“长期资本管理公司”(LTCM)，罗致了不少金融精英，其中还有两位诺贝尔经济奖获得者。到1998年时，这家公司已经发展成为金融“巨人”。它的经营理念非常简单明了，并且依靠最新的超级计算机执行这一理念——寻找市场间的套利机会，一旦找到这种机会，便立即借大量资金买入，从中大赚一笔。

以套利方式获取利润的必要条件，是发现能够购进、然后又能马上转而以高价格卖出的机会。这是一个富于刺激的妙招儿。然而，在现实生活中，套利是一个折磨人的缓慢过程，颇像是沙里淘金。机会是转瞬即逝的，所以一旦出现便必须立即抓住。要知道，许多其他的挖宝人也在挖掘这座金山。费力地在数据流里寻找闪烁发光的东西，找上多少个小时后，你可能会走运地在那些数字沙堆里捡起一粒金屑，有时甚至会是一个金疙瘩。

长期资本管理公司的另外一个策略是举债融资。公司上层人士借助良好的学术声誉和不断攀升的业绩，说服了一些世界上最具实力的银行，以大大降低的优惠利率向该公司提供贷款，使之得以以超低代价获得资金。

这一套策略惊人地有效，几乎一夜之间，长期资本管理公司便成了世界范围内的主要金融玩家之一。在开始的两年里，它创造的回报率几乎达到50%，以经济学标准衡量不啻天文数字。不出四年，它获得了将近50亿美元的资本，加上它能够融资的额度，总资本差不多达到了2000亿美元。这使包括高盛集团、摩根大通集团和美林证券集团在内的所有一流投资银行也有意分享一杯羹，也将自己的淘金队伍派来入阵。激烈的竞争瞬间使得那些难以捕捉的套利机会越来越少。利润大幅度下降，引起了长期资本管理公司的投资人的严重不满。

两种强烈的情绪，一是贪婪，二是恐惧，开始左右起全世界最精明的金融才俊的思想了。长期资本管理公司的魔法师们决定增加赌注：既然现在套利机会微乎其微，他们就把更大的钱目压在了更少的几个能找得到的机会上。

根据神经科学出现前的主流经济理论，任何一种价格很低的债券都会吸引购买者。这也是这家公司由以往经营历史证实的模式。遵照这个逻辑，长期资本管理公司掏空内囊，购买了极多的当时以极低的价格便能买到的俄罗斯卢布。为防止卢布走跌的可能，他们同时还套进了意大利、巴西和日本的货币，这样做的依据是：任何一位从俄罗斯撤走资金的投资者，总要在其他地方寻找投资机会，从而大幅度地提高长期资本管理公司所拥有的意大利、巴西和日本的货币的交易额。

他们总共为这一赌注投入了 14 000 亿美元，大部分资金都是借来的。

长期以来，俄罗斯政府虽然一直受到外来压力，要求其现行货币贬值，但却一直声称不会这样做。1998 年 8 月的一天，俄罗斯政府终于让步了，卢布价格急剧下跌。长期资本管理公司并不害怕，因为它相信自己持有的其他货币可以弥补卢布的下跌。然而，这些投机商们没能意识到，他们的情绪已经把自己引进了一个极为糟糕的赌局之中。他们的推理能力被一个巨大的情绪盲点覆盖了。14 000 亿美元这个天价引起的情绪，控制了他们的感知能力，以至没能预见到出现全球性灾难的可能性。

下面就说说在问题出在哪里：当空气中随处飘荡着大量的不利消息时，邪恶的符咒就瘴气般地笼罩了人们的金融推理能力。投资者是非常敏感的，有时会敏感到不把低价格视为机遇，而看作是“危险绕行！”的警告牌。投资者们不但不认为是“好买卖上门啦！”，反而忧心忡忡地认为一定是哪里出了毛病。所以，与仍然今天大学里被宣讲的有关“经济人”的经济理论相反，被俄罗斯金融危机吓跑的投资者们没有重新入市去购进其他国家货币。他们把风险完全切断了，也就是说，不在俄罗斯进行投资了，同时也撤出了对意大利、巴西和日本货币的投资。投资者们涌向情绪避难所，进行最安全的投资：购买低风险但低回报的美国国库券。

在从 8 月到 9 月的五周内，长期资本管理公司平均每天损失 3 亿美元，其中有一天就“失血”5.53 亿美元。在濒临破产边缘时，它也将在幕后支持“无风险”套利的银行拉入了严酷的现实。包括美林证券集团、高盛集团、所罗门兄弟银行、大通银行、瑞银集团、贝尔斯登公司和摩根大通集团这些大金融机构都被卷了进来。如果长期资本管理公司破产，届时留给这些银行的，就将是一堆有史以来最昂贵的空头支票。眼看巨大的金融灾难就要降临，美国联邦储备委员会开始介入，组织了全球的营救计划。14 家大银行每家各被注入 3 亿美元，总资金达到 35 亿美元，长期资本管理公司总算避免了溺毙的命运，但也只能是苟活了。

雷曼兄弟控股公司和许多银行在 2008 年夏天的那场次级贷款危机中倒闭的遭遇，和长期资本管理公司有许多共同之处。

在长期资本管理公司大倒其霉的同时，这两轮危机却正在促成神经科学的先驱研究者们对经济与情绪的关系开始有所发现。对于正在发生的和被认为即将发生的事件，人们都会产生强烈的反应。大脑中负责情绪处理的区域是很强大有力的，当这些区域活动起来时，人们据以决策的基础就会突然并且明显地发生改变。

神经科学有朝一日可能会掌握消除此类“先发泡、再破裂”的疯狂周期的能力。神经科学目前正在研究人们的金融头脑，例如，次贷危机是如何演变成的？为何虽有专家发出注重理性的警告，但还是出现雪崩式局面？如此等等。对此若置若罔闻，就像是在泄漏的油泵旁不停地吸烟一样危险。最近，卡内基梅隆大学的经济学家乔治·勒文施泰因——他在后文中还要就一些重要内容发表睿见——告诉《福布斯》杂志说，次贷危机这场灾难是愚蠢和错误安排的动机结构共同铸成的。对金融机构的表现进行评估的机构总是告诉人们说，把风险大的抵押贷款分成许多小量贷款，是一种安全的投资方法。然而，这些评价机构背后的老板，其实就是发行危险的抵押证券的同一批人。人们把这些评估机构当做在充满危险的金融丛林里前进的可靠向导。但是，这些评估机构之所以提出过于人性化的建议，是由于利益障目而相信了这个错误的概念。分割风险抵押并不能使人们的投资更安全，这样做只是把不幸分散到更多人的身上。

长期以来，普林斯顿大学的丹尼尔·卡内曼一直致力于研究人们如何在面临大到长期资本管理公司选择投资方向、小到日常生活中挑挑拣拣的种种不确定的环境中进行决策。他和已故的阿莫斯·特韦尔斯基[①]早在20世纪80年代早期就开始合作，构想出了他们称之为“前景理论”的成果。这个理论认为，在危急情况下进行决策，就有如在不同的“前景”之间做出抉择。这其实也就是在博弈。我们总是试图根据概率论的基本法则设法寻求最好的前景。但是，正像卡内曼和特韦尔斯基发现的那样，人们的判断力经常置这些概念于不顾而抄近道、走捷径。使用大脑成像能够轻易地观察人们如何进行判断，但在此之前，卡内曼已经开始致力于研究情绪对金融决策的影响。他和他的同事们为神经经济学的形成打下了基础。

丹尼尔·卡内曼和美国查普曼大学的弗农·史密斯共同获得了2002年的诺贝尔经济学奖。虽然他们各自独立开展研究，在某种程度上甚至还是冤家对头，但他们为神经科学的建立准备好

---

① 阿莫斯·特韦尔斯基（Amos Tversky，1937～1996），以色列-美国科学家，认知科学的创始人之人，对风险决策理论也有卓越贡献。由于早逝而未能与合作者丹尼尔·卡内曼分享2002年的诺贝尔经济学奖。——译者

了庞大的证据库，提供的内容如今已经被认为是带有根本性创新的真理。

心理学研究人们如何进行判断和决策。卡内曼是第一批向其他研究领域引进该领域成果的前驱者中的一位。弗农·史密斯带领研究人员构想并进行实验室试验，目的就是检验各种经济理论的正误。

其实，彼得森通过自己搞出的那个忽灵忽不灵的直觉投资策略所认识到的事实，弗农·史密斯和丹尼尔·卡内曼在更早些时也独立认识到了。人性里的确包含着行为偏见，而这种偏见又经常会把金融决策引向不合逻辑的歧路；特定形势越是严重，人的不确定性和思想紧张程度就越大，不合逻辑的奇怪想法就越能伺机左右理性思维的方向。所以，人们越是感到紧张，情绪就越能在我们自卫能力的深处搞鬼作祟。

这已经被一组经典实验所证实。该实验中的一项，是要求一组受试者设想自己在担任职务时出现了需要应对的危急形势：有600人感染了非常危险的疾病，而对策只有两种，一种能挽救200名患者的生命；另一种则有可能挽救全部人的生命，但成功的概率只有1/3，若是失败，这些人会全部丧生。受试者只能在这两种可能中选择其一执行。

试验结果一次又一次表明，人们倾向于做出第一种选择。

接着进行的下一项在实际内容上可说是毫无二致，但供选择的前景却是这样表述的：一种将导致400人死亡；另一种是有1/3无一例死亡的可能，但同时也有2/3的概率是600人全部死亡。

面临这两种可能时，大多数受试者会选择第二种。其实，在这两项试验中，供选择的内容在数学上是完全等价的。然而，为什么大多数人在第一项试验里倾向于第一个选择，而在第二项试验里偏好第二个？全系情绪所然。

在第一项试验里，对两种选择的叙述都是从正面角度给出的，而在第二项试验里却都却以负面形式出现。鉴于选择的结果是非存既亡，形势所引发的情绪足以导致思想的畸变。该试验表明，传统的经济学所假定存在的个体，即像麒麟一样子虚乌有的“经济人”，会一直做出最符合理性的选择，毫不理会其他任何选择。

这一事实如何在日常的金融决策中发挥作用呢？事实会像这组试验所显示的那样，情绪把人们推向了选择看来是“瓮中捉鳖”的事物（a sure thing）。“我将要拯救 200 个可怜人的性命”的想法是具有正面情绪作用的，而“400 人会死掉”的想法不具备这种作用。

实际上，我们对“把握”的喜好会导致对它的过高估价。在资本市场里，人们宁可接受较低的回报，是因为他们相信这样会规避风险。他们的首选是货币基金或任何其他“瓮中捉鳖”式的资产投资。

例如，有一种叫做“现金等值投资”的投资形式，在从 1972～2007 年的这 35 年间的平均回报为 6.7%，非常稳定，任何一年都没有出现过下降，因此为人们所熟知，并凭借着这一点在业界成为安全的代名词。5 年期美国国债在形式上与之稍有不同，在同一个 35 年期间也只有 3 年遭遇过亏损。

将 32 年赢利和 3 年亏损综合起来，5 年期的美国国债每年的平均回报是 8.8%。这就是说，购买了“现金等值投资”的客户，为了规避在特定年份里非常小的亏损——2.1 个百分点，放弃了每年 1/3 的利润差额。

这是理性的选择吗？不是。但它完全符合人们受情绪驱动时会有的想法。不过，我们也有可能找到办法，来发现那些会限制获得利润的情结从而加以控制，以从投资中不断获取更大的收益。对此我将在后文谈及。

在这枚有一面为“瓮中捉鳖”的“硬币”的背面是，在办大事需要冒险时，我们会努力避免损失，即使仅仅是可能发生的损失。损失金钱时感到痛楚，是大脑中一个区域的作为，而赚钱的愉悦则由另外一个区域掌管。痛楚回路造成冲击的强度，要远远高于愉悦。

在网络公司大量涌现的2000年，在不到一年的时间内，纳斯达克指数就由高峰时的5048点降为不到此值的一半。长期以来，投资者一直对股票市场葸葸待之。直到2003年年中之前，他们一直把大量的资金用来购买证券基金。不幸的是，证券基金的利息率非常低，通货膨胀和各种有关税收吞食了所有本来会有的回报。与此同时，即便股票市场显示出良好反弹的迹象，令人鼓舞的预测数据也大量显现，但不久前亏损的滋味仍然令人心有余悸，从而造成投资者忽视事实而听命于自己的恐惧，使大好机会交臂失之。

卡内曼有关情绪会严重干扰人们经济大脑行为的研究工作，促成了他近几年来与另外三位著名思想家的合作。这三位人物分别是哈佛大学的社会认知和情绪实验室心理学教授丹尼尔·吉尔伯特、弗吉尼亚大学的蒂姆·威尔逊和卡内基梅隆大学的经济学家乔治·勒文施泰因。这个小组把自己的研究领域命名为“情感预报”——也就是对情绪“天气”的估计。

这个“情感预报”小组对人类天性中的两个非常有趣的问题进行了系统研究：第一，人们如何预测令其高兴的事物？第二，人们又如何将这些想法转化成最终的行动？

沿着这两条思路前进时，他们甚至发现了一个更有趣的问题：正确也好，错误也好，面对自己金融决策的实际结果，相关者会产生何种**感受**呢？

他们的研究结果显示，思维的用处就是预测决策的结果会给我们带来哪些感受。人们在生活中所做的每一件事，几乎都是以此为出发点的。它刺激我们去购买让我们高兴的商品，刺激我们为了想象中将会实现的更高的生活质量而尝试更换职业。

大脑虽然是大自然的典型杰作，但其思维机制中还存在大量的运行缺陷、错误接头和设计瑕疵。尽管如此，我们还得要依靠它，因为它是我们所拥有的唯一预测手段。

且将脚步稍停片刻，研究一下你自己的这部预测机器吧。它曾经让你误入歧途吗？如果能矫正其缺陷，会得到何种结果？如果从现在开始，它能一直正确地进行预测又会怎么样？如果能实现一直正确预测的话，你将根本不会在买完了东西后再后悔，会知道和谁去恋爱，也不会因选错职业而老大徒伤悲。

卡内曼和他的合作者们正致力于这方面的研究。他们已经进行了数量惊人的实验，以锁定人们应当躲开的陷阱的位置，从而得以进行无错误预测。到目前为止，他们已经证实了一件事情，就是人们通常其实并不了解自己**究竟要些什么**。正是由于这一点，大多数人在设计自己的生活方面效果很差，这也是自助书籍总是畅销的原因。用传统的经济学术语来说，人们需要的是实现效能的最大化。

詹姆斯·瑟伯[①]曾写过一则小故事，说有一个人故意在厨房的炉子上把手炙伤，目的只是要试试刚在集市上买的新品牌药膏是否有效，而结果只是发现效力不过尔尔。这就是我们大脑的运作方式。在预期的结果和人们所面对的现实之间存在着一道令人失望的鸿沟，而大脑总是把人们领向这道沟。游船主们会用一句该行内的慨叹诠释这个现象：“你和你的船最有感情的两段时光，是将它买来的一天和将它卖掉的一天。”

这个说法几乎适用于所有为追求快乐而买回来的玩具和摆设。这种介于预期的快乐和我们所体验到的现实之间的差距，吉

① 詹姆斯·瑟伯（James Thurber，1894～1961），美国作家与漫画家。——译者

尔伯特称之为“影响偏差”。

勒文施泰因解释说：“快乐是大脑发出的信号，目的是诱发我们做某种事情。人的思想天生就是要去寻求快乐的。大脑的机能不是设法去**感受快乐**，而是调节人的情绪，让人们不断返回寻找快乐的出发点，有如让眼睛不断适应不同的照度一样。”

勒文施泰因也用“移情差异”来描述两种情绪之间的行为差别：一是情绪亢奋时（hot，也就是处于他所说的“热”状态时），一是平静与理智时（cool，也就是处于他所说的“冷”状态时）。我们的思维运行机制就像杰里·里德①在20世纪70年代的一首流行歌曲里唱的那样：“一眼相中你就好；一没看上你就孬。”狂热倾向人人都有，只是程度各不相同。我们之所以会做出愚蠢的选择，是因为在那一刻里，我们坚信自己的选择是最好的。而这样的时刻还真是不少呢。

“当处于此类状态时，人会发生很大的改变。”勒文施泰因说：“可以说是几乎判若两人。”

威尔逊补充道，“我们目前尚不清楚，人们在愉快事件发生后将其视为平淡无奇的速度有多快。我们会接受令自己愉快的事物，然后将它转化为不过尔尔。在这一转化过程中，我们的愉快便荡然无存了。”[1]马克·吐温在一个世纪以前便发现了类似的思想：“新鲜劲儿一过，不显得突出了，它就不再让你愉快，你就不得不再去找新玩意儿折腾。”②

我希望人们将来会发现建立在神经科学基础上的干预方法，可以使我们至少在某种程度上摆脱“影响偏差”和“移情差异”的负面作用。其实，要做到这一点也并不复杂，无非是纠正期待

① 杰里·里德，全名为杰里·里德·哈伯德（Jerry Reed Hubbard，1937～2008），美国乡村音乐歌手与词曲作者，电影演员。杰里·里德是他的艺名。《一眼相中你就好》（*When You're Hot, You're Hot*）是他的代表作之一，一时广为流传。——译者

② 摘自马克·吐温的短篇小说《斯托姆菲尔德船长天堂访问记》（*Captain Stormfield's Visit to Heaven*）。该作品创作于1909年，是他生前发表的最后一篇著作。——译者

过高的倾向。在追求快乐的过程中，我们可能会因为期望得太多、太高而表现愚蠢。干预方法可能会出现许多种，第 7 章里将要介绍的一种新兴杂交学科——神经神学即为其一。我们可以从神经经济学理论出发，借助神经软件程序的帮助，对大脑进行重新训练，并通过神经反馈方法得知大脑精确状态的实时信息。人们也可以求助于某些只在面临重要事件时才会发挥作用的药物。认识到自己的“移情差异”和“影响偏差”的实际情况、并找到方法来战胜它们，这还仅仅是开始。人们应学会认识一旦思想、特别是评估能力呈现出偏差趋势时的感受。而这是可以利用一种有如心率监测器一样并不复杂的电子设备监控并具体显示的。监控情绪状态能够降低期待过高的倾向，以使人们的预期和现实结果更紧密地契合到一起。

人们目前已开始致力于将这种可能性付诸现实。

通过此类干预，人们能够更好地感觉到对生活有了把握，对方向有了控制。不论是事关收拾家当易地而居，或是换个职业，或者只是换辆车子，我们都能预知值得不值得为此付出必要的财政支出和情绪消耗。请设想一下，一旦神经经济学经研究证实确实需要改变某些行事方式并随之制订成法律条文后，人们在大量购买股票前，先会经历一段充足的考虑时间，思忖一下自己是否头脑发热。这样，买进者的懊恼将会变成过去，同样，抛出者的悔恨也会同样成为明日黄花。

“没有错误预报的生活，是更美好和更幸福的生活。”勒文施泰因说，“如果你能透彻地理解‘影响偏差’的含义，就会根据你自己的领悟方式行动，把心血花费在真正使你快乐的事情上。”

一旦这样的预报成为可能，金融家们肯定会迫不及待地大加利用。他们当中的一些人已经利用大脑成像和神经反馈等神经技术，为自己获得了更显著与更持久的投资绩效。探索如何将这此类发轫于医疗领域的技术，延伸到经济学和金融学领域去，正是前沿科学家们开拓神经金融学的用武之地。

神经金融学是金融学大树最新萌生的一根枝条。行为金融学也是如此。行为经济学和神经经济学都源自经济学。行为金融学和行为经济学借用了行为科学、特别是社会心理学中的若干概念，不过与神经技术的关联尚不甚密切。

在神经金融学领域工作的研究人员们，向往着找到三个与改善投资绩效有关的“圣杯”：第一个是找出影响交易行为的生理因素；第二个是了解这些因素如何导致成功或失败；第三个是开发强大的新型工具、技术和训练方法，以确保获得最大利润。

神经金融学研究已经证实，人们的心理生理学机制受到进化过程的宥定，有时会起到阻碍采取理智行为的作用。它还证实，每个人的心理生理特点是各不相同的，结果是造成几类影响个人行为的不同性格表现。人们能否做出理智决定，能否成为金融市场的胜家，要受到这些性格表现的极大影响。这个发现向长久盛行的有效市场假说（efficient markets hypothesis，EMH）的核心内容提出了严重挑战。

有效市场假说的前身是效用理论。现代人的大多数金融决策，都是在以这两者为依据的基础上做出的。这两个老牌理论认为，人们的行事通常总会基于对自身利益的理智考虑，并做出相应的经济决定。它们得到人们的普遍认同，也是课堂上经久不衰的讲授内容。它们在绝大多数经济学专家眼中，可以说地位堪比《圣经》。然而，这两种理论不仅与目前的研究方向大相径庭，而且也漠视着许多智者对实际生活的思考与研究。我们大多都肯于承认，自己有时会在金钱问题上不但不理智，而且简直可以说是“没脑子”。

那么，在承认人们并不总能完全理智地对待金钱的前提下，又该采取什么对策呢？

如果在神经金融学领域工作的人能够将自己的主张贯彻实施，那么，人们在不久的将来参与金融交易时，大脑就会受到隐蔽监视器的不断扫描，血液中的化学成分也会时时受到分析。这个想法听起来似乎古怪，也许还显得不道德，颇像是从奥尔德斯·赫胥黎的《美妙的新世界》手稿里剔下未见诸正文的片段[①]。然而，就在不久之前还被视为不现实的检测运动员乳酸阈值和代谢能力的设想，如今已经成为施之于游泳健将、径赛选手和其他耐力类运动员的常规检测项目，由此得到每个运动员赛前、赛时及赛后的关键反馈数据，并了解他们的心脏大小、氧代谢能力和其他生物学特性，从而掌握这些人的运动潜力。

金融场就有如运动场，股民就像是运动员，凭着自己的天分和专业训练，不断地寻找可以发挥特长并脱颖而出的机会。

不妨还是继续用体育打比方。设想你拥有一只职业运动队，或者是一批运动员的教练，你掌管的这些人将在下届奥林匹克运动会上与世界上最强的对手同台竞技。为此，你需要采取任何合法并且有条件实现的手段，千方百计地让你的队员们届时能超水平发挥（不合法的手段不予考虑——设定你是位有德之士）。恐怕这一来，你势必会去一趟美国的新墨西哥州阿尔伯克基市，造访位于市郊的桑迪亚国家实验室。

自 1949 年起，桑迪亚国家实验室就本着保障美国国家安全、抵御国内与国际恐怖威胁的宗旨，开始开发有关的技术。今天它也仍以这一使命为其首要任务，承担着美国核武器中所有非核部件的研发。但是，该实验室也从事其他项目的研究，而且涉及的门类多得令人吃惊，是许多国防、能源和环保项目的参加者。目

---

① 《美妙的新世界》(*Brave New World*) 是英国-美国著名作家奥尔德斯·赫胥黎的一部名著（有中译本，孙法理译，译林出版社，2010 年出版），是在科技极大地推进着生产和改变人们生活的 20 世纪 30 年代，所写的一部颇有讽刺和警示意味的幻想体裁作品。书中描写了一个大量使用科学技术的社会，但它不安全，也不美妙。对科学技术的双刃剑作用给出了令人信服的昭示。——译者

前，它的高新概念小组正致力研究的顶级尖端项目，就是提高人类的认知行为能力。

人们会在某些时候有上佳表现，而在另外一些场合却低于常人。个中原因，现在还无人能确切给出。桑迪亚国家实验室的研究人员目前正在没有任何既定理论指导的情况下，致力于发现最佳团队的基本表现特征和实现最佳表现的条件。

这些研究人员利用市场上的现有设备，再加以简单的改装，制造出了一种叫做“人体仪”（human watcher）的设备，用以对人进行相当全面的检测。这套设备中包括测量运动参数的加速度传感器、面孔识别软件、测量肌肉运动的肌电图仪、测量心率的心电图仪、测量血氧饱和度的血容量脉冲血氧定量仪，和测量呼吸深度和频度的呼吸描记器。

这帮人给他们的这台综合设备起了个与《2001 太空漫游》中那台超级计算机“哈儿”（HAL）相近的名字——“帕儿”（PAL），不过也希望虽然名字相近，但表现要好一些，不要像哈儿那样成为宇航员杀手。[①]

一台“人体仪”能测试一名受试者，可以同时测定该人的呼吸和心率，记录面部表情和头部运动，并分析声音的高低，然后将所有数据综合起来，得出某时刻的总体情况。这一总体情况是被连续记录的。“人体仪”能够把这些信息传递给同组的其他人。这样一来，如果小组中的每个人都各自接受一台“人体仪”的测试，组内的每个人就都能及时知道组内其他任何人在任何特定时刻的情况。如果还是用体育打比方，那么，“人体仪”就能在关

---

① 《2001 太空漫游》（*2001：A Space Odyssey*）是英国著名科幻作家亚瑟·克拉克（Arthur C. Clarke）的最负盛名的科幻作品之一，改编成电影后影响更为深远。“哈儿”是一台有高度人工智能的控制“发现号”太空船的超级计算机。这台计算机发现宇航员想将它关掉，便认为这些人是要“杀死”它，因此决定先发制人，杀害了船上的三位进入冬眠状态的科学家，又制造假故障，误导一名没有冬眠的宇航员进入太空环境维修，然后用切断氧气的方法害死了他。结果全船只有一人幸存并将“哈儿”成功关闭。——译者

键时刻告诉他们，此时此刻是谁正处于发挥的最佳状态。

一开始时，桑迪亚国家实验室只是想把“人体仪”应用于核潜艇、地下核弹发射井和空中交通控制塔，以使所有有关人员能够知道在紧要关头时，谁是能够充分发挥作用的人。

在对“人体仪”稍加改动后，该实验室就弄出了一台神经反馈设备。它先是向你（运动队老板或者教练）提供运动员在“学习”阶段的神经生物学实时信息。这些积累来的信息将有助于你在比赛时提高他们的表现，营造出巨大的竞争优势。

这样的效果业已得到证实。在一轮早期进行的“人体仪”实验中，有5名受试人组成一组，参与了12次测试。这些人自己注意到的第一个成果，就是生物反馈的信息能帮助他们保持一种不那么高度亢奋的状态，紧张心理普遍大有松弛。单只这一点，就提高了他们的团队合作水平，并经过进一步的合作取得了领先地位。

较低的亢奋状态有助于达到佛教徒吐纳修炼的目的：“静若处子，动若脱兔”。“静”指处于较低的亢奋状态，但又保持着意识和警觉，避免了脑力和体力的大量消耗，但同时时刻准备着发挥功能。运动员称这种状态为“到位”（the zone）。当运动员处于此种状态时，如果是篮球运动员投篮，球儿会像有雷达引领一般射入；如果是跨栏选手，会觉得高高的栏板在他们飞身而过时向下回缩；橄榄球运动员会接到球友远远抛来的球而触底得分；网球选手将有效截击对手的重击；棒球击手也会轻松地把对方抛来的刁球变成本垒打。一旦思想不再紧张，平素的训练便会充分发挥威力。

与之相反的状态就是过度亢奋，其表现为手掌冒汗、头脑发晕。有人称此种状态为“不是拼命，就是逃命”（fight or flight）。当我们过度亢奋时，人体会分泌大量的肾上腺素，造成能量的迅速消耗。对于现代社会中的人来说，在大多数情况下，有这种感觉的人固然不会哭着喊着落荒而逃，也不会无论随便看见什么人都会硬拉着呼救，但大脑仍然有着同样的念头，就是“**赶快**有所行动哇!”少量的肾上腺素对人体是有益的。喝咖啡促进少量的肾上腺素的分泌。这正是人们清晨起床后喜欢喝上一些咖啡的原因。然而，过量的肾上腺素几乎会无一例外地引起严重的误解和重大的失误。

神经金融学的下一步发展，自然是把已经掌握的技术和知识，应用到提高金融客活动的绩效上。在过去的几年里，马萨诸塞理工大学的罗闻全（Andrew Lo）一直从事着这方面的工作。

罗闻全出生在中国香港，5 岁时来到美国纽约。他目前在马萨诸塞理工大学的斯隆管理学院教授金融学和投资课程，同时担任该校的金融工程实验室主任。这个实验室是通过计算模型研究金融市场的研究中心。

罗闻全和他的合作研究者德米特里·列平在《认知神经科学学报》（*Journal of Cognitive Neuroscince*）发表了一篇论文，题目是“金融风险处理的实时心理生理学”。在这篇文章中，他们对处于高风险和高压力的职业证券商的情绪进行了研究。这些证券商都是金融界的顶级“运动员”。个体投资者经常受到非理性感情的影响，如过分自信、敏感过度、从众心理、规避损失为上、恐惧、贪心、过于乐观，以及悲观过度等。职业证券商则不同。他们会像电影《黑狱喋血》[①] 里的那位男主角那样，在任何情况下都从容镇定，靠着先天的优良禀赋和后天的训练有素，证明着自己是经济界里最稳健的决策人。人们普遍认为，他们的成功，完全建立在才智超群和能够进行理性分析的能力上。

不过，罗闻全和列平在验证这种看法时却发现，即便是最成

① 《黑狱喋血》（*Cool Hand Luke*）是根据 1965 年出版的小说改编的美国电影（1967 年），主人公卢克是一名因醉后闹事被捕入狱的犯人，是个永远不肯低头，又喜怒不形于色的人。——译者

熟的和久经阵战的职业金融客，也会受到自己情绪的驱使。这两个研究人员从波士顿的一个金融机构挑选了10名从事外汇交易和利率衍生产品交易的金融从业人员，用自己设计的“人体仪”测试和分析了他们的自主神经系统。

这10个金融客按其从业经验被分成两组，一个组里的5人都是有丰富经验的，另一个组里的5人则经验程度或中或低。他们在金融交易过程中做出实时决策时，会接受“人体仪”的现场观测——将电子传感器附在受试者的脸、手和膀臂上，以连续方式记录他们的皮肤电导率、心率、呼吸、体温，以及面部和前臂肌肉的运动。每个受试人的腰带上都别着一个与传感器连接的微小控制器。整套装置都设置得不致引起他人的注意。

控制器通过一根光导纤维与笔记本电脑相连，而笔记本电脑则使用生物反馈软件对输入的实时生理数据进行分析，用以与受试人决策时涉及的实时金融数据跌涨进行比对。这样便实现了市场活动与金融客反应的同步。

研究人员跟踪记录了三种重要的市场事件：偏差、趋势反转和市场振荡加剧期。这三种事件都会在股市引起人心波澜，即便是最有经验的金融客也在所难免。每当发生这样的事件时，研究人员都会跟踪记录事件前、事件中和事件后的数据。

市场数据包括13种外币和两种期货交易的价格和买进-卖出差额。罗闻全和列平所感兴趣的，是比较有经验的和经验较差的金融客在反应上的差异，同时也查验这些人的反应是否会因交易内容不同而异。

不出所料，罗闻全和列平注意到，每当市场出现上述三种重要事件时，这些金融客的自主神经系统都会呈现出兴奋状态。新手的反应固然强烈，但即使是最有经验的金融客，也无不表现出相当明显的身体反应。这表明即便是最富理性的投资人，也不能排除情绪这个因素。看来关键的差别应体现在对情绪的处理方面。

有趣的是，最成功的金融客往往并不能清楚地阐述自己是如何决策的。他们甚至也不需要具备这种能力。罗闻全和列平认为，这些金融客恰恰具备凭直觉做出判断的与生俱来的情绪控制机制，理性解释其实是事后有人请他们对自己当时的决策有所解释时说给别人听的。

他们得出的结论是：金融客也会情绪化，但由于某种或者某些原因，他们能明白无误地知道该如何驾驭自己的情绪。这个观点和目前的认知科学理论不谋而合。认知科学家们认为，情绪是赏罚体制的基础，这个体制能激励人们自然而然地选择具有进化优势的行为。从进化的角度来说，情绪不是障碍，而是一种强有力的适应性反应，其目的是以激烈的方式提高人类和其他动物向各自的环境和历史学习的效率。

其实，情绪可以说是金融界人士“工具包”里的主要组分，对决定金融客是否具有进化适应能力意义重大。部分金融客会因经历损失而遭到淘汰。所以，在产生情绪时能懂得如何将其用于前瞻，走向胜利就多了一份保障。彼得森当年不断走向成功的投资，正说明着这个结论的正确。现在，把神经经济学研究成功应用到工作中的彼得森，是“市场心理培训公司”的掌门人，经管着 5000 万美元的对冲基金的运作。2008 年，该基金盈利将近 40%，而道琼斯指数在这一年却下跌了 35%还不止。

神经金融学的研究人员们认为，这个研究领域看来有无限的潜力可挖。“金融世界将来会是大脑科学家的舞台。”卡内曼说道，“无论你是做学问还是搞投资，都应该对这些人的工作给予极大的关注。”[2]

戴维·达斯特是摩根士丹利金融公司纽约总部的首席投资战略经理，掌管着总数达 7000 亿美元的私人投资。从他与别人的谈话中也可以大致看出，此人同意这一观点，因为他说：“将来有一天，大脑科学会帮助银行经理们注意投资情绪的变化。”

许多神经科学家们认为，今后金融客们会借助有高度针对性的精神药物，更多更持久地获取利润。斯坦福大学的布赖恩·克努森就持此种看法。精神兴奋药物目前正在普及，但和未来在大脑成像帮助下将会得到开发的药物相比，非但作用难望其项背，而且有种种副作用。尽管如此，学子们和年轻的职场白领们，仍然会为了提高学业成绩和工作表现而趋之若骛。在第8章中，我们还会在这些服用者中发现一些令人惊讶的事实。

公众对大脑化学日益提高的认知度，也支持着克努森的预测。自氟西汀（商品名“百忧解”）问世的这些年来，人们对脑化学知识有了成倍增长。氟西汀和与其他近似的选择性5-羟色胺再摄取抑制剂不仅彻底改变了治疗抑郁症的方式，而且深深地改变了我们对大脑的看法。大多数人目前已经认识到，化学物质对大脑、情绪和行为是有驱动作用的，而且相信好的化学物质能够帮助他们的大脑更好地工作。

很可能在不久的将来，人们就会看到种种全新的金融交易系统接踵而至。这些系统能充分利用神经技术带来的优势。首先，设想你能通过呼吸吐纳或者药物，降低交易带来的焦虑，同时还让大脑保持清醒。先进的吐纳法差不多有上千种，目前已能通过功能性磁共振成像技术验证哪一种在哪些特定情况下最为有效。把这些工具和实时大脑扫描，以及能够把大脑反应的实时信息进行定量化研究的神经反馈软件结合起来，再对这些信息同以往不论成功或者失败的交易时大脑反应的方式进行比较，将使对情绪的分析更有把握。

通过这一全面处理的方式，人们便能够知道自己是否处于“到位”状态，知道是否能够做出明智的选择而又无需绞尽脑汁，或者知道自己是否因不在状态而应该暂时当个“板凳队员”放松一下，等到“情感预报”告诉你已“多云转晴”时再“披挂上阵”。

奥姆纽隆公司（Omneuron）位于美国加利福尼亚州门洛帕克市[①]。该公司正在研发这种神经反馈系统，不过目前还只有雏形。这家公司与斯坦福大学合作，旨在共同完成一项名为“实时功能性磁共振成像”的技术开发。一项基于该技术的新发明，能够让人自己看到当考虑某类问题或者专注于某类工作时处于活动状态的大脑区域的实时状况。这一发明可以用来培训病人自我进行疼痛管理。有关实验已经证明，使用奥姆纽隆公司设备的病人，能在 13 分钟内掌握这一管理术，从而帮助他们学会控制大脑不同区域的活动，改变对痛刺激的敏感程度。

病人能够通过屏幕看到自己大脑某个与疼痛感觉有关的区域的实时活动状况。观察屏幕的同时，他们通过意念来降低大脑该部位的活跃程度，屏幕能够显示出他们所作的效果如何。据《美国国家科学院院刊》（*Proceedings of the National Academy of Science*，*PNAS*）发表的一篇论文报道，经过训练，8 名用传统的方法无法有效控制痛感的慢性疼痛病人，症状都有所减轻，减轻程度为 44%～64%，与对照组相比，高出三倍还多。在控制大脑活动方面有较高能力的病人，从这种方法中获益也较大。除了管理疼痛，这种技术也能用于治疗毒瘾和许多其他大脑和神经系统的慢性疾病。如今，任何想在金融交易上赢得竞争优势的人，也都可以使用这个系统。奥姆纽隆公司也好，其他别的公司也好，一旦得以实现以较低成本制造出更小型化的设备，金融客们肯定会趋之若鹜的。他们做出的选择，会让他们赢得越来越大的投资成果。随着成本的降低和成品的小型化，神经成像技术就会成为无名英雄，一如把水输送到水龙头的水管，或者如能在瞬间将大至万亿兆字节的信息传遍全球的光导纤维。明天的金融客会相当广泛地使用神经技术，就像今天的交易屏幕和手机那样普

---

① 美国有两个城市都叫这个名字。另一个更有名，在新泽西州，是爱迪生做出多项重大发明的地方，现已更名为爱迪生市。——译者

遍。这个技术的第一代产品可能体积较大，甚至会大得惹眼。尽管如此，由于它们的巨大功能，全世界的明智金融客一定会迅速抓住第一代设备，目的是尽可能快地获得最大利润——他们知道，低成本的二代产品能使这种技术得到广泛使用，从而制造出越来越多的竞争者。

神经技术代表着信息技术之后的又一种能够带来竞争优势的新形式。它以其能使生产力提高到更高水平的作用，创造着可以称之为神经竞争优势的效果。正像今天的工作者在竞争中争相努力学习信息技术一样，神经革命时代的工作者会为胜出而认真地去掌握神经技术。

神经科学正在凭借自身无比的独立价值，以及对即将到来的尖端神经传感技术的重要辅助能力，将种种崭新的特效药物带入人们的视野。我本人属意于称这些药物为神经促进药物（*neuroceutical*）。人类寿命的不断延长，以及全球竞争的不断加剧，使许多人求助于神经促进药物，把它们视为有助生存和成功的高级工具。人们会借助认知药物增强记忆力、情绪药物降低紧张，以及感觉药物为各种活动增添愉悦色彩。

人们在任何特定时刻会产生何种感受和做出何种表现，主要是由神经化学物质决定的。有些人选择神经促进药物，是要将自己的竞争能力发挥到极致；有些人则是为了延长和加强美好感受的时间以更充分地享受生活。但是，神经促进药物必然会引起大量的社会争论。对此，我们要做好思想准备。此类药物是应当只用于患者，还是也允许正常的健康人使用，引发了许多伦理学难题。对此将在以后的章节讨论。这里不妨只设想一个侧面，如果在迪拜、香港、孟买或你的家乡，突然有一小部分金融客能够使用神经传感技术和神经促进药物，而且只有这些人能够使用，世界将会是什么情况。

这一形势将会制造出一个崭新的、高效的和竞争空前激烈的金融领域。能够根据自己不断变化的神经生物学状况进行预测的金融客将控制这个领域，就像过去那些能够迅速利用运河、铁路、电报和计算机等优势的公司，能够称霸银行业和其他金融行业一样。随着推动神经经济学和神经金融学发展的人越来越多，这些人也会迅速地以更多样化的方式增加数额巨大的交易的利润率并稳定地创造财富。我们很快就能看到大批金融人士纷至沓来，充分利用每一个随之而来的技术突破。坚信大笔的财富就在前方，相信它们正在今天和未来交汇的美丽地平线向大家招手，这将以无与伦比的吸引力，召唤人们去尝试新的观点和新的技术。

Chapter 5 信　任

轻信每个人和不相信任何人同样都是缺点。

——托马斯·富勒[1]

你需要的正是“爱情灵药神9号”。

——杰里·莱贝尔、迈克·施托勒[2]

① 托马斯·富勒（Thomas Fuller，1654～1734），英国医生、作家。这句话摘自他编集的《箴言集》（*Gnomologia：Adagies and Proverbs*）。——译者

② 杰里·莱贝尔（Jerry Leiber，1933～）、迈克·施托勒（Mike Stoller，1933～），两人均为美国流行歌曲作者。文中引言为他们共同创作的流行歌曲《爱情灵药神9号》（*Love Potion No. 9*）中的歌词。——译者

有钱固然很好，不过还有比金钱更重要的另一种财富，叫作“社会资本”。有了它，你周围就存在着诸多创造财富的条件，而且可以肯定地说，这些条件很快就会为你带来更多的财富。

社会资本包含着有助于社会成功运转的所有方方面面，既有有形的，也有无形的；既涉及体制，又涵盖文化。社会能实现稳定，经济能正常运转，都要靠它来发挥功能。社会资本的积累，要靠增进公共利益并减少社会摩擦和经济矛盾的行为——任何有此类作用的行为——的支撑。这就是说，只要是做出能够导致集体协作而不是自私自利的行为，就能对社会资本的积累有所贡献。

一个拥有大量社会资本的国家，要么是已经十分繁荣了，要么会很快如此；而如若社会资本不充足，贫穷就会根深蒂固。神经经济学家认为，人们对社会资本了解得越多，建成强大和稳定的全球性经济体就越有把握，更多的人就会享受到繁荣的成果。而说到社会资本，这里就要提到一种叫做催产素的神经激素。它数量稀少、作用微妙，但却影响深远。

催产素是一种天然激素。因为它由 9 个不同的氨基酸组成，科学家们有时戏称之为“氨基酸爱情灵药神 9 号”或者“拥抱激素”，还有一个比较严肃的称法是“亲和激素”。

催产素是下丘脑分泌的物质，由脑垂体后叶分泌到血液中。它有助于人们彼此友善，并在信任、友好和关爱情绪彼此交换的社会环境中估量自己的位置。它可以被看作是爱情的神经化学基础和人类形成共同关联和凝聚的神经化学基础，因此，它也是人们在所有层次上合作与协同的神经化学基础。

不妨认为，催产素也能够提供巨大的竞争优势，还能潜移默化地使人们在即将来临的神经社会里享有更愉快的和更人性化的生活。

催产素也可以通过人工方式合成，但不幸的是，它们会在人体内迅速地被代谢掉。如果想长时间保持体内催产素的浓度，那么无论去到哪里，人们都不得不携带着合成设备，弄得看上去怪模怪样，有如运动场看台上一些体育迷搞怪所戴的头盔——两侧一边一个啤酒罐的保温托，中间若干根管子与脑袋连通。所以，还是通过天然途径获得这种物质更明智些。这就是说，我们要掌握如何促进自己催产素分泌器官的天然功能，了解什么情况会刺激下丘脑和脑垂体后叶长时间地分泌这种神物。

人们目前正借助大脑成像技术的帮助，努力实现这一可能。催产素已经存在数百万年了，至少从人类文明出现之始便已存在，而且对此文明的形成也功不可没。它对人类和许多其他哺乳动物的行为产生了积极的影响。而发现乃至提纯和人工合成这种物质，却只自 1953 年才开始。文森特・迪维尼奥[①]因此获得了诺

---

① 文森特・迪维尼奥（Vincent du Vigneaud，1901～1978），美国生化学家，1955 年诺贝尔化学奖得主。——译者

贝尔化学奖。

当妇女分娩和哺乳时，她们体内的催产素水平会非常高。性高潮时，性交双方也会大量分泌此种激素。

在其他一些重要场合，人体也会释放催产素。这时人体内催产素的水平较低，但对行为的影响却很大。它们能诱导出强烈的正面情感，致使人们反复试图重现形成此类情感时的氛围。

当你得到信号告诉你说，前来交往的对象是值得信任的，那么，你的体内就会有些许催产素涌动。任何会对社会性有所促进的积极信号，无论是弱是强，都能刺激出若干此种激素渗入你的身体，结果是使你愉快地记住此次经历。这种激素，只需微乎其微的一点点，就足以让你对他人产生更多的信任。所以，血液中存在催产素是存在移情作用的有形佐证，即证明着此人长于理解他人、愿意与他人沟通。

仅就催产素能诱发移情作用这一点，就足以使我本人为其大声呐喊鼓噪了，况且这种激素还能促成其他正面情绪。承蒙美国克莱尔蒙特研究生院神经经济学研究中心主任、研究催产素对人类作用的领军人物保罗·察克（Paul Zak）的邀请，我得到了在他的实验室里体验催产素作用的机会。2007 年 12 月里的阳光明媚的一天，我驱车从洛杉矶向东开了几英里，来到了该研究生院绿树成荫校园的一处边缘。那里坐落着几座由 20 世纪 20 年代小型平房改造的实验室。我将在这里嗅入 40 下催产素喷剂，大约10％会进入我的大脑，其余 90％则将被我全身的其他部位吸收。

在我之前，已经有数百名受试者接受了察克小组的这项实验。

和许多神经经济学家一样，察克认为我们需要进一步了解与亲社会行为相关的大脑机制。并且他相信对此机制的了解，将促进整个社会的进步、让世界向能够自然地向使人类表现出最美好品性的方向进化，并帮助人们更多地感受到满足情绪。他希望通过神经科学理论，设计出更好的公共政策，使家庭、学校和工作地点形成更好的人类环境，并帮助我们找到更多方法，实现亲社会行为的自然增长，减少反社会倾向的破坏作用。

察克的研究范围很广，甚至还包括了国际贸易。在他编集的《道德市场》（*Moral Market*）文集中，一些文章的作者断言，市场交易会使参与者更有道德。我们固然将竞争视为加剧贪婪和自私的驱动力，但是自身利益也会致使种种竞争在更大的合作框架内进行。竞争是人类天性的基本成分，这是千真万确的。亿万富翁们拿出大把金钱来，招募年轻人穿上运动服，参加棒球、冰球、篮球和其他体育比赛，指示他们使出种种粗蛮招数（但基本上还在规则的容许范围内）攻城略地，然后使其中一些人成为百万富翁。不过，人们不也正是为了喜欢领略竞争的意境，每年都高兴地付出数十亿美元给那些亿万富豪，好让他们去造就这些年轻的百万富翁吗？尽管我们崇尚竞争，并且也总把奖章颁发给优胜者，但是合作最终仍能压倒一切，这是因为人的本性使然。我们在生活中都属于从家庭和朋友直至事业乃至整个国家的一个又一个群体。我们必须把各自的力量集中起来。我们应该维护重要的人际关系。而这些力量、这些关系，都要靠和平使之得以延续。

当国家或者民族之间缺乏信任时，战事就在酝酿之中了。有时候，为了少付一些代价，人们可能会先在国际范围内使用一些强制手段，通过诸如中止贸易等手段获得外交优势。不过这通常只是战争之前的序曲。克莱尔蒙特研究生院的经济学教授和《科学的美国人》（*Scientific American*）杂志的撰稿人麦克尔·舍莫（Michael Shermer），在反思拿破仑时代的战争时，援引了法国经济学家弗雷德里克·巴师夏的话说："凡是不准商品流通过去的地方，就会有军队开将过去。"

舍莫在他的著作《大脑与市场》（*The Mind of the Market*）

中指出，在第二次世界大战期间，美国为回应日本对中国的入侵，实施了对日经济制裁，逼得日本轰炸珍珠港。近年来的经济制裁也都导致伊拉克、伊朗、朝鲜和古巴出现严峻局势。实行经济制裁固然可能有其正当的政治理由，但不幸的是似乎反而起到了加剧信任危机的作用。一旦丧失信任，紧随其后的就是丧失和平。

察克经研究证明，信任、贸易和经济繁荣之间存在着强有力的联系。

在神经经济学出现之前，传统的经济理论一向认为，一个理性的利己主义者应是从不信任其他任何人的。然而，信任对于文明是至关重要的。没有信任，就没有金融。我们有理由相信，为了实现经济行为，为了形成交换，有时就需要给别人以信任。而结果也的确证明他人有时是可以信任的。

不妨设想一下，如果没有信任或基于信任基础上的合作，世界将会是什么样子。在这样的世界里，我们都不得不自己种植或猎取食物，自己搭建栖身之地并保护它，自己种棉、纺纱、织布、缝衣，或者自己捕捉动物，再自己剥皮缀连蔽体，等等。

即便能做到这样的绝对自给自足，人类也只会经历一代人就消失——绝对自私的父母生下的孩子，呱呱坠地之时就是命赴黄泉之日。

察克有个绰号是“信任之王”。我们曾在几次会议上有过交流，因此我能明白个中原因。他与人们交流与建立友好联系的能力，就同他对信任的研究一样让人折服。他最终的目标是帮助贫穷国家的人们提高生活水平，用他的话来说，就是让信任在沙漠里开花结果。对于如何使这个目标最终得以实现，他表现出了感人的热忱。实际上，他是如此坚信神经社会最终会出现，以至有时竟会觉得自己已然置身其中。

察克的赛车式大型号多用车就停在平房办公室前的狭窄车道

上，牌照号清楚地表明了他的挚爱所在——OXYTOCIN（催产素）。他走出办公室见我，我发现他是个高个子，足登闪亮的黑色牛仔靴，人有40岁出头，笑起来嘴咧得很开。他把我领进他的办公室，让我坐下，拿出一个带压气瓶塞的瓶子，样子和药房里装感冒和流感喷剂的药瓶几乎完全一样。

不过，在我仰身向后接受鼻腔喷射前，我们先初步交谈了一下。我告诉他说：是的，一位医生已经给我做了体格检查；是的，我已经在一份许可证上签了字；是的，我知道以这种方式接收催产素男人中，大约每四个人会有一个出现勃起。

我是个做学问、搞研究的，不担心会发生此类事情。

尽管如此，我还了解到我可能会出现低血压，但不会“过去”，也不会对周围环境和自己的作为感觉模糊；了解到我可能会变得快活些、放松些，但绝不会忘形到想去亲吻在场的每一个人；了解到除了出现有1/4出现性冲动的概率外，还可能会感到中度的喉头不适，眼睛也可能充血，此外便不会有其他的不良反应。这让我感到安心。

我点头示意准备好了。那个带压塞的瓶子向我移了过来。

具体进行方式是先向一个鼻孔里喷5下，深呼吸一次，然后向另一个鼻孔喷5下，再深呼吸一次，直到完成全部40下喷入。察克操作得很慢，目的是让尽可能多的催产素接触到我的鼻黏膜。

我接受的是天然催产素，浓度接近人们在现实生活中的可能出现的实况，所以我的体验开始得十分温和，不过固然温和，但也坚定，而且越来越令我愉悦。至于生殖器的反应，这里我便不提了。

同时，我对周围环境一直能有清楚的意识。如果我愿意，仍然可以四处走动。不过就坐在椅子里，一会儿伸伸懒腰，一会儿打个哈欠，实在是惬意得很。在两个小时里，大约80％的催产素会从我的体内清除出去；四个小时过后，所有的催产素都消失了。

在经历了这一体验后，我们还余下不少时间。我希望利用这段时间，了解一下察克对这种激素感兴趣的程度，到目前已做出了那些成就，以及他的下一步打算和期望。

在过去的四年里，由察克领导的这只由经济学家和神经科学家组成的团队，一直在研究信任对经济发展的影响，思考如何能够通过共同努力，让催产素发挥更充分的作用。

“我对信任感兴趣，”察克说到，“因为我想明白一个道理，就是为什么有些国家很贫穷，而且看来还会一直贫穷下去，而为什么我们却不能去帮帮它们?”

这个想法在他参加一次社会资本研究生研讨会时，便一直盘旋在他的脑海里。“如果我要弄懂社会资本”，他思考着，“就应该懂得信任。它是衡量社会资本的良好标尺”。

在购物时，无论要买的是钻床、短号还是汽车，你都只会在充分相信自己打算购买的产品质量没有问题时才会付钱。购物过程的一部分，是交易的另一方进行评估。他——或者她——值得信任吗？另外一部分是阅读产品说明书和查验包装，以图了解对方的陈述是实事求是还是夸大其词。如果这些情况令你满意，做决定就比较容易了。

人们已经通过 eBay 网购买了数量堪比天文数字的新旧商品。网上的交易完全是同陌生人打交道，没了面对面接触、阅读说明书和包装查验等对购买者有利的环节。eBay 网站的成功运营，在于设置了一个精心设计的反馈系统。在这个反馈系统中，录入了他人在交易过程得出的体验。你应当相信这些提供自己体验的人们是诚实的。当事关决定要不要相信网络另一端的陌生人提供的供货承诺或者开出的价格时，你会以点击反馈图符来减轻顾虑。反馈就是传统购物方式中个人直接接触部分的电子替代物。

广大的 eBay 员工在幕后保证着这个反馈系统的可操作性，并不断提高和保持着这一高可信程度。他们简化了投诉和询问过程，而且不断地寻找提高 eBay 参与者之间关联度的新途径。

提供反馈渠道是个聪明的策略。信任是社会经济的润滑剂，直接影响着从人际关系到全球经济发展的方方面面。经济学家钟爱信任：它会降低贸易的交易成本。如果存在信任、而且信任是可靠的，你就不需要怀疑正和你打交道的对方。这就意味着不仅会节省不少钱，而且节省了不少其他资源。你不用去花费时间和金钱探知对方的底细，不用为质量低劣的产品、未付的账单或者昂贵的律师费用伤神。你会在交易结束时告诉对方说："和你做生意很愉快。"而且你说的也正是你所想的。你和对方共同创造了一个双赢局面。

"我通过为信任感建立若干种数学模型的方式，研究它与经济发展之间的关系。"察克说："这些数学模型很好地揭示了提高国家间和国家内的各个层次上的信任度和达到较高的生活水平之间的关系。总的来说，贫困国家是低信任度的国家。"

"信任是一个总体变量，它包含了社会中所有好的和坏的方面。高信任度的社会拥有良好的社会机构和良好的正规制度，收入分配相对平均，受教育程度较高，收入标准起点也是较高的。"

"2001 年，我写了一篇关于信任和经济增长的论文。许多人表示赞同并加以引用。世界银行也因此邀我参加一个重要会议。这些人问我：'信任该如何建立呢？'在研讨会上，人们也向我发问道：'两个人之间的信任是如何最终产生的呢？'"

"我就说：'我真的不知道。我只是个搞经济学研究的人'。"

察克最后告诉我说，这样的回答，使他开始觉得自己像是个骗子。他必须搞起一个大型研究项目，即从科学层面上发现人们是如何决定互相信任的。2001 年，他申请去被誉为实验经济学之父的弗农·史密斯（Vernon Smith）的实验室工作并得到聘用。一年之后，弗农·史密斯和丹尼尔·卡内曼（Daniel Kahneman）共同获得了诺贝尔经济学奖。

为经济学实验制定可靠标准，是史密斯的研究课题。他还是经济领域中人称“风洞试验”（wind-tunnel test）的领军人物。所谓此种“风洞实验”，系指即在实验室中通过实验对人为设计的种种市场模型——如放松管制的电力市场等——进行检验，然后再决定是否引入现实世界。

史密斯和他的得力助手凯文·麦凯布（Kevin McCabe）在20世纪90年代初设计出了一种实验。察克对它非常感兴趣。这个实验叫做“信任游戏”（Trust Game），通过它能探知人们是如何了解他人意图的。该实验内容虽然简单，但设计巧妙，还可以略加变换形成若干变种。察克主要致力于研究其中的一种，叫做“投资游戏”，是一个深入探讨信任他人和被他人信任的人际动力学试验。

“投资游戏”是这样进行的：在一个坐满受试者的房间里，将所有参与者两两分组，同属一个小组的成员间用计算机连接在一起，但他们都不知道谁与自己同组。所有受试者均可以同室内任何人进行目光交流。实验开始时，每名受试者都会得到10美元。每一对受试者中有一个人被告知他是一号玩家，可以向二号玩家递送出手中10美元的任何数额——既可以悉数送出，也可以分文不给，还可以是从0到10美元之间的任意数额。

游戏规则如下：实验人员会向受试者宣布，一号玩家递送出的每一笔钱，都会被加大两倍后送到二号玩家手中，然后二号玩家决定自己将这笔钱保留多少，随后将余额返还一号玩家（如果决定不全都留下的话）。两个玩家在各自决定的基础实施行动后，游戏便告结束。不过受试者在离开前，还要被抽取少量血液以检测催产素水平。

按照传统的经济理论，一个“理智的”人，不管是男人还是女人，应当是个利己主义者，因此理应紧紧攥住自己手中的钱不放。但实验表明这种情况实际却很少发生。

平均来说，一号玩家会给出 5 美元。

在每次试验中，大约都会有 1/3 的二号玩家返还的钱数多于 5 美元。这一结果与和前神经科学时代的标准经济理论相矛盾。察克的多次试验都得到了相同的结果。

标准的经济学理论所依赖的基础，是所谓的纳什均衡（Nash Equilibrium），得名于诺贝尔奖得主、数学家约翰·纳什（John Nash）。它可以用来预测“零信任”和“零可信任”。所以我们在这里遇到了一个难解之谜。为什么大多数人甚至在和陌生人打交道时，行为也同传统的所谓理性选择模型所提供的方式相反？受试者中也很少有人能够解释自己这样决策的原因，这就使这个谜团更加神秘了。最接近真相的答案可能就是“看来就应该这样做才对”。

“‘投资游戏’对传统的理性选择模型提出了挑战。”察克说：“受试者并不是在认知基础上决定这样做的。他们这样做是出于本能。所以，当人们接收到信任信号时，回馈的信息也是非常、非常对等的。结果明白无误地表明，几乎每个人——大约占 98%——愿意投桃报李。”

察克攻读过经济学、普通生物学和神经科学。通过学习生物学，他了解到催产素能够促成哺乳动物的大量亲社会行为，特别是能促成单配性物种中的雄性负起抚养下一代的责任。草原田鼠能够很好地说明催产素对社会行为的影响，因此通常被选为研究对象。

人类以一夫一妻制为主，或者至少是以一夫一妻系列制为主的现象，促使察克猜想，催产素对人类的影响可能和对草原田鼠是一样的。他彻底搜寻了人类催产素试验的科学文献，但没有任何发现。出于察克当时不知道——幸亏如此——的技术原因，还没有人研究过催产素对人的作用。

“我和全世界所有研究催产素的人员一一进行了接触，”他说。“他们都告诉我说：‘我们认为从啮齿动物那里所了解到的，用于人类已经绰绰有余。’”

“可是，即便是两种不同的哺乳动物，”察克说，“催产素受体的分布也是完全不一样的。我认为，只根据啮齿动物的数据来了解人类是不对的。所以，如果不研究人，我就不可能建立人类的信任模型，而我当时没有任何数据来支持我建立模型。”

“我就卡在了这里。这使我很沮丧。这些数据真的很重要。如果我能得到这些数据，就可能为人类消除贫困出些力，就可能让人们生活得更美好。这是件大事，对吧?”

于是，察克和他的同事们便决定自己开展催产素对人类影响的试验。难就难在找到具体的试验方法。催产素存在于血液和大脑中，它在血液中的浓度和来自大脑的释放是协调一致的，所以并不需要通过抽取受试者脑脊液的方法收集数据——这是个好消息。然而，催产素的半衰期只有三分钟，室温条件下在血液中会很快降解。此外，他们还需要找到一个能够分析数据的实验室。

当时察克并不知道，艾默理大学的研究人员们刚刚发明了一种高效检测催产素的方法。这种方法的灵敏度要比老方法高出数百倍乃至1000倍。该方法在察克小组开始研究的前一年便已形成，但其他实验室都还不具备实施条件。

察克要选择一处实验室，以处理他们从试验中获取的血样标本，结果选中了艾默理大学。理由有两条，都很简单：一是对方收费低廉；二是那里对啮齿动物催产素的研究有丰富经验。

他们选中艾默理大学，实在是幸运之至。该大学的检测方法具有高灵敏度，这对于人类试验来说是非常关键的。大多数情况下，人类血液中的催产素水平在大多数情况下都几近于零，而且必须在得到刺激时才会产生。如果应用老式的低灵敏度的检测方法，得到的数据便不可能提供任何结论性的内容。作为在啮齿动物催产素研究方面的领先者，加利福尼亚大学洛杉矶分校的苏珊·卡特后来对察克说："你可真是运气好到家了！如果你没有把血样送到艾默理大学，你就不会得到任何结果。"

后来，察克小组又为"投资游戏"设置了新的环境：受试者不得相互注视，大家都看不到别人的目光，彼此也不得握手，总之，不能有任何带有个性化色彩的交流。这样，大家能够相互传递的，就只剩下了是否信任他人的本能。

当第一轮"投资游戏"结束后，研究人员检测了受试者的血样，得到的结果与预期完全相同。在此之后，试验结果也一直保持着与第一轮的一致。每当有人收到不知来自谁，但总归传递着信任感的钱款时，收到者的催产素水平就会升高，而在单单收到钱时并不会产生相同的结果；信任的信号越强烈，催产素升高得就越多；而二号玩家体内的催产素升高得越多，向一号玩家慷慨回赠的可能性就越大。

参与者们并没有在思考上花费太多时间。他们就是接受了大脑发出的相信对方的指令。这证明人类天生能够精确地诠释和回应社会信号。在正常情况下，人们可以同无关联的，甚至根本不认识的他人合作。在这方面，人类是唯一可以这样做的哺乳动物，而且一直是这样做的。我们愿意花费时间、精力和其他物力去这样做。没有其他物种可以这样做。蜜蜂间固然会合作，蚂蚁间固然也会合作，但都只出现在基因紧密相关的群体的成员间。所以，"投资游戏"的结果似乎表明，人类的大脑生来就能无须靠长时间推理便做出迅速的是/非性（on/off）判断——"此人不可靠。彼人可靠"。

依靠着这一神经机制，人类能够在一起生活，并建立起广泛的、甚至全球范围内的联系。

“这种古老的激素。”察克说道：“让我们从严格的家族群体扩展到村庄，然后发展到城镇。它使劳动力专业化，导致了产品的丰富。突然间，生存不再是每个人无时无刻都必须考虑的内容。这使学习以及其他高级行为得到了蓬勃发展的机会。”

催产素的另外一个值得注意的特点，是压力促成了它的释放。这说明合理的压力能够让一组个体团结在一起，于是形成家庭、团队、公司，等等。这正解释了为什么一起在军队服过兵役的军人可以结成终生的友谊。但是，过大过多的压力会导致人们从群体中退出——他们的大脑会直接发出散伙令。

“从效率的观点来看，午餐是一天当中最重要的一顿饭，道理就在这里。”察克说：“正是午餐把你和同事们联系起来。我以前在家里工作时，每当与外界隔绝了几天后，我就觉得必须要出去见见人。我的一位邻居也在家工作。于是我往往就去找他闲聊，随便说些诸如‘我说史蒂夫哇，今儿个我碰上好事儿了嘿’之类的话。”

这句话真是言简意赅。它说明环境的设计应与大脑的工作方式相协调，应当有利于催产素的分泌。

人并不愿意与外界隔绝。隔绝会造成生理和心理压力。封闭的工作环境，看似能提高工作效率，但实际上却降低了与外界的联系，例如一些企业为员工设置的小隔断。在司法系统里，行为不端的囚犯接受的惩罚就是禁闭。尽管这些方法在某些方面会起一定作用，但却忽略了亲社会行为和合作态度的养成。

“从根本上说”，察克说，“我的信任研究已经证明，人类社会的构成基础是爱，而构成这样的社会，需要人的神经体系中存在一个‘信-不信’式的感觉构造。催产素是母爱的基本成因。母亲通过哺乳把催产素传递给婴儿。和所有其他哺乳动物相比，人的成长期相当长，这就会使我们应该具备建立强有力的和富于弹性的亲子纽带的机制。这种机制也应该是外向型的，即鼓励我们和其他人形成暂时的依附关系，从而允许我们生活在大型社会群体中。所以，说催产素激发了人类的智慧并发展了早期的交易经济，可真谓言之凿凿。所有这一切都来自于母爱！”

人有时会表现得相当复杂、相当难以理解，但有一件事情是值得称赞的，而且也是我们当中的大多数人经常做的。“投资游戏”证明大多数人会自发地帮助陌生人，为此甚至宁愿自己有所耗费。接受了 40 个国际单位催产素的受试者——和我在察克那里吸入的剂量一样，在向陌生人解囊的慷慨程度上，要比对照组的受试者高出 80%。

“在实际生活中”，察克说：“我们一直根据对他人的肢体语言、眼神、姿势等的观察来判断可信度。只要对方不是小孩子、也不属自闭症患者之列，通常就不难得出结论。我们甚至不需要考虑就能知道结果。这就是为什么在需要做重要决定的场合，人们都愿意以面谈的方式拍板。这也是电视会议越来越多的原因。”

信任的另外一个问题、一个已经渗透到许多人生活当中的问题，也是一个和传统的流行经济理论有冲突的问题，就是是否可以信任不处于直接监督下的雇员。标准理论认为，以远程方式工作的人会最大限度地逃避工作，为的是换来足够的时间和精力干自己的私事。他们偷懒的结果，是导致所谓的“负效用”。但在目前，远程工作方式已经在许多现代工作中占了相当大的比重。有些人每个月会有数天远程工作，但也有许多人的远程工作量几乎占到了 100%。

如果标准的经济理论是对的，那么远程工作和其他监督成分很小的岗位早就该统统消失了。但实际上它们现在却很时兴，特别是自从互联网能够传送雇员工作成果以后。“投资游戏”说明这是信任互换的结果。被委以财力和时间信任的雇员，可能会以更加努力的工作来回报公司，由是形成了正反馈回路。

人是有可能主动引发自己分泌催产素的。至少这是对俄勒冈大学经济学教授威廉·哈博（William Harbaugh）在2007年所进行的一项研究结果的可能诠释。哈博和俄勒冈大学的心理系合作，使用功能性磁共振成像技术研究了慈善捐款对人们的影响。

该研究小组在以大学里的女性为受试者的分类试验中，给每位参与者分发100美元。她们被告知应将其中一部分捐给地方食品救济站，剩下的则归她们所有。不过，对于根本不捐献者，她们的部分所有仍会通过其他方式扣除并送到地方食品救济站。

面对自愿捐款和强制捐款这两种选择，大脑中和良好感受相关的各个区域都会表现出受到激励的结果。现有的经济理论认为，只有非常富有的人才会有所捐献，而且只会在能提升本人形象和延长企业寿命的情况下才会如此。“但情况并不是这样。”哈博说：“即便是低收入的人，也会积极献出自己的部分收入。”

就像克莱尔蒙特研究生院的研究结果一样，这场实验中的受试者明显地表现出善良和慷慨的情结，将捐献当做自己分内的事。行善行为给这些女士们带来正面感受。

在过去的四年里，做过颇具影响力的可口可乐与百事可乐广告方式比较的里德·蒙塔古，一直在从事着信任交换的研究。他的做法是让一对受试者进行一场多回合的交易游戏，同时扫描他们的大脑，观察受试者在讨价还价时大脑信号是如何改变的。

就在这时，他形成了一个雄心勃勃之极的想法，即让这项研究跨越文化的疆界，也就是将它国际化。我最后一次和蒙塔古谈话时，他正要结束历时两年半的实验。在他的实验里，得克萨斯州的受试者和香港的受试者之间进行交流。13个小时的时差，加上要跨越不同的文化，使其成为一项相当复杂的实验。不过据蒙塔古认为，他的小组所进行的这一研究，对国际贸易具有非常大的潜在影响，并且可能还远远不止于此，因为它极有可能让我们了解种族关系问题。

研究人员们给这一交易游戏设计出了三个变种。一种是玩家完全匿名，双方都不知道与自己进行交易的对方是美国人还是中国人。另外一种是只有中国人知道正在和自己打交道的人来自另外一种文明背景，而美国人却不知道。第三个变种则与第二个相反，是只有美国人知道对方有同与自己不同的文化背景。实验的目的是要了解文化信号如何导致大脑产生变化，至于这些变化，既可以通过大脑扫描观察到，也会在行为中表现出来。

这项研究的结果还没有形成最后文字，但蒙塔古已经让我得知了结果中的“戏核儿”。当中国人参与第一个变种游戏，即不知道对方身份时，其表现方式和美国人参与同一变种方式时是完全一样的，两种人的大脑扫描结果也没有显示出任何不同。但是，一旦参与者知道了对方的文化背景后，行为和大脑受激程度就都发生了改变。

“我还没能了解所有的细微之处。”蒙塔古说：“但最重要的一点是这两种情况完全不同。”计算机在运行不同的软件时，表现会是不同的。人脑显然也会在运行不同的文化“软件”时出现不同，不管自己是否能够意识到这一点。

《心理科学》（*Psychological Science*）杂志在 2008 年 1 月号上报道了另外一项研究。该研究的目的，是要摸索不同文化“软件”的微妙不同。约翰·加布里埃利（John Cabrieli）是麻省理工大学的大脑与认知学教授，同时还是该大学麦戈文脑科学研究所马蒂诺生物医学造影中心主任。他高高的个子，态度和蔼，为人谦逊，是一位出众的科学家，研究范围涉及神经社会的所有领域。他领导的团队对两组不同群体的受试者的大脑反应进行扫描。10 名受试者是来自东亚的新移民，另有 10 名是美国人。试验要求两组人都做出快速的感知判断。

美国人一向普遍置身于崇尚个人价值的文化氛围，先前的研究也已经证实，美国人倾向于把事物看做是独立的存在，与周围环境没有关系。东亚社会强调生活的总体，来自此种文化的成员，倾向于把事物看成是其所在环境之内的一部分。行为心理学家业已通过研究证明，对事物的不同看法不仅会影响记忆，而且影响总的感知力。加布里埃利小组想要知道的，是这些文化差异是否会导致不同的大脑活动模式。

这两组人都接受了简单的视觉测试。试验有两组：第一组是判断正方形旁边若干直线的相对长度，但不去管正方形本身的大小；第二组是以旁边的正方形为参照物，判断一些直线是否等长。第一个试验要求绝对判断，通常情况下美国人会很擅长；第二个试验要求相对判断，对东亚人来说相对容易。

大脑扫描显示的受激程度的差异，大大超过了研究小组的预想。当进行相对判断时，美国人大脑中负责注意力高度集中工作的区域显示出受到高强度刺激的状况；而在做绝对判断时，这些区域便平静下来。东亚人的大脑活跃模式正相反——做绝对判断时活跃，而当对直线的相对长度进行判断时，这些区域的活跃度便降低。

除了活跃程度存在明显差异外，让研究人员们惊讶的是，当受试者不得不在其文化的"自如范围"以外工作时，大脑的关注系统就陷入一种不同寻常的发散状态。在某种意义上，通过这项研究，研究人员得到了人们在感受到文化冲击时的具体图像——一种奇怪的、身处异域文化环境，并对他们在日常生活中所表现出来的不同思想和行为感到惊奇与惶惑的感觉。这个试验所宣示的并不是某个人的体验，甚至也不是某个群体的集体体验。它提供的是科学事实的证据。当人们试图沟通文化差异时，大脑就必须承担额外的工作。

"我认为更重要的"，蒙塔古评论道，"是现在可以研究这些问题了。这将使人们今后不会为在政治上一争短长而故意挑眼，致使大家都陷入僵局。"

刚才所介绍的，只是通过神经经济学对信任的研究而使未来向更好方向发展的一个例子。在这一领域工作的为数不多的杰出人物——其中几位已在本章中有所介绍，正在开启未来之门，寻找能够彻底加快社会资本增长的国家政策和个人决策的方式，以使人们无论置身于各种不同的国际的或地区的文化环境中，都能如鱼得水。他们的研究结果将滋润整个世界。

对于催产素这一神经激素，人们知道其存在只有半个世纪多一点的时间，对其影响人际交往的作用的研究也为期很短。但凑巧的是，在人们发现催产素具有促进人类的高等行为、使社会更加繁荣的潜在优势作用之时，社会也正处于能够真正对此加以利用之际。也许，在我们向更完善、更广泛的人际联系迈进的过程中，对催产素的研究会帮助我们更加平稳、更加自然地完成这个必须经历的转变——因为这个转变是要以信任为基础的。例如，蒙塔古和加布里埃利的研究将从根本上改变外交家、商人、教师和其他须在陌生的文化氛围内工作的人员的行为规范和礼仪。

研究信任的种种工作，到头来将给人类工程学带来重大拓展。人们将来会不再只满足于有益于人体物理结构的家具、用具和工具的设计，还要创造出能够使大脑的心理和社会生活发挥更充分功能的设计。

从经济角度看，如果催产素价格低廉而且使用方便，欺骗行为就会减少。单只这一项就能提高人们的生活质量。想想我们个人、州省和国家，为保证合同得到执行浪费了多少资源！这是多大的经济损失！而这又是可以通过对可信度的准确而科学的测量得以避免的。

我们越能掌握到更多的有关信任的神经生物学知识——认识人们如何决策，认识人们如何在涉及从合同开发到解决争端的社会交往的方方面面做出决策，交易成本就越会降低。这就使人们能够在高信任度这个更加坚实的基础上重组商业，改组科室、公司乃至整个经济体系。神经社会的特点是机构简单、上下层次少而横向覆盖宽。就当前而论，首席执行官的薪水是普通工人的

500多倍；在神经社会里，财富会更多地注重取长补短、减少贫富差异、提升中产阶级、减少社会贫困。这些发展会增加社会资本，使社会长久繁荣昌盛。

神经技术会带来新的管理方法，使管理不再靠“拍脑袋”进行，而是迈上科学之路。如今最优秀的管理者多是了解人类动机的大师。他们能够驾轻就熟地调整自己的语气、态度、战略和战术来应对不同的情况。但是，能够当上管理者的人，往往也是最会无情竞争的人，而且通常不会为他人设身处地地着想。而将来的管理人员会掌握培养与造就才俊的更好手段——不但掌握培训方法，可能还拥有提供神经反馈信息的设备，甚至还提供有提高能力的针对性极强的神经药物，并在它们的帮助下达到目前只有少数人具备的管理禀赋。将来的管理人才会通过自己的工作，增加人与人之间的互信、稳定情绪，以及提高认知透明度，以此实现团队的更出色合作，并增强人们为实现共同目标而奋斗的幸福感。

让我们想象一下，一旦通过在神经经济领域的研究，使催产素可以带来的一些优势形成事实，生活中将会结出什么美妙的果实。那时候，人与人之间的沟通将在日常生活中占据更大的比重。学生们不但会从实用角度出发去开发自己的潜能，还会从情感角度这样做。他们会越来越关心自己的学校和在学校里培养起的友情，会愿意继续学业而不是辍学离开。工人们会认识到企业的繁荣和自己的美好生活之间存在着必然的联系，企业老板也会欣然投入财力来维护这种联系。家庭成员会更加注重亲情，争吵会越来越少。

促成这一切的原因，全都是源于给我在克莱尔蒙特研究生院实验室带来安适感的催产素变得不再稀有。

Chapter 6 我听到的，你看到了没有？

艺术要比任何事实都更接近生活。

——阿南达·肯蒂什·库马拉斯瓦米[①]

构筑创造基础的容量大得令人叹为观止。在艺术与科学两个领域都是如此。

——埃里希·弗罗姆[②]

① 阿南达·肯蒂什·库马拉斯瓦米（Ananda Kentish Kumaraswamy，1877～1947），锡兰（今斯里兰卡）哲学家。——译者

② 埃里希·弗罗姆（Erich Seligmann Fromm，1900～1980），德国-美国哲学家与社会心理学家。——译者

在当今强调“学以致考”的教育大环境下，艺术课成了一剂放松药，成了当时不大理会、事后悔之晚矣的课程。艺术是远离生存竞争场的可爱园林。青年学生们应当不时地去领略一下某种形式的艺术，为自己今后的快乐作些储备。

在人类复杂的大脑皮层里，艺术的地位可远远高于如今教育系统中的艺术课程。它是通向人性的最早的信息高速公路。它既是个人处理大量自己的思想与情感的手段，又是与他人分享思想与情感的平台。无论在历史的任何阶段上，艺术都能够准确地传递出作为人——女人、男人、女孩、男孩、正在生命旅程上蹒行的人、即将走到这一旅程终点的人，还有已经跨入下一旅程（如果这一阶段当真存在的话）的人——的种种探索行为的意义。只要这些行为在通过人类大脑的几乎无穷多的回路时留下痕迹，统统都能得到艺术的表达，而且能被表达得洞烛幽微。艺术是宗教的近亲，起着同宗教一样的重要作用，但又不像宗教那样一本正经、不苟言笑。对于这一特点，艺术自己也很清楚。所以古希腊人给了司掌艺术的神祇以女性的身份——缪斯九女神。

既然艺术无疑是人类的大脑所创造出的最复杂、也最重要的行为，这就必然会涉及大脑是如何产生艺术的、又为什么要产生艺术等一系列问题。

乔纳·莱勒[①]在他 2007 年写成的《普鲁斯特是位神经科学家》（*Proust was a Neuroscientist*）一书中，认真分析了 8 位富于创造性的大师（惠特曼[②]、艾略特[③]、埃斯科菲耶[④]、普鲁斯特[⑤]、塞尚[⑥]、斯特拉文斯基[⑦]、施泰因[⑧]、伍尔夫[⑨]）——他的选取依据是，这些人都各自独立地发现了人脑和感觉的某些重要内容，而这些睿见后来又都得到了科学研究的证实。重要的是，神经科学家们也极乐于从艺术家的想象成果中汲取启示。几千年来，艺术家们一直在玩味思维的本性，而神经科学家们如今正在

① 乔纳·莱勒（Jonah Lehrer，1981～），美国科学作家，有心理学、神经科学等方面的著述问世。——译者

② 沃尔特·惠特曼（Walter Whitman，1819～1892），美国文坛中最伟大的诗人之一，也是一位散文大家。代表作为诗集《草叶集》（有多种中译本）。——译者

③ 乔治·艾略特（George Eliot，1819～1880），玛丽·安妮·艾凡斯（Mary Anne Evans）的笔名，英国女作家。代表作有《米德尔马契》、《弗洛斯河上的磨坊》和《织工马南》（均有中译本）等。（请勿误认为另外一位同姓氏的美国著名文学家、诺贝尔文学奖得主托马斯·斯特恩斯·艾略特（Thomas Stearns Eliot，1888～1965）。——译者

④ 乔治·奥古斯特·埃斯科菲耶（Georges Auguste Escoffier，1846～1935），法国厨艺大师，使法国烹调成为世界主要烹调流派的代表人物。——译者

⑤ 马塞尔·普鲁斯特（Marcel Proust，1871～1922），法国意识流作家，长篇巨著《追忆逝水年华》（有多种中译本）的作者。——译者

⑥ 保罗·塞尚（Paul Cézanne，1839～1906），法国人，印象派后期重要画家。——译者

⑦ 伊戈尔·费奥多罗维奇·斯特拉文斯基（Игорь Фёдорович Стравинский，1882～1971），俄国-法国-美国作曲家，因在不同的音乐流派中均有顶尖作曲问世，故被誉为音乐界的毕加索。——译者

⑧ 格特鲁德·施泰因（Gertrude Stein，1874～1946），美国女作家与诗人，对现代艺术的发展与美术界与文学界的沟通起过独特的促进作用，主要作品有小说《弗恩赫斯特》（*Fernhurst*）、传记《三人行》（*Three Lives*）等。——译者

⑨ 弗吉尼娅·伍尔夫（Virginia Woolf，1882～1941），英国女作家，20 世纪现代主义与女性主义的代表人物。最知名的小说包括《达洛卫夫人》和《到灯塔去》（均有中译本）。——译者

迎头赶上。对此，这些科学家非但并不以为忤，反倒因能得到艺术家的启迪而信心倍增，更热烈欢迎这种先由艺术家凭来自大脑的直觉进行表述、再由科学家靠知识具体构筑的方式。

恰如人类的建筑物要由建筑技术中所有可资利用的资源与手段确定一样，艺术品也会受到人类大脑固有能力的囿定。创作艺术作品也好，欣赏艺术作品也好，有关的体验都取决于大脑的能力。名为“神经美学”的新学科，就是以艺术为铺路石，铺设了解大脑组织过程之路，重点是了解感觉器官将信息传递给大脑的行进过程、以及种种来自感觉器官的信息得到整合、重组和扬弃的过程。

就我们目前所掌握到的知识而论，人类的每一支文明都包含有艺术创作部分。这的确值得认真研究。人类的生存并非离不开艺术——至少从直接角度看来是这样的。艺术充不了饥，也御不成寒。我们的祖先当年住在山洞里时，并不能用艺术作品吓退狼群和剑齿虎。既然如此，为什么每个人类社会中都会涌涌不绝地出现艺术家和艺术作品呢？此类远不属于必要的行动，却如何会每年形成上亿美元的商品呢？为什么最有影响的艺术品和艺术家，会受到上自社会精英、下至普通民众的尊崇呢？为什么大独裁者们虽然握有几乎无限的权力，却又会害怕艺术家和艺术作品呢？(西非的民间说书人死后，部族首领会下令将他们的遗体运到远离村寨的地方，并放进树洞里。这些首领担心，说书人虽然死去，但影响力仍会继续存在。)

这是因为，艺术家会唤起人们大脑中种种文化的、个人的和社会的变化，而且是以各种不同的形式——有的涂抹颜料，有的轻拢慢撚，有的博人一粲，有的按动快门，有的苦思韵脚……方式各不相同。

近百年来，哲学家们一直在努力确定艺术的本性及其重要性。伊曼努尔·康德在他的《判断力批判》(*The Critique of*

Judgment）中，探讨了精神是如何通过艺术得到表现的。叔本华也在《作为意志和表象的世界》（*The Would as Will and Representation*）中以不小的篇幅阐述了他对艺术的见解。在他看来，“天才”是每个人都具备的禀赋，只是程度多少会因人而异，而对美的感受能力，就是衡量天才禀赋的标指之一。

在以往，在大脑成像技术尚未达到目前水平时，人们对艺术与大脑关系的种种设想，都只能停留在臆想水平上，无法得到进一步证实。如今，从事神经美学研究的人，已经可以大胆设计出种种深入的实验，用以检验各种艺术对大脑的影响方式的理论，剔除经不起检验的部分，沿着可能提供真知的部分继续深入。

随着神经美学的研究步伐不断加快，将艺术表现与大脑扫描结合到一起的工作，势必将对人类本性提供更确凿和更有证据的真知。感觉器官获得的种种满足感觉——精美的巧克力糖果、香醇的美酒、别树一帜的大胆建筑、“会把人的灵魂从身体里抽了出来”[①]的音乐、令人目不转睛的绘画、翩翩如梦的舞蹈、令人废寝忘食的故事……艺术的种种力量，现在都可以体现为大脑受到激励的结果，显示在与扫描设备相连的计算机显示器上。

要了解科学与艺术的交汇，联感（synesthesia）是一个极适宜的出发点。所谓联感，是指人脑中通常司管不同感觉能力的区域发生边界模糊的状态。这种状态是遗传的。它为神经美学提供了许多美好的实例，也最早揭开了若干神秘面纱，显示出一些惊人的观念。它们正是人们目前深入研究的目标。

具体说来，联感是指某些人在接受到某种感觉器官传来的信息时，能够同时产生也接受到由其他感觉器官传来信息的印象，而这几种信息间其实并不存在联系。比如，在听到音乐时，会产生几乎近于实在的色彩感觉、图形印象、味道体会，或者其他某

① 莎士比亚：《无事生非》，第二幕，第三场。——译者

种与听觉无涉的体验。具备这种功能的人就叫联感人，多数联感人会认为自己有这种能力是好事情。

最早描述联感现象的人是查尔斯·达尔文的表弟弗朗西斯·高尔顿（Frahcis Galton）。此人为统计分析这门科学做出了重大贡献，是心理统计学这门研究人们心理能力的学科的创始人。联感能力有家族遗传性这一点，也是高尔顿发现的。

西蒙·巴伦·科恩[①]在近年的研究中证实了高尔顿有关联感的发现。（与此同时，他的不在科学领域工作的弟弟沙查·巴伦·科恩[②]，也证实了另外一种现象，就是无论他假扮来自哈萨克斯坦的记者博拉特，还是饰演到处制造麻烦的演艺界青年阿里基，都很容易弄假成真。这两兄弟都有不凡的成就，哥哥测试人脑的能力，弟弟考验人们的艺术欣赏品味和道德规范的底线。）

一些联感人的联感反应并不很强，比如只会对出现在词语起始处的某些字母有其他感觉。另外一些联感人却可能有广泛的反应能力，声音、形状、触摸和颜色都会引起联感，联感的表现会是多种多样的，而且不受时间的限制。

有一种联感得名为“镜像触感”（mirror-touch），最早是由伦敦大学学院的迈克尔·巴尼希（Michael Banissy）和杰米·沃德（Jamie Ward）在2007年的一篇论文中详述。据他们报道，有些人在看到别人受到触摸时，会在自己受到同样触摸时产生反应的大脑区域中，表现出相同的受激状态[1]。这可能是大脑中负责情感的区域的神经系统的构造决定的，而情感则是人类在进化过程发展起来的特殊功能。这也可能反映出人类进化的一个趋势，就是关注同类的感受，不只会抽象地设身处地，甚至还会实

① 西蒙·巴伦·科恩（Simon Baron-Cohen，1958～），英国精神病理学家。——译者

② 沙查·巴伦·科恩（Sacha Noam Baron Cohen，1971～），英国喜剧演员，因近年三部均以电视报道体裁编成的影视喜剧和露骨的性挑逗内容轰动一时，但也给他惹来不少麻烦。他曾以记者身份多次进入真实的现场采访，制造出不少笑料，也造成许多次误解。——译者

际地**感同身受**。这两位研究人员还发现，有较强镜像触感联感功能的人，在填写用以了解人们的移情能力的问答表时，也会表现出程度较高的结果。

抽象艺术的奠基人瓦西里·瓦西里耶维奇·康定斯基[1]在作画时，并不需要带上什么 iPod 或“随身听”之类的音乐播放器。挤到他的调色板上的不同油彩，就会激起他身体内的音乐感觉。康定斯基 1866 年出生于莫斯科，很早就会拉大提琴和弹钢琴。从事绘画使他得以在颜色与声音之间建立起确立的关联。他曾经这样说过：“颜色是键盘，眼睛是和声，心灵是钢琴，艺术家就是弹奏的手，在琴键上移来移去，使心灵产生震颤。”对他来说，黄色会使他听到 C 音，而且是铜管乐器的音品。（“音品”是指乐器或者歌者所发声音的特色。小提琴和大号在发声时，即使都是发出 C 音，听起来也是不同的。）

康定斯基的最后一幅重要作品《构图 10 号》(Composition Ⅹ）是在第二次世界大战的连绵战火中创作的。他选择黑色为这幅画的背景色，原因是他觉得这种颜色发出一种曲终人散的声音。当他将不同的色彩组织到一起时，会听到不同的和声，有的不很和谐，有的则很美妙。形状也会令他产生感觉，比如，圆形就会使他觉得平静。

另一位在俄国出生的艺术大师、小说作者弗拉基米尔·弗拉基米尔诺维奇·纳博科夫[2]也是联感人。他的作品中有不少对联感现象的描述，很让读者开扩眼界。比如，他的一本书中的人物，将“忠诚”比喻为“阳光下的一把金叉子”，又在另外一本

---

① 瓦西里·瓦西里耶维奇·康定斯基（Васи́лий Васи́льевич Канди́нский，1866～1944)，俄国-德国-法国画家，抽象艺术的先驱和最杰出的代表人物。——译者

② 弗拉基米尔·弗拉基米尔诺维奇·纳博科夫（Влади́мир Влади́мирович Набо́ков，1899～1977)，俄国-美国作家，能用俄语和英语两种语言写作，而且都达到了很高的艺术水平。他用俄语创作的《天赋》和用英语完成的《洛丽塔》(均有中译本)，都是顶级小说。后文中提到的他的回忆录《说吧，记忆——自传追述》也有中译本。——译者

书中提到有人“头脑里听到一阵橙红色的鲜明乐声”。纳博科夫在自己的回忆录《说吧，记忆——自传追述》中告诉人们，他具备数字与色彩的联感能力；他的妻子薇拉也有同一类联感能力，但感觉到的具体色彩与他本人并不相同。他们的儿子德米特里在数字带来的色彩联感上，又是俩人感觉的混合，这说明联感是建立在遗传性状传递之上的。

2007年的仲夏时分，我有幸见到了艺术摄影家马西娅·斯米赖克，并与她一起在波士顿的大街上漫步谈天。这位取得了美国布朗大学英国文学博士学位的女士，拥有多重的联感能力。她以摄影方式记录下自己的特有感受，参加了多次摄影作品展。无论哪一种联感，这位女士似乎都具备，单单只缺了联感人中最为常见的由数字引起色彩感的一种。她在注视建筑物等物体时，会感觉到时间的流逝。概念在她也会表现为物体的形状。比如，一提到“年”字，就会使她想到一只椭圆。

她在介绍自己的这些感觉之前，先问了我这样一个有趣的问题：“年”会使我联想到什么形状？我琢磨了一下后告诉她说，我想到的是一个椭圆。这是不是表明我多少也有一点联感能力呢？有可能。神经科学家可能会认为，具体形状是什么并不重要，重要的是我的大脑中对概念和形状形成联系的强弱，以及这种联系会不会多次复现。

我和她边走边聊，不知不觉来到了波士顿一处人们常去的地方——柏克理音乐学院。在学院附近的街道上，许多乐师就在人行道上卖艺。我们路过的第一组乐师在表演爵士乐二重奏，其中一位女郎在演奏小提琴。我对音乐没有太深的造诣，没有资格对她的水平评头品足，只是觉得听起来并不优美。马西娅表示同意。她说她在空中看到了一些彩色线条，是从这位女士身上和她的乐器上飘出来的。这些线条是折折拐拐的，有如锯齿，不像是精心绘成的。

走过几个路口后，我们又见到一个吹萨克管的年轻女士。她吹的曲调，我听着觉得蛮不赖。马西娅也表示所见略同，说她在听这位女青年演奏时，看到有光滑的曲线在她身边绕来绕去，美丽的形状正表示着她听着感到很满意。

当马西娅还是个小姑娘时，她曾爬上家里的钢琴弹敲一个琴键时，感觉到这个琴音是绿色的。当时她认为，每个人都会看到有色的音乐。25 年后，也就是 1979 年，她在一间自动洗衣坊里等待衣服洗好时，认为没有旁人在场，便随着干衣机的轰隆声跳起舞来。跳了一阵后她发现，当时还有一位妇女在洗衣坊里，看她跳舞已经好一阵子了。

她们谈了一会儿音乐和艺术。这位女士原来是一名攻读心理学的研究生。在此之前，马西娅从不曾向任何人提起过自己的多感官功能，然而，在她们的谈天结束时，对方告诉她说："我敢说你是位联感人。"在这一启发下，马西娅研究了一下这个问题，但没过很久就丢到了一边。

20 年过去了。到 1999 年时，她读到了《纽约时报》上卡萝尔·斯蒂恩女士发表的一篇文章。文章作者是纽约的一名艺术家，也是一名联感人。斯蒂恩女士所说的内容，都是马西娅亲身体验过的，只不过从不曾被她纳入一个共同的范畴。这篇文章使她认识到，自己在多年的艺术创作中，已经揉合进了联感的内容，只不过都是下意识的，并不曾认识到是从某种特殊的领域中汲取感觉。于是，她便给斯蒂恩发了一封电子邮件，说了这样一句话："我用眼睛听到了你。"

斯蒂恩女士立即作了回复，说的是："欢迎加盟。你的盟友多得很。"

马西娅形成了自己的一套以联感为中心的艺术创造过程。她先是找到一个可能会发现有趣题材的所在，然后便注意看、认真听，直至有某种联感反应发生。这种联感涉及的可能或是运动，或是味道，或是质感，或是多种感觉的结合。当联感出现时，她就用相机拍摄下引发它的景物。她特别喜欢水面反射的影像，拍摄的时刻也总选在有风吹过，反射图像捕捉到了风的运动时。正如她所说的那样，水是她的画布，风是她的画笔，季节与地点提供了色彩。她的照片上经常会出现建筑物，这些波纹中的倒影正是最富吸引力的部分。

马西娅相信，直觉性的信号比靠思维形成的信号传输得更快、也更可靠。她并不试图有目的地选定某个对象，继而决定取景角度、构图排布和曝光安排等，以获得最佳画面效果。相反地，她尽可能地**不去**考虑这些因素，而只是等待来自她体内的信号。她总是避免直接观查镜头前方的景物，而是去注意揭示隐藏在周围环境中的所有的美。她一直提醒自己，美是无处不在的。“时间、空间，还有处于这两者之间的存在，包括知觉在内”，都有待于她去感知。

V. S. 拉马钱德兰（V. S. Ramachandran）是加利福尼亚大学圣迭戈分校一位很有名气的研究人员。他相信，研究发生在不同感官之间的联感，可能会对揭示语言能力和抽象思维能力的进化过程有较大的帮助。

对联感如何形成的研究，为解释大脑为什么会喜爱艺术提供了大量线索，同时也有助于揭示人们之所以对音乐、烹调、戏剧、电影和其他多种都可纳入“艺术”——这一全人类相通的行动（巴厘岛上的土著对艺术有个非常优美的形容，说它是“将神明请到人世间”）——感兴趣的原因。

对于诸如“人在矮檐下，怎能不低头”等大量谚语和俗语，大多数人都不难理解（但也有一些人会因为中风或者其他大脑损伤，不能理解带有比喻成分的语句）。在形容某些色彩、贬意评论、陈年乳酪或者夏威夷短衫时，如果用到了“蜇人”这个字眼，恐怕听者未必会理解成受到了腔肠动物的攻击。类似地，说某些音乐“清凉”（cool），某种令人激动的想法或者人体的动人曲线“热辣”（hot），听者也不至于真地照它们的字面意思领会吧。

人类的这种通过仿佛无意义的语言实现相互理解的能力，为研究大脑提供了线索。它表明每个人至少都有某种程度的联感能力，只不过在大脑中形成的规模较小，没有达到少数人有能力表现出来的强烈程度而已。

作者通过数月努力，总算得到了与拉马钱德兰会晤的机会（自他的发现——第七章“神明安在”中将有具体介绍——公布以来，大众传媒的夸大宣传和曲解，看来已经使得这位老兄对媒体敬而远之了。）据他认为，每 20 个人中就会有一名联感人，不过联感的程度各不相同。在艺术家、诗人和小说作者中，这种人的比例最高。“道理何在呢?”——这是拉马钱德兰向自己提出的问题。

有人提出一种看法，认为数字与色彩的联感，无非就是一种保存下来的记忆，很可能是童年时代读一本非常喜爱的图书时留下来的。拉马钱德兰和他的研究小组有不同的观点。他们认为，联感之所以发生，是因为在联感人的大脑中，负责感官知觉的关键部位之间出现了神经交联（cross-wiring）。在对联感人进行测试时，这个小组发现，如果改变字母的大小，受试者就会看到与原来不同的其他颜色。这说明这种联感并非是记忆的结果，而是大脑中发生的某种特别而又特定的受激。

在此之后，又有别的研究人员证实，联感人大脑的某些区域之间，生有多于常人的神经纤维。“因此，”拉马钱德兰说：“这几乎就等于是证明了一种理论。”他的小组在大脑的颞叶区发现了一种与联感有关的组织结构。在这个结构中，感受色彩的脑组织紧挨着负责识认数字的脑组织，具备色彩与数字联感功能的人，在这两个近邻部位之间生有额外的联接。

拉马钱德兰的理论是，联感的产生与“清整基因”有关。在生物的胚胎中，一切都是安排在一起的。在正常情况下，以人而论，在胚胎的发育过程和后来的儿童阶段的成长过程中，“清整基因”会出来工作，将多余的联系剔除掉。这样一来，在成年人的大脑中，存在的就是一个个执行不同功能的分立单元。如果执行这一功能的基因发生了某种变异，致使“清整”没能全部完成，就会导致“串线”，而相当明显的“串线”就是联感。

“下一步要做的就是，”拉马钱德兰接着提到：“解释为什么诗人、艺术家和小说作者中联感人的比例很高。原因是这样的：倘若上述变异的发生是很普遍的，那么出现的就会是更大范围的交联。既然不同的观念和概念在大脑中是由不同的区域处理的，那么，如果隐喻来自本来似乎并不相干的词语和观念，就会产生特殊的效果。要知道，隐喻本是诗人、艺术家和小说作者都要使用的重要手段。这就是说，变异会使人们有更多的运用这一手段进行创造的机会。”

在说明这一设想时，拉马钱德兰提出一种假设，就是每个词语都代表着一组含义，有如一个物体投下的一片边界模糊的半影。当莎士比亚写下“茱丽叶是太阳”这个句子时，他的本意是让人们感受到两个不同事物的不同半影的共同交叠部分：茱丽叶是个女子，而太阳不是；茱丽叶在意大利的维罗纳生活，而太阳则远在天边。然而，茱丽叶让人感到暖意，太阳也让人感到暖意；茱丽叶会令人迸发出活力，太阳也能令人迸发出活力；茱丽叶出现时使人觉得眼前一亮，太阳也有这种能力。

“不同半影的重叠，”拉马钱德兰接着说下去：“构成了隐喻的基础：人们接受的，将是茱丽叶和太阳的共同部分。如果在一个人的大脑脑叶部分，这样的半影间的联系越密切，它们的交叠部分便越大，制造隐喻的机会也就越多，这个人也就越有艺术天份。我们认为，正是这种基因的此等作用，使得它得以一直存在下去。否则也就不会出现 20 个人中会有一个联感人的情形了。倘若这个基因没有什么用处的话，它就应当在遗传漂变的过程中逐渐被淘汰掉。但事实并非如此。我认为这个基因是具有某些秘密使命的。它造就一些更有创造力的人物出来。”

“这就是说，”我插了一句嘴：“它是具备选择优势的啦？”

“正是。”拉马钱德兰回答道：“艺术家们会时时谈起联感，原因也正在这里。人们过去曾认为说自己有这一功能的人不是疯子就是骗子。现在大家才知道，这一异于常人的功能居然是很有价值的咧。”

研究神经美学的人，倾向于从基本生理学机制角度出发，探讨人们喜欢艺术的原因。而拉马钱德兰则是从认知过程这一高度进行分析的。比如，当一个人注视别人的面部时，大脑的某些部分会因受到刺激开始活跃（activate），而当这些面部是出现在艺术作品中而不是日常生活中的实际面孔时，激励会表现得尤其强烈。“为什么艺术杰作中的面孔，会比别的面孔更能唤起人们的情感呢？”拉马钱德兰这样发问。他认为以下三个关键因素导致了人的美感的产生。

第一个是大脑的构造。大脑是血肉造就的电子计算机。

第二个是决定着人们反应的心理学规律。例如，人们在看到一些有关的事物被放到一起时，会会心地“嘿嘿”或者激动地“啊哈”。这些规律大多还尚待于发现，不过有了大脑成像这一工具，科学家们是有可能做出预测并加以实际检验的。这一可能性刚刚于近十年间出现。“在进行科学研究时，首先要做的是去‘钓鱼’。”拉马钱德兰说：“一来二去地，就会发现某种特定的模式，也许是有关感知的，也许是有关美感的，然后你将确定它们到底是什么？”

第三个关键因素是进化。为什么心理学规律会发生变化？它们是如何帮助早期的人类生存和繁衍的？这里可以给出一个惊人的线索：1999 年，拉马钱德兰和他的同事威廉·希尔施泰因发表了一篇论文，认为人脑应该会对夸大面孔特点的动画图形和漫画等图像产生特别强烈的反应[2]。这篇文章被广泛引用。近年的研究已经证实了这一预见。拉马钱德兰认为，人脑之所以会出现这种奇特的感觉特点，荷兰科学家、1973年诺贝尔奖得主尼古拉斯·庭伯根（Nikolaas Tinbergen）已经在他的《银鸥的世界》（*The Herring Gull's World*）一书中给出了原因。

“人们为什么会对有所变形的图形产生强烈反应呢?”拉马钱德兰问道。“庭伯根所叙述的有关银鸥雏鸟的事实说明了这一原因。当它们需要食物时，就会去啄母亲的喙。母亲则将自己消化道里的半消化的食物吐出来哺喂它们。”

“母鸟的喙是黄色的，很长，末端有个红色斑块。庭伯根发现，只要弄个这样的鸟喙来，在雏鸟附近移动，小家伙们就会去啄它求食。这就意味着，对于雏鸟来说，喙就等同于母亲。以喙代母，就使小鸟得到了一个简单化的替代物，能够识别它，肚子就有了保障。后来庭伯根更进一步发现，他其实连真实的鸟喙都不需要，只要找来一根黄色的长棒，再在上面涂上三条红道，雏鸟们就会啄得更加起劲。这是与小鸟脑子里有关母亲的‘编程’有关的。如果让小鸟见到一个‘超级喙’，它们的兴奋程度更会超过见到真的喙。”

“在我看来，人们对抽象艺术或者半抽象艺术作品的反应，就如同银鸥雏鸟的情况，看到的是符合某种模式而又有所夸张的形象。正是这样的表现方式，能让人们高兴地‘嘿嘿’或者兴奋地‘啊哈’。在欣赏艺术杰作时，这样的反应似乎可体现为几个不同的档次，各个档次间看来和谐一致并彼此呼应，共同导致对该艺术杰作的一个最终的、极致的、多重的感叹。”

我一直在考虑着的一个问题，就是这方面的研究，到头来会不会在日常生活中找到用武之地。就此想法，我向拉马钱德兰请教，问他是否认为艺术家将来会开始运用这些知识，以创做出更有感染力的作品来。

“我觉得是可能的。”他回答说。“许多艺术家在了解到这方面的研究结果时，会放心地说：‘噢，现在我知道了，本人原来并无不正常之处！我只是根据这些规律行事而已。’一旦对自己的所做所为有了更能动的认识后，他们就做出进一步的成果。”

“请再深入一步，”我又问他道：“谈一谈另外一个内容，就是你认为这些知识会不会用于开拓新的艺术形式呢？”

“太可能啦。我相信，非常有才能的艺术家，是能够利用这些规律并创造出成果来的。美国西北大学有一位布鲁斯·古奇先生，他就搞出了一套能够部分地模仿此类规律的计算机程序。”

当我访问这位古奇先生的网站时，发现他以自己的2003年的博士学位论文“运用行为学知识和功能性磁共振成像技术绘制和识别人面”为出发点，做出了大量十分新潮的成果。看到他得出的人面图像和说明文字，我回忆起拉马钱德兰的这样一句话：“从理论上说，也许再过许多年后，人们会造出能够根据这些规律创作美妙的抽象艺术作品的计算机来。”

说到艺术的表现形式，语言自然是其中的一种，音乐则是另外一种。大脑扫描的结果表明，这两者都要用到大脑的一些区域，其中有些区域是共用的。查尔斯·达尔文相信，人类的先祖在形成语言能力之前，已经先行具备了领悟音乐的禀赋。在他看来，音乐可能曾让人类的远祖发出可以记住的声音这一功能，使他们能够在与同类的竞争中胜出，为自己赢得配偶。这就像是今天的歌曲作家，凭着与众不同的词句或曲调，使听者一闻难忘、从此成为“粉丝”一样。当某个远古人在为衣食奔波了一天后回到自己栖身的群居洞穴时，可能就有一位异性，从听到的悦耳哼唱声中记起曾与之相识，从而萌生再度相见的愿望，而相见的结果，很可能是喜好音乐的基因得到传承，造就出喜好音乐的下一代人来。

音乐与情绪是密切相关的。对此，大概所有的人都会承认。不过，在大脑成像技术出现之前，科学界很少有人愿意进行深入的探究。情绪长期以来一直被视为理性的对立面，不但没有价值，而且有害无益，应当尽量避免。

对情绪进行有效处理，需要一系列措施，要完成大量工作。对于情绪本身，是可以视之为人体内的重要预警系统，表明需要调动应对改变的反应机制。马西娅·斯米赖克所归纳出的以联感为中心的艺术创造过程已经表明，直觉具备速度上的优势。它们会比需要综合种种印象后馈入相关的大脑整体的信号更早来到。当遇到需要尽快做出决定的场合，情绪能使人更快地做出反应。

史蒂文·米森[①]在其 2005 年的著述《吟唱的穴居人：音乐、语言、精神与肉体的起源》（*The Singing Neanderthals*：*The Origins of Music*，*Language*，*Mind*，*and Body*）中认为，语言和音乐基本上是同步进化的。这两者都在大脑中占有若干个区域，表明它们都是进化意义上高度重要的成分。占有不止一个区域，使得即便某些区域受损，对音乐和语言的基本感受能力还能得到保存。这两者使大脑能在几个不同区域上合作，而且无论是在以这两者为创造力的领域，还是在对它们进行欣赏的领域都是如此。

丹尼尔·列维京[②]（Daniel J. Levitin）在他的 2007 年著述《大脑对音乐的反应：有关人类一项爱好的科学》（*This is Your Brain on Music*：*The Science of Human Obsession*）中指出，阿尔兹海默病病人会丧失大量记忆，但仍然会记得歌曲，特别是年轻时体验到的歌曲。列维京认为，大脑的情绪中心会用神经递质给中意的音乐“标上记号”。这样一来也就不难理解，为什么每

---

① 史蒂文·米森（Steve Mithen），英国雷丁大学考古学教授。——译者

② 丹尼尔·列维京（Daniel J. Levitin，1957～），美国神经科学家与认知心理学家。——译者

一代人都会怀念当年自己喜好的某些音乐，而种种诸如《老歌中的好歌》[1] 等音乐节目也会应运而生。青少年时期是充满情绪的——其实说成激情会更适当些，因此在此期间听到的音乐会留下特别深的印记。列维京本人当年就是摇滚乐吉他手，几经辗转走上了研究神经美学之路。在此之前，他所在的乐队争取到了录音合同，来到旧金山的一家录音棚表演，但是乐队成员间起了内讧，大家不欢而散。幸运的是，一位音响师注意到列维京对录音工作很有兴趣，教给他不少东西，使他有机会踏进了这一神经美学专业领域。后来，他进入斯坦福大学进修有关课程，结果竟越学越深，最后取得了博士学位。目前他在加拿大蒙特利尔市的麦吉尔大学就教职，主讲神经科学和音乐课程。

在今天的麦吉尔大学，音乐和神经科学都是热门课程。蒙特利尔大学也享有同样的盛誉。投资 1400 美元在该城市修建的大脑与音乐及声音研究中心（BRAMS[2]）于 2007 年落成后，年轻人们有志于进入这两个领域的热情更是有增无减。在该中心负责概念引导的主要人物，有麦吉尔大学的神经科学家罗伯特·扎托尔（Robert Zatorre）和蒙特利尔大学的心理学家伊莎贝拉·佩雷茨（Isabelle Peretz）。

BRAMS 下属的一座音乐厅，可供研究人员了解听众对音乐的反应情况之用。中心内还建有一间隔音琴房，放有一架奥地利名牌贝森朵夫长键盘大钢琴。这架琴是特制的，有计算机与之连接，另外还装着 24 台摄相机，专门用来跟踪钢琴家在演奏时的种种微小变化。

---

① 《老歌中的好歌》（*Oldies But Goodies*）是韩国的一只名为“摇滚虎”的摇滚乐队制做的几盘音乐光碟，对 20 世纪 40～60 年代的部分乐曲重新录制并部分加以创新后推出，被认为是独立音乐的代表作品。——译者

② BRAMS 是大脑与音乐及声音研究中心的英文（Brain，Music，and Sound Research Center）的不很规范的缩称，但合起来恰好与德国大音乐家约翰内斯·勃拉姆斯（Jannes Brahms）的姓氏的发音相同，拼法也相近。——译者

奥立佛·萨克斯（Oliver Sacks）以音乐和神经科学为自己的最新小说《脑袋里装了两千部歌剧的人》（*Musicophilia*）的题材。萨克斯在此书中使用了扎托尔有关神经成像研究成果的若干素材，即一些有音乐幻听症的受试者，当大脑皮质的一个叫做听觉皮层的相当大的区域在受到刺激时的状况。在这些人受此刺激时，其大脑的感觉状况几乎同真正听到音乐演奏的受试者的反应是一样的。

萨克斯对此有如下解释：聆听、创作和演奏音乐，受到刺激的除了听觉皮层外，还有运动皮层，以及与选择和计划有关的区域。这几处地方都能接通音乐渠道，即便在根本不存在声音时也能如此。艺术史上最令人叹为观止的轶事——贝多芬在耳聋后仍能作曲，就是这个原因。

不过，要创做出能被人们保留在记忆中的音乐作品，单凭将与听觉、运动和计划有关的皮层都动员起来并不够用。另外一个成分，是将各种音乐元素结合在一起，使之既有新意，又能带来充分的满足。这一成分就叫才能。

在我的家乡旧金山市，生活着一位优秀的歌手兼歌曲作家杰西·德纳塔莱（Jesse De Natale）。他发明了一种用声音让人们心中想象出图画的艺术形式。我很喜欢这种形式，不过我知道自己是永远也创造不出来的。比方说，他的歌曲“夜莺”吟唱的是死亡，但却充溢着活力甚至欢快。它告诉听众，横竖每个人早晚都有“走”的一天，不如关注人与人之间的爱与情。在提到死亡时，人们通常联想到的是在地下，是在棺木里。而德纳塔莱看来，死去的人依然容光焕发，都在天上生活，还时不时地在人世间现一下形。这样的想法，放进这样一首美妙的歌曲里，只有与众不同的高级大脑才能创造出来。

英国资深研究人员塞米尔·泽基（Semir Zeki）认为，创造能力体现在能够发现他人之未能发现上。他相信。艺术家和其他富于创造本领的人，大脑中生有其他人所没有的联通结构。不过，如果加以培养，这样的结构也能在一般人的大脑中有所形成。拉马钱德兰也是这样认为的。如果真能这样，我们就不必只去赞叹和称羡别人的创造才能，而是学会去欣赏他人提供的创造形式了。毕竟艺术对人们来说，就像有些乐师所说的那样，演奏只是过程，目的是要“进去”。

泽基是位有联感功能的人。单词中的字母会激起他不同的情绪。具体说来，就是他会从单词中感觉到一种个性。提供这种个性感觉的，主要是单词的第一个字母。当印度城市加尔各答改名为卡利卡塔时，他对这个词的感觉就不如原来美好①。

泽基以伦敦为家，平生爱好歌剧、美术和文学。他是世界级的视觉神经生物学巨擘、神经美学领域的领军人物、伦敦大学学院的教授。最近一段时期，他每年1月都会来伯克利参加米纳瓦基金会举办的“神经美学年会”。我也会参加这个年会，因此有机会在会上与其见面。泽基是第一位获得米纳瓦基金会颁发的“金脑奖”的人物，获奖时间是在1985年。这一殊荣相当于神经美学界的奥斯卡奖。

我俩的交谈总是十分热烈、富有启发性，并且极其有趣。不久前，他在与我的一次晤面时告诉我：“在很长一段时间时，联感被认为是一种异常状态。它也的确是这种状态。不过，如果将它从我身上去除，我将会大为失望，因为它使我的生活格外丰富多彩。”

说到这里，泽基兴奋地——虽然兴奋，但仍旧不失那份英国式的矜持——告诉我，他刚刚得到了维尔康基金会批准的研究基金。也就是说，这个全世界最大的医学资助机构，同意给他第一

① 卡利卡塔是加尔各答发展成为城市前所在村落的名称，2001年又按照当地孟加拉语的发音改回原来的叫法。但人们目前在大多数场合下仍采用长期沿用的旧称。在英语中，加尔各答是以字母C开头的，而卡利卡塔则以字母K开头。——译者

份与人文学科有关的财政支持（跨越传统的大学、医院和其他机构的边界，是神经革命的固有特点）。

“我认为，从现在起，再用三年或四年时间，”泽基告诉我，“人们就将认识到，过去一直被以不同方式探讨的不同问题，其实是包含着共同点的。”

他举例说，一提到美学体验，人们在第一时间想到的多半会是欢愉感。其实，美也是能引发痛苦感觉的。“我们对大脑中的快感中枢和奖赏中枢都进行了详细研究，不过，大家也都知道，伟大的艺术作品，如米开朗琪罗的雕像《哀悼基督》，人们在观看它时既觉得美，又感到痛苦。”

米开朗琪罗以基督受难为题，创做出多座雕像。其中最有名的，是如今立在梵蒂冈圣彼得大教堂的一座，名为《哀悼基督》。被从十字架上移下来、已经没了一丝生气的基督，躺在母亲（圣母玛丽亚）的怀里。一块苍白的大理石，表现出来的是最深切的哀伤和无出其右的损失。然而，这座雕像同时也表达出一种沉静。这种沉静，显然是通过圣母的面部表现出来的。看着这一面庞，人们好像会觉得她已经知道，自己的儿子后来会在人间复活。

“人们为什么愿意去领略看着会让自己觉得痛苦的艺术作品呢？哲学家们对这个问题，至少已经探讨两千年了。”泽基提出了这个问题。不过，直到不久前，人们才认识到，这个问题应当由神经生物学家来回答。这是因为，“有些问题一直被糊涂地归入人文学科范畴，而实际上，它们当然是属于科学领域的。回答这样的问题，要靠有研究精神的人刨根问底。”

泽基当年处于事业生涯的初期阶段时，曾一度中断研究工作而扪心自问：作为一名科学家，且是专攻大脑视觉功能的科学家，但当看到给我美感的东西时，竟然什么也说不出来，那么费心去抠种种细节还有什么用！1994 年，英国科学知识普及协会向他发出邀请，希望他在著名的“伍德哈尔讲座”[①] 上发表讲演。他借此机会向讲座负责人提出，自己打算以艺术和大脑为题说些什么。“我本来觉得，这一设想有可能会被一棍子打死，因此准备好了听他们告诉我说：‘得了吧，老兄！我们这里是搞科学的地方！’”他回忆这段经历时如此说。然而，结果却是他的设想得到了热情支持。这使他从科学角度将研究美感的工作坚持了下来。

近年来，特别是自功能性磁共振成像技术出现以来，神经科学已经在几乎所有的研究领域占据了一席之地。化学、药理学、生理学、计算科学和解剖学，都成了神经科学的用武之地。而人文学科是它刚刚涉及的领域。

泽基向我断言说，人文学科和神经科学能够彼此支持、相互辅助，堪称般配的一对。

“出现在人文学科领域中的一些问题，更确切地说，出现在哲学或艺术领域中的一些问题，”泽基又说，“是神经科学很感兴趣的内容。”比如，法国画家塞尚喜欢在画作中表现法国南部普罗旺斯地区艾克斯的乡间景物和普通百姓。他往往会一再地以同一主题不断创作。比如，他会不断地在画布上表现附近的一座山头，但每次做画时的创作手法都会稍有变化。塞尚与印象派画派有很深的渊源，其曾师从印象派画家毕沙罗。不过，他的画风后来渐渐向以毕加索等为代表的立体主义方向转变。

“塞尚执迷于反复表现同一事物。”泽基向我解释道，“源自探索色彩对外形的作用。我们今天已经知道，主司对形状和对色彩感觉的功能，是位于大脑的不同区域的。视觉神经生物学所要研究的问题之一，就是了解为什么这两个在位置上分开的大脑区域，会让人觉得它们表现为一体的感觉，即色彩作为形状的附属

---

① “伍德哈尔讲座”（Woodhull Lecture）得名于著名的美国女权主义者、第一次要求竞选美国总统并取得初步成果的女性维多利亚·伍德哈尔（Victoria Woodhull，1838～1927）。——译者

部分出现。”

能够运动的“动态艺术”也是泽基感到兴趣的。原因既与他对艺术的爱好有关，也部分地出自他作为科学家的职业兴趣。

马塞尔·杜桑[①]创作于1913年的《自行车》，是“动态艺术”的首创之作。这一作品的得名，在于它就是一只装在普通自行车前叉上的真的普通自行车车轮，叉尖向上地固定在一个涂了白漆的四条腿凳子上。至于名气最大的“动态艺术”作品，则出自美国雕塑师亚历山大·考尔德之手。他年届三十时来到巴黎，参加娱乐聚会时，总会带着老虎钳和一盘金属线。他会将金属线弯成玩具、动物和别的种种奇特形状。“转悠悠”（床铃）这种由若干个吊在一起，但各自都能独立转动的设计，就是考尔德发明的。

随着“动态艺术”的不断发展，运动成了最主要的因素，而形状和颜色则退到了次要位置。就像泽基告诉我的那样：“物体的运动是这一种艺术的重点，物体本身是没有什么意义的。”前卫派艺术家很看中“动态艺术”，但并不为多数公众所理解。

今天的美国娃娃们，几乎无人不是躺在婴儿床上看着吊在头上的“转悠悠”长大的。据悉，考尔德的这一发明，有着促进大脑发展和有助于入睡的作用。

在泽基看来，“动态艺术”之所以能够吸引婴儿和成人的注意，可以通过一个神经生物学事实来加以解释。这就是人的大脑中有一个专门感受运动的区域，而该区域对形状和色彩都不起反应。

在泽基心目中，神经科学“即便算不上是本世纪科学的女王，至少也称得上是一位公主。这一点我敢绝对肯定。人们对大脑及其作用是非常感兴趣的，但也发觉以严格的科学术语给出的

---

① 马塞尔·杜桑（Marcel Ducham，1887～1968），法国艺术家，达达主义及超现实主义的代表人物之一，以其动态作品《裸体人下楼梯》而广为人知。——译者

有关描述很难理解。大家容易接受的方式属于如下的一类：‘我今天想谈一谈爱和美。我指的是神经生物学所指认的爱和美。’在一切事物中，再也没有比爱和美更吸引人的了。因此，我们对美的喜爱，就会成为一种载体，它承载着人们去了解一种对未来十分重要的科学知识，去掌握一种未来会非常需要的科学方法。”

泽基相信，神经美学很快就会进入人们的日常生活中。比如，有这样一种理念，它既令人无限向往，又常常使人困惑。这就是美利坚合众国的开国元勋们在《独立宣言》中所提到的“追寻幸福”。人们大多希望自己能过上更幸福的生活，但却并不总能知道什么能带来幸福。学校、宗教、家长，还有其他普遍存在的影响渠道都告诫我们说，欢愉总是与罪愆携手共进的。这可能不无道理，有时情况就是这样。但这样的说法也会导致混乱和误导。人们对李施德林漱口水的那句著名评价——凡是**让你觉得**好的，就不可能是**真正对你**好的——就是这样产生的。[①]

“以神经生物学的标准衡量，”泽基问道：“人处于什么情况下，就可以认为自己达到了幸福和满足状态呢?”

这也正是西格蒙德·弗洛伊德在他 1930 年的著作《文明和不满》中提出的问题。附带提一下，美国摇滚乐队“斐波那契乐队”在 1987 年发行的唱片，就大言不惭地套用了这个名称，称之为《文明和舞厅》。[②]

弗洛伊德注意到，尽管西方文明取得了种种出色的成就，而且还在不断前进，但生活在这一文明中的人们还是普遍感到并不是很满足。他们追求的究竟是什么呢？——幸福。可是，追求幸福的目的又是什么呢？按照弗洛伊德的说法，是“满足愉快原

---

① 这种漱口水有良好的清洁口腔和防止牙垢积聚的作用，但也会给人带来不很舒服的刺激感。这种刺激感虽经制造厂家一百多年的努力，但至今仍未能彻底根除。——译者

② 这是一个文字游戏，用了法文的“discothèque”（迪斯科舞厅）与英文的“discontent”（不满）相近的字形与发音。——译者

则”。这一见解很重要，但也很模糊。神经生物学家有可能将它剖析清楚。比如，我们可以研发出一套标定情绪相对水平的仪器，用以判定个人达到自己最满足时的状态。这可绝不是想入非非。

就在我俩见面前不久，泽基将一部题为《大脑的奢华与贫困》的手稿送给了一家学术出版社。在这部题目套用了巴尔扎克的情节跌宕的小说《娼妓的奢华与贫困》的著述里，作者将人们目前对未来神经美学的设想一一进行了严格筛查。他在书中做出预言说，也许在20年后，神经生物学知识会成为人们的常识，到那时，人们再去看福楼拜的《包法利夫人》或陀思妥耶夫斯基的《卡拉马佐夫兄弟》这一类小说，就会在读到某段特别的描写时，察觉到它们原来都能与神经生物学中的说法榫头对上卯眼。

神经成像还能在将来帮助人们明白，为什么出自真正的天才之手的艺术杰作，会唤起不同于地摊上的不入流作品的感觉。“有不少音乐佳作是即兴之作。”泽基这样告诉我：“这里面也很有学问。像约翰·克特兰[①]和雷·查尔斯[②]这样的即兴大师，是能够令人着魔的。他们的音乐，我是听了又听，百听不厌。他们的音乐总是表现得恰到好处，在我看来真是达到了永远完美和始终迷人的水平。”

“如果用扫描仪观测人们听到这样达到完美水平的音乐时，大脑所会做出的反应，然后再施之于由另外一些没能达到此类水平的乐师所演奏的同样曲目，然后对比这两种反应，就可以看出大脑的受激是不是有什么差别。比较的结果将是极为有趣的。对我进行测试也好，对他人进行测试也好，能不能得到对满足程度的客观测量结

---

① 约翰·克特兰（John Coltrane，1926～1967），美国爵士乐萨克管手和作曲家，黑人，历史上最出色的萨克管乐师之一。——译者

② 雷·查尔斯（Ray Charles，1930～2004），本名雷·查尔斯·鲁滨逊（Ray Charles Robinson），美国盲人音乐家、钢琴演奏家，黑人。——译者

果呢？从来不曾领略过克特兰、路易斯·阿姆斯特朗[1]和艾拉·菲茨杰拉德[2]等的音乐的人为数很多。艾拉·菲茨杰拉德的演唱，我是听了多年了。她的歌声中，我是一个瑕疵也找不到。她在某些乐点上的小施变化堪称出神入化。而这些变化都是即兴的。”

通过大脑扫描理解此类特别的美点，将会是神经美学工作者今后一段时间里付出更大努力的重点。通过这一研究，有可能使未来的神经社会中形成种种改变人们体验周围世界效果的环境。

随着神经技术的进步，人们将会逆向行事，即使用未来的将具备更新能力的功能性磁共振成像技术，根据大脑体验来揭示如何创做出杰出的音乐、戏剧和美术作品来。或许将来的人们要想成为出色的艺术家，前提条件将是掌握神经美学方面的基本知识。这意味着将要出现人们目前尚不得而知的新的艺术创造形式与表现方法。也许诸如“动态艺术”之类的新奇艺术，如今正藏身于我们的神经元中呼之欲出呢。此外，一批新工具和新技术也行将给人们带来对艺术和娱乐的新体验，而且这些体验会远远胜过第三章中所介绍的有感受情绪功能的神经娱乐视频游戏。

随着人们一步步揭开痛苦、成瘾、欢愉等感受的神经生物学机制，一类新型的制造体验的药物将会以“陶然剂”之类的名目问世，它们既能给服用者带来幸福感，又不会因使用而成瘾。此种神经促进药物可能会以制成小容量饮料的方式提供，从此，往昔时期的种种导致人们上钩后不能自拔而毁掉的瘾品将会淡出并最终消失。这些新工具将会高度精确地促成某些体验的出现。比如，造成某个时间段内形成某种联感功能，甚至在某种情感澎湃的高潮期获得移情能力。

---

① 路易斯·阿姆斯特朗（Louis Armstrong，1901～1971），美国黑人爵士乐音乐家，使爵士音乐从美国南部走向全世界的领军人物。他早年以演奏小号成名，后来以独特的沙哑嗓音成为爵士歌手中独树一帜的佼佼者。——译者

② 艾拉·菲茨杰拉德（Ella Fitzgerald，1917～1996），爵士乐黑人女歌手，被公认为20世纪最重要的爵士乐歌手之一，音域有三个八度。——译者

包括无须植入便可使大脑的不同区域接受激励的神经器件在内的各种神经技术将结合起来，形成全面的虚拟境界，提供独特的娱乐环境。这一设想是不是想入非非呢？回顾一下历史就可以找到答案。历史上充满了新技术和新工具使全新艺术蓬勃发展的实例。比如，电带来电影（先是无声的，接着又出现了令人欢欣鼓舞的有声电影）；集成芯片则形成在数码动漫基础上的视频游戏娱乐系统，又使全世界的上亿人口都能随时享受到电子音乐。

诚然，要真正让这些新工具进入人们的生活，还有不少障碍有待于克服。障碍之一，就是联合国在1961年、1971年和1988年制定的三条公约[①]。公约中明文规定在几乎任何情况下，均不得“生产、加工、运输、使用和存储任何有潜在危害的植物萃取物及人工合成物，但医疗药品、烟草与酒精不包括在内”。有趣的是，这三项公约并没有提及任何非损伤性的植入式激励系统。

近年来，包括澳大利亚和加拿大在内的一些国家，已经开始分析此类全球性控制条约的内在合理性，并考虑对某些控制药物解禁使之合法化，同时重点开展旨在减轻这些药物的有害作用的研究项目。政府机构发挥职能正确过问是好事，不过使有害的瘾品合法化，则绝对不应在批准范围之内。政府应当支持的，是开发新的娱乐手段，提供多样化的专项欢愉体验，但同时又不会使人们成瘾。这样一来，人们的受益范围就会大大超越艺术创作这一领域，进入执行司法、课堂教学和企业决策的范围。

感觉领域就是幸福领域。《第四次革命》这本书，就是要告诉人们应向深处进发、进入无限广大的疆域，获得更多的满足。

---

① 它们是联合国目前的三大毒品控制公约，分别指1961年通过的《麻醉品单一公约》（Single Convention on Narcotic Drugs）、1971年通过的《精神药物公约》（Convention on Psychotropic Substances）和1988年通过的《联合国禁止非法贩运麻醉药品和精神药物公约》（United Nations Convention Against Illicit Traffic in Narcotic Drugs and Psychotropic Substances）。——译者

Chapter 7 神明安在

试问冥冥定数中，今晚为我咋安排？
然则是否有定数，我却无从说出来。

——莉莉·汤姆林[①]

用在学习上的时间，应当多过花在祷告上的时间。

——穆罕默德

① 莉莉·汤姆林（Lily Tomlin），原名玛丽·汤姆林（Mary Tomlin，1939～），美国女演员、作家以及剧场制作人。——译者

读者诸君请注意，我们现在将要进入的，是一切领域中最危险的一个，也是最坚定的一个。在该领域内进行的研究，业已促进了人类的进步。对此，科学界是相当自豪的。如今，神经技术正坚决地向它挺进。这个领域就是宗教。

对该领域的研究工作是在缜密考虑后有条不紊地进行的。对于虔诚宗教徒所表现出来的真诚信仰，研究人员是尊重的，而且无意去影响这些人的宗教生活。对于人类思想史上曾经出现过的最危险的“雷区”就在宗教领域这一事实，研究人员也是心中有数的。正如莉莉·汤姆林曾评论过的：“人向神说话，叫做祈祷；神向人说话，叫做发疯。”

美国人中足足有一半的人宣称自己曾遇到过灵异事件，并从此被这一体验改变了生活道路。不过美国全国民意研究中心[1]的调查认为，每五个做出这种宣称的人，就有一个与《心理疾病诊断与统计手册》（第4版）[2] 对得上号，如听见上帝对他们说话、觉得自己灵魂出窍、见到了已亡故的人等。要知道，这本手册可是判断精神病的第一号参考大全。

虽然尼采所说的名言“上帝死了”得到了人们的广泛引用，但还是有许多研究人员——有的有这种或者那种宗教信仰，有的不崇信任何宗教——目前都一致认为，人们所称信的“神明”，其实就存在于大脑的神经回路之内，而且能通过科学手段让人们引发其显现，也能通过科学手段让人们更进一步地理解此种显现。知觉，特别是知觉与神明的关连，总是会将人们无法理解的事物推向神秘一端。然而，知觉无疑是在大脑区域产生的，目前已经能够得到知觉产生过程的扫描图像。将大脑成像技术与宗教学研究结合起来，即运用科学手段研究大脑处于与神明有关的知觉状态时的情况，正是神经神学的用武之地。

探讨这方面的第一部著述，是1994年劳伦斯·麦金利撰写的《神经神学：21世纪的虚拟宗教》一书。到目前为止，属于神经神学类的书籍至少已有9部问世。麦金利现为“美国正念研究所”的负责人，所址位于马萨诸塞州阿灵顿镇。他还是《新纪元杂志》的创办人之一。麦金利相信，神学与技术之间未必一定就存在矛盾。正如他在自己所著的那本书中所指出的，西传佛教这一支“虽然倚重的是神经科学而非古老的证据，但这并不是要否认乔达摩（即释迦牟尼）的偈语，也不是要抹杀其他大贤大哲的力作……我们所要做到的，无非是在当今实现了全球紧密联系的21世纪环境中，对人们的精神需求采取务实态度”。

---

① 美国全国民意研究中心（NORC）是设在芝加哥大学的一个民间研究机构。——译者

② 《心理疾病诊断与统计手册》（*The Diagnostic and Statistical Manual of Mental Disorders*），简称DSM，是由美国精神医学学会出版，在美国与其他国家中最常使用的诊断精神疾病的指导书。第4版是最新近的一版，于1994年发行。——译者

神学家布赖恩·奥尔斯顿对此有不同的见解。他最近写了一个小册子，题为《神经神学究竟为何物?》。他在文中提出一个看法，认为这个新出现的知识领域有一个根本缺陷，就是试图将人们的两个不同认知领域纳入一个范畴，而这是不可能的，其原因正如19世纪的哲学家弗里德里希·施莱尔马赫所说："科学凭知识掌握，宗教借感觉领悟。"

但这位施莱尔马赫并没能预见到，有朝一日，人们会在感觉在大脑中形成之时便看到它们。

"神经神学"这一说法，是《美妙的新世界》和《感觉之门》的作者奥尔德斯·赫胥黎在他1962年出版的最后一部小说《岛》中最先使用的。《岛》讲述的是太平洋上一个名叫"帕拉"的假想岛屿，岛上的居民很好地将传统与科学有效地揉合到了一起。岛上的统治者掌握着一本《万事大全》典籍，书中的内容与佛教大乘教派的教义很接近。作者在这本书的序言中说，在这个假想的地方，科学与技术的进步是用来为人类造福，而不是用于改变人类本身使之成为科学与技术的奴隶。

迄今为止，作者尚未见到过哪一位研究神学知识的人员，相信宇宙中的这一最基本的奥秘能很快得到揭示，或者认为将能提供传统宗教研究的替代品。不过的确有人认为，他们正接近于使人们理解作为人类存在于宇宙间的意义，甚至有可能帮助人们将生命中的美好禀性——同情心、宽宥心、仁爱心和和平心，也就是将亚伯拉罕·林肯所说的"人类天性中的天使部分"从构成上予以加强与扩大。

就目前而言，神经神学家们还没去搜寻终极问题的答案，而只是致力于发现应当探究的问题，并通过最合适的实验设计去发现它。

当然，宗教打开的是问题的宝库，里面的问题可以说是无穷无尽的。有关于上帝的，有关于灵异的，也有关于玄秘的。它们存在于每个文明、各个时代和各种信仰中。为什么会是这样呢?

如果上帝存在，是不是他将人类的大脑造成必然会相信其存在的样子？从神经学的立场上看，信仰的本性是什么？

有一个陈年老笑话是这样说的："问：精神和大脑之间有什么关系？答：精神是大脑混饭吃的事由。"

科学家们倒的确很想知道，这个笑话是不是表述了一条重要事实，即精神究竟是不是大脑的产物，也就是某种有自编程功能的软件？精神是百分之百地包纳在神经系统内的存在，还是从这个系统一直向外延伸到宇宙世界的存在，一如矿石收音机[①]或者收音机，从五官不能感受到的电磁波中搜寻信息？

有些神经神学家探索的目的，是希冀证实神明的存在。另外一些则属意于给无神论争得科学上的合法地位。神经学家詹姆斯·奥斯汀是虔诚的有神论者，而《上帝在大脑中的栖所》一书的作者马修·阿尔佩尔则是无神论者。这两位神经科学家目前都致力于研究同一个问题，即神究竟是否存在，以及如果存在，是存在于人的大脑之中，还是存在于别的什么地方。

当然，用自己的大脑研究自己的大脑，真是有些难以施展。它本身存在的局限，以及它接受与加工信息的能力，都会囿定着理解所能达到的范围与程度。尽管如此，我们仍然会踏上一条通向重大解惑的奇迹之路。功能性磁共振成像技术能使我们看到人们在试图与神明沟通时所作所为的大脑图像，而这可能是科学所能实现的最充分的研究扩展。

在这个世界上，不少人虽然并没有特定的宗教信仰，但仍然有种种与神明或者灵魂打交道的行为。也有人根本不相信任何超自然的现象。自认为是基督徒的人目前在全世界有将近 20 亿，穆斯林教徒的数目超过了 10 亿，另外还有 7.5 亿印度教徒，3 亿多佛教徒，以及为数达 1400 万以上的犹太教徒。这些数目

---

① 矿石收音机是最早出现的收音机，其没有放大功能，也不需要电池或者其他电源，而是用有检波功能的天然矿石颗粒充当二极管，在 20 世纪初期曾很流行。——译者

哪一个都不算小，它们都以巨大的权重，说明着使用神经技术探明宗教信仰之所以存在的重要性。

将来，我们有可能掌握用宗教于善的途径，而这也正是人们对宗教的期待。有些位高权重者，会将自己的所信强加于他人，因此会因对神的**本性**和神的**要求**有不同的理解而制造流血争端。当美国前总统小布什在任内宣布发动伊拉克战争时，这位大脑里负责语言的区域看来生就一付裹乱功能的人物，将美国军队形容为“十字军”，一句话就点燃了几百年前基督教徒与穆斯林教徒之间因宗教战争所留下的不和的严重火种。

宗教信仰与科学研究之间的交锋，也曾导致不少不同文化间的冲突。干细胞研究便是这一冲突在目前表现的具体例子。科学家指斥宗教极端分子阻碍医学进步，而宗教界则有人批评科学界“要扮演上帝的角色”。

存在于科学与宗教之间的紧张状态，自然绝非一日之寒。加利福尼亚综合研究学院的理查德·塔纳斯写于2006年的《宇宙与精神》一书，以雄辩的事实和大胆的笔触，回顾了伽利略和与他同处于十六七世纪的其他科学界人士所蒙受的宗教势力的智力压制和政治迫害。这些人信奉波兰学者尼古劳斯·哥白尼的理论，以及古希腊、阿拉伯国家和印度的学者们在他之先早就设想过的观念，相信地球是绕着太阳转的。哥白尼知道当时的宗教机构不会容忍他的说法，因此生前一直不敢发表这一理论。据说，宗教改革家马丁·路德在听说哥白尼的日心说理论时，曾发表评论说：“这个混球居然打算将整个天文科学弄个底儿朝天！要知道，《圣经》早就告诉我们，是约书亚[①]下令让太阳停止运动的。他可没让地球这样做呀！”

---

① 约书亚是《圣经》中记载的希伯来人的领袖。他一次率以色列人征战时，战事拖得很久，黑夜中不利他率众进攻，“约书亚就祷告耶和华，在以色列人眼前说，日头啊，你要停在基遍。月亮啊，你要止在亚雅仑谷。于是日头停留，月亮止住，直等国民向敌人报仇。”见《旧约·约书亚记》，第10章，第12～13节。——译者

哥白尼的日心说，如今自然毫无疑问地处于被承认的地位。然而在当时，它也的确触怒了人们的既定信仰，使得它的拥护者倒了霉。当时的权威们认为，天体的运动复杂得超出了人的思维所能理解的限度，因此只有一个办法，而且是一劳永逸的一个办法，那就是干脆不要考虑。

查尔斯·达尔文在大约一个半世纪前提出的进化论，使生物学得以立足于科学的根基之上。然而，直至如今，美国还有相当一大批人认为这一理论是违背宗教教义的。达尔文当年也与哥白尼一样，充分预见到自己的理论将会使自己陷入困境，因而将发表时间推迟了好几年。

2007年11月，加利福尼亚州圣巴巴拉市主办了一组题为“精神与超精神”的系列讲演。塔纳斯是其中一辑的讲演人之一，与他分在同一组的主讲人还有幽默大师、“蒙提·派森小组”成员和《非常大酒店》的编剧及主演约翰·克利兹[①]。在这次讲演中，克利兹给宗教下了他自己给出的定义，称它是“控制民众的原始形式”。在这一辑讲演的前一天，他还和塔纳斯一起来到加利福尼亚州大瑟尔地区的以撒伦学院，发表了另外一场讲演，讲说的题目似乎有搞笑的意味，是《为什么说“没戏了”》。

不过，当克利兹向塔纳斯提出自己的希望时，态度却是十分郑重的。他希望后者谈一谈，如何才能恢复当初文明处于初期阶段时受到人们重视的信念，即天下万物都是神圣宝贵的。自科学思维出现后，这一信念已日趋淡漠。克利兹显然认为，目前存在

① 约翰·克利兹（John Cleese，1939～），英国演员、作家与电影制片人。蒙提·派森小组是由包括他本人在内的6名英国演艺界人士于20世纪70年代组成的团队。他创作并主演了以一个名叫蒙提·派森（Monty Pathon）的人为题的电视喜剧系列剧，一时轰动全球，后又拍了几部类似的喜剧电影。《非常大酒店》（*Fawlty Towers*）是英国1975年的情景喜剧，其以独特风格对喜剧创作产生了很大的影响。被评为2000年英国电影学院举办的“100个最伟大英国电视节目”评选的第一名。——译者

着威胁人类继续生存的因素，从而希望以这一信念再度昭显并与之抗衡。

他们的交谈使我想到，神经神学是否有可能成为支持这一希望的强大力量，也就是说，借助科学的帮助，实现人类与神圣目标的再度连通。不过我也知道，历史上曾经出现过的这一过程是艰难崎岖的。随着神经神学不断取得进展，也随着人用自己的大脑造出的种种机器越来越多地用于研究人们自己的精神，势必会出现新的争论，而且可能会是形成燎原之势的争论；势必会出现新的仇恨，而且可能会导致睚眦必报的政治仇恨。这些弊端会以种种方式进入民众。如果想以不流血、不破坏和不压制的和平方式解决这些争端，从而减少人们的苦难，只能靠真心实意的合作。而真心实意的合作肯定不是容易实现的。

迈阿密大学的心理学与宗教学教授迈克·麦卡洛发现，科学家和神学家之间的合作是很难实现的。他们就连在诸如“宗教”和“灵性”这样的基本词语的定义上都很难取得一致。不过他也认为，一旦他们能顺利渡过这一关，就会有重大的成果在等待着他们。这两个群体的合作，或者只是不甚敌对的休战，就能够以多种方式在全球范围内创造和平和拯救生灵。比如，如果能够用神经技术使人们体会到宗教神圣感抑或通灵感，那么我们还会有什么其他情感不能掌握、不能利用的？

2007 年 10 月，一届题为“宽容、慷慨、奉献”的会议在美国克莱尔蒙特研究生院召开。这是神经科学家与神学家的一次重要聚会。麦卡洛在这届会议上做了发言。

他的发言主旨是他本人对有关宽宥、报复、感恩与宗教的认识。“贯穿我的研究工作中的一条红线，”他这样告诉听众说：“是人类道德观念的进化与道德监管体制的发展。”他以人类学研究的成果为佐证，阐明人类文明所受到的压力，是决定当时被人们视之为理想内容的要素。部族也好，民族也好，往往会将对给其带来困苦的因素进行报复这一点放到最重要的位置。处于繁荣和安全的文明，通常会严惩威胁到这一状态延续的“叛徒”。正是基于这样的原因，我们应当认为宗教——涉及价值观和理念的宗教，被人们希望能从中找到永恒真理的宗教，同时也是文化的产物。虽然人们试图要寻找的是按照自己的形象创造了人类的神明，但往往找到的是相反过程的结果，即认识到人类是按照自己的形象炮制出神明的。

美国宾夕法尼亚大学的安德鲁·纽伯格是该学府“灵性研究中心”的主任，也是《信仰的由来：解析人类对缘由、灵魂与真理的生物学需要》这一 2006 年著述的作者之一。他利用单光子发射计算机断层成像术（英文缩写为 SPECT）研究大脑已有多年。

单光子发射断层成像术是借助于大型计算机，将一系列显示大脑或其他组织的不同截面的图像结合到一起，形成三维立体形象的技术（这个词的英文 tomography 的词根 tomo-源自希腊文，意为“切割”）。纽伯格现年 41 岁，但已在单光子发射计算机断层成像领域工作了 10 年。在此期间，他一直在观测人脑在深入宗教体验时的状况。受试者中有入定的佛教徒，也有圣芳济会的修女，还有被称为能发“神呓”① 的基督教五旬节派信徒。

也不知道是机缘凑巧，还是冥冥天命，反正在纽伯格博士的研究小组里，恰恰就有一位有过“神呓”体验的女福音基督徒。她在 2006 年告诉《纽约时报》的一名记者说，她的这一能力是“天生的”[1]。当她处于神呓状态时，对自己周围的情况一直是清楚的，并觉得自己能够控制自己的行为——只是在说话这一点上例外。“这时候的感觉真爽。”她这样告诉人们：“我会进入一种

① 旧译为“说方言”，是指某些信徒突然会流利地讲某种谁也不懂的语言，而且该发声显示出一定的结构特点，并不是完全随意的发声。这被认为是这些人突然得到神的允准而有了与神沟通的特种语言的能力（尽管是暂时的）。——译者

安宁的心境，觉得真是好极了。”

纽伯格小组是最早将大脑成像技术运用于此类研究的。

神呓有两种表现形式：一种是说话时语音平和，字句也含糊不清；另一种则是精神亢奋，滔滔不绝，其结构与地球上的任何已知语言都不同，但又往往有很强的韵律感。最早关于神呓的文字记载，出现在大约一个世纪前五旬节教派的典籍中。不过在一些非洲族裔的奴隶身上，这种表现可能有更为久远的历史。这些受奴役的人生活条件通常都很恶劣，不过至少在宗教信仰方面还没太受干涉，音乐传统和跳大神仪式等非洲文化的固有方式也都得到保留。但是，当奴隶主意识到奴隶的击鼓习惯有可能被用于长距离联络，从而协调暴动计划后，这一做法就遭到了禁止。然而，黑人们通过在自己的教堂里有节奏地跺踏地板，仍使非洲文化的这一成分得以保留。

纽伯格小组研究了包括刚刚提到的那位本组成员在内的五名有神呓表现的女子的情况。这五位受试者的身体都很健康，也都经常去教堂礼拜。当她们唱赞美诗时和发神呓时，都接受了单光子发射计算机断层成像术大脑扫描。结果发现，当她们呓语时，额叶区——大脑里主要负责执行意愿、信息处理和管理监控工作的部分，相对是比较平静的。奇怪的是，与语言功能有关的区域，此时也安宁得很。维持自我意识的区域在此过程中一直是活跃的。有一个重要部位出现了活跃程度减低的情况，而它是控制运动和激情的。发生这种情况的原因，可能正是这个区域的松弛，让这些女士们实实在在地松而弛之，这便让她们躲开了社会环境为其宥定的“举止得体”的限制，但同时又博得了宗教界教友圈子出于某种考虑的赞许。

这便引来了一个重要的问题：科学和宗教是不是注定了非要彼此冲突不可？它们看待事物的方式从根本上讲是不同的，不过，在它们之间仍然能够找出相对不那么势同水火的地方。纽伯格小组对神呓女士进行扫描，与她们认为自己得到的为上帝代言的体验，这两者之间并不是矛盾的。前者只是在后者有宗教体验的过程中，搜集其大脑中发生的某些生物学事实——某些部位的血流增多或者减少。因此，这两者并不是非此即彼的存在，而是描述同一体验的两个不同然而并不冲突的方式。

对入定佛教徒和圣芳济会修女的成像结果表明，当这些人在进行灵修实践时，大脑的状态与进入神呓状态的人有着明显的不同。前两者大脑的额叶区显示出受激，而这是精神集中的典型迹象。而在大脑的另外一个部位，也就是来自感官的输入信息被综合到一起，以使人们更好地感到自身的独立存在，并与环境有效地协调一致的地方，活动程度会降低不少。纽伯格认为，这种下降可以使正在入定或祷告的人产生一种感觉，那就是肉体与行为融合为一，进入一种感觉到更高存在的状态。

纽伯格小组的这一发现，与心理学家兼生物反馈专家莱斯·费赫米得出的结论是一致的。这位与吉姆·罗宾斯合作，并于2007年写出《打开大脑的视界》一书的费赫米博士，研究的是如何使脑电波同步，使大脑全面产生α波，其与宗教本是全然无涉的。他使用的研究方法之一，是用语言引导受试者进入入定状态，要求其意守某处。这个某处，可能是自己身体的某个部位，可能是身体内的某个空腔，也可能是身体之外的某处空间——也许近在眼前，也许远在天边。例如，受试者可能会听到指示，要求其保持沉静，一心专注于自己的两个拇指；数分钟过后，再要求其将注意力集中到两根食指上；再过片刻，则是将注意力转移到拇指与食指间的空虚之处。研究人员以这一过程为基本模式，引导受试者意守其他体内或体外的空间。

费赫米所确立的研究方法，是建立在他的这样一个信念之上的，就是文化熏陶的结果，往往是造就出注意面过于狭窄的人，结果导致了精神的僵化，一如绷紧时间过长的肌肉。拓展注意范围的目的，是保持大脑在精神放松状态下的积极活动。费赫米小组迄今还不曾引入功能性磁共振成像技术，不过已经用多传感器式头箍对大脑进行了脑电同步状态的全面测量。当受试者的大脑处于发出 α 波的状态，表明大脑处于放松但又不失其注意力的状态时，测试仪器就会发出轻微的呜响。受试者可以借助在自己大脑里复现同样的“呜响”声的做法，延长 α 波状态的持续时间。

一位曾接受过这一训练的受试者告诉我说，这种训练是分期进行的，每次持续半个小时。在他接受第三次训练时，测量仪器表明他的大脑几乎一直处于发射 α 波的状态。据费赫米讲，许多接受这一“打开大脑视界”训练的人，都自述产生过“灵魂出窍”或者“超然物外”的体验，即置身于自己肉体之外或者时间之外的感觉。这种感觉其实与接受纽伯格小组测试的吐纳修炼者的情况是相仿的，只不过一个用了宗教词语，而另一个没有使用而已。如果在“打开大脑视界”研究中也能使用功能性磁共振成像技术，观察受试者在训练过程中大脑区域进入和退出受激状态的情况，一定会得到非常有意思的结果。

接受纽伯格小组测试的那几位修女，大脑语言区都表现得很活跃。这是很自然的现象，因为她们的静修方式是深深沉浸在祈祷中，而祈祷是使用语言的。佛教徒在吐纳时，意念则集中在视觉形体上，这就导致他们的视觉中心格外活跃。

与纽伯格小组类似的研究，也在蒙特利尔大学以马里奥·博勒加德博士为首的研究队伍中开展着。他们是以天主教圣衣会的修女为研究对象的。这个小组使用了功能性磁共振成像技术，对15名年龄为23～64岁的遁世隐居的修女进行了大脑扫描。不过，这些修女们并不能随心所欲地产生宗教感觉，因此这一点并没有成为实验内容。他们实验的，是过去曾出现过的一种神秘体验。扫描结果表明，在产生这种体验时，大脑中有10多个区域出现反应。

有这样一位科学家，对于她来说，大脑区域的进入和退出受激状态，并不是为了进行实验而制造出来的内容，而是实际发生的一次重大事件的中心。这位科学家就是吉尔·博尔特·泰勒女士。她在2008年问世的《中风赐我以真知》一书中告诉人们，1996年一天早上突然降临到她头上的中风，使得她的大脑左半部突然丧失了功能。

中风发生时，她只有37岁，正在哈佛大学从事有关生命科学的研究。一天早上起床后，正要准备开始工作时，她大脑里的一根血管破裂了。她的脑区里积了血，导致严重疼痛，左半部大脑也无法发挥功能。

大体说来，人的大脑的左半部，主要负责生命活动中理性的与分析性的内容，而右半部大脑则是分管情绪、创造和直觉能力的部分。在目前的文化环境下，左脑活动是占优势地位的。泰勒是能够用科学语言对自己的这一体验细述的。而她的叙述表明，可能正是左脑的优势地位，影响了人们对幸福的体验能力。

据泰勒本人所言，在经受了中风所带来的最初痛苦后，她体验到了一种自由感，觉得自己的精神似乎已从肉体中脱颖而出。她不再考虑种种生活中的琐碎内容，忙碌感也消失了，留下来的只有一种深深的解脱感，一种她后来称之为“大自在”的感觉。这时，她可以说是处于只靠右脑存活的状态中。

事隔十几年后，她又重返学术界，不过不是在哈佛大学从事研究工作，而是去印第安纳大学医学院教书。她特别注意保持自己右脑的积极活动功能。她自称已经有能力在觉得左脑会干扰自己的满足感时，阻断左脑的思维。不过，她并没有使自己停留在这样一种有幸福感然而又无所作为的状态。她经过努力，恢复了左脑的功能，为的是让人们知道，保持平静与祥和的感觉是可以做到的。

2008年2月，泰勒在著名的TED大会——技术、娱乐、设计大会①上发表了讲演。据《纽约时报》报道，有200万人次通过这一大会的网站点击了她的这一讲演的网页。直到现在，每天进入该网页的人次数也仍达2万上下[2]。《时代杂志》将她推举为全世界最有影响的100位人物之一。著名的脱口秀节目主持人奥普拉·温弗里也将对她的访谈放入自己的网站中。泰勒女士在她这本书出版之际接受《泰晤士报》记者采访时说："'大自在'是一种体验状态，它无疑是美好的，而且也是人们能够体验到的。"

从生物进化的观点看，大脑有两项主要职能：一是自我保全；二是自我超越。对这两项功能，这里需要解释一下：为了能够生存，必要的自私是不可或缺的。然而，这就给大脑带来一个困难，使之陷入自我限制甚至自我敌对的处境。伊斯拉埃尔·赞格维尔②是在1908年以话剧《大熔炉》表现出美国最明显特色的作家。他所说过的一句话，很能体现出大脑的这两个对立的功能："自私是唯一地道的无神观念，而希望和无私是唯一合格的宗教。"

纽伯格有一句隽语：上帝不会离开人间——因为人们不肯放他走。他相信宗教之所以出现，是因为人们需要一种用以使大脑的双重职能得以保持平衡的工具，通过种种宗教仪式，间或也通过一些难以名状的体验，令人们不致忘记更广大的前景。自私固然会有助于人们在这个世界上立足。然而，自私过了头，反而会使人自作自受。讽刺作家安布罗斯·比尔斯③给"独自"所下的

---

① TED大会是目前最有影响的国际性大会，由美国的一家同名非营利机构发起和组织。首届会议于1984年召开，其发起人是美国人里查德·沃尔曼（Richard Wurman，1935～），其宗旨是通过传播优秀思想改变人们世界的看法和反思自己的行为。——译者

② 伊斯拉埃尔·赞格维尔（Israel Zangwill，1864～1926），英国作家。——译者

③ 安布罗斯·比尔斯（Ambrose Bierce，1842～1914），美国文人。书中的这句话是他的代表作《魔鬼词典》（*The Devil's Dictionary*）中一个词条的内容。——译者

定义是“与坏伙伴为伍”，大概就是这个道理。

信奉进化论的生物学家，对生命体发生变化的原因非常关注。社会文化便是促成变化的原因之一。作为社会文化的部分内容的宗教信仰，其作用更是格外受到关注。这些人提出一个理论，认为对大脑中发生情况的研究，看来可能会证实一点，那就是进化的结果有时会有利于愿意与他人合作的个人，而宗教可能就是这一趋势的延伸。

纽伯格在1999年有著述《神秘的思想：宗教体验的生物学探讨》问世。这本书是他与宾夕法尼亚大学的同事、已故的尤金·达奎利共同撰写的。他们在该书中提出一个看法，认为宗教体验与宗教行为的发展，是建立在两种神经心理学机制之上的。在探讨这两种机制时，纽伯格和达奎利定义了两种各自执行一个特定功能的大脑区域网络，分别以“因果算子”和“整体算子”称之。因果算子只考虑当前情势，注意的是由此及彼的直接关联；整体算子则有长远眼光，提供了在种种不同的设想中进行选择的可能。借助于两种算子的概念，人们那些不断地游走于极端自私和十分利他这两种极端情况之间的表现就得到了解释。

达奎利和纽伯格认为，人的知觉状态一直会处在由两个边限囿定的一个连续范围之内，一个边限是底线态，即只根据眼前的感觉考虑下一步，对于另外一个边限，他们以“浑一态”记之，简写成AUB，即“absolute unitary being”。当人们的知觉处于浑一态时，就会完全意识不到个体在时空中的存在，从而一切都表现得一统而无限。体验过这种浑一态的人，即便是受过高等教育的和倾向于唯物主义的，也都在经历过这种神秘的天人合一的体验后，觉得这种既无我又无时的状态，来得比另一端的底线现实更“真实”。不过，达奎利和纽伯格本人并没有具体而微地给出自己认为这个连续知觉范围内的最佳位置，只是指出每一种状态都有其真实的方面，也都以自己的方式使人顺应生活环境。

这套说法中存在一个根本的疑点，就是是否存在着一种全然与物质存在无关的至福感。也就是说，是否存在着一种只能认为是造物者赐予的独立感觉。纽伯格做着苦脸承认，他曾得到过一个最奇特的扫描结果，就是对一个沉浸于宗教体验中的受试者进行测试，却没有察觉到受试者大脑中有任何受激带来的变化。对于这一现象，从纯粹科学的角度简直是无法解释的。

对此我们需要实验的支持。如果得不到通过神经技术在大脑中记录到的证据，沉浸于宗教体验时会有至福感觉的自述是不足为凭的。

大脑受到激励和产生宗教体验，这两者间还有另外值得注意的联系。人们在享受到其他种类的至福感时，也会与宗教联系起来。喜剧演员富兰克林·阿雅伊[①]在一场漫谈式的出色表演中所说的一则笑话，正反映出这样的事实：上帝在命令天使造第一对人时，一再嘱咐给这两个原人的生殖器上增加神经末稍。当有的天使表示不解，请示原因时，上帝揭示了谜底："这样一来，他们在男欢女爱时，就会连连呼唤我啦！"

大脑是能效很高的机体。它保持这一特点的招数之一，就是将类似的功能放在共同的区域里执行。至福感可以通过几种类型不同的激励产生，而且达到的程度也不相同，从中度到强烈不等。运动员也好，教练也好，无论是业余的还是职业的，也不管是参加什么种类的比赛，都甘愿为赢得胜利付出巨大的肉体和精神方面的代价。胜利给他们带来的收获之一，是事后的强烈振奋和持久的精神满足。而且，这样的感觉往往会压倒对金钱收获的渴望。干过一段时间的无隶属职业球员和教练，在有几个球队争相延聘时，往往会宁可少挣一大笔收入，也愿意加盟有可能靠公平竞争胜出的队伍。而一旦实现后，这些球员和教练都很少会为

---

① 富兰克林·阿雅伊（Franklyn Ajaye，1949～），美国-澳大利亚清口滑稽演员。——译者

收入的不抵觉得后悔。

这种意愿虽然并不能解开产生超脱感和玄妙感的秘密，但至少将人们的意识之窗开得更大了一些。大家都知道，宗教感和探求生命意义的意愿，是人们所普遍具备的，甚至是人人都有的。世界上存在着形形色色的宗教行为和灵修活动，如果能从中归纳出若干类似的过程，又发现它们给大脑以相似的激励方式，就能相信宗教中的种种超脱感都是殊途同归的，如此一来，对于存在于不同文明之间的差异，大概就会比较容易接受了。威廉·詹姆斯[①]以他在格拉斯哥大学教书的讲义为基础，于 1902 年写了《宗教经验之种种》一书。书中有这样一句话："神圣不会只指单一的德性，必定是指一大批的德性，不同的人更迭地促进不同的德性，可以通通找到好的使命。"[②]

对于种种多神教，看来可以认为它们的体系无非都是各自以一群神祇代表一批德性。在基督教传播到夏威夷之前，当地原住民的宗教信仰是一种多神教，而每一位神祇都有雄雌两种显形。有一位名叫奥朴尼·伊沃拉的夏威夷人，祖上近 200 年来世代相传，都在当地担任"卡胡纳"（一种以神职为部分职责的角色，也可理解为"专家"）职司，他本人目前也担任着这一职务。据他说，在他们的宗教中，原来也存在过一位全能的神明，不过目前已经鲜为人知，难得提起了。神经科学很可能会在将来证明，世界上的所有宗教，其实是有许多相通之处的。证明这一点，将有助于不同宗教信仰的人之间充分宽容。

癫痫症是一种会使大脑中出现激烈反应的疾病，这使它成为进入神经神学的研究门户之一。据估计，全世界大约有 5000 万人受这种病症的搅扰。有些童年时得了该病的人日后会痊愈，但

---

① 威廉·詹姆斯（William James，1842～1910），美国哲学家与心理学家，实用主义的主要代表。——译者

② 《宗教经验之种种》中译本，唐钺译，商务印书馆，2009 年。——译者

也有一些可能一生都无法摆脱。自从这种病症得到医学记载时起，人们就将它与种种宗教体验联系到了一起——上至无比愉悦的，下至可怕之极的。这使人们相信，癫痫症病人在发病时，会掌握冥冥之中的神秘力量，因而癫痫症也被人们冠以“圣之病”的别称。

1836 年，英国一位 9 岁的小女孩海伦·怀特在从学校回家的路上，被一个比她大的女孩子追撵。她在奔跑途中回头察看对方远近时不慎摔倒，鼻子撞到一块石头上，失去了知觉。她一连昏迷了三个星期。当她终于醒来后，竟认为自己的脸已经变了形。从此，她再也没有回学校读书，人的性格也变了。八年后，她又产生了幻视的感觉，面部表情有时会突然改变，双眼上翻，显然对周围发生的事情毫无感觉。有时候，她又会针对某种情况做出某个动作或摆出某个姿势，并会一直做下去，意识不到已经不需要继续这样做了。研究人员认为，这些症状表明，可能她患有颞叶区癫痫症。不过，就是这位怀特女士，写下了长达 10 万页的文字，都是关于自己的信念的，并因此成为“基督复临安息日会”[①] 这一组织的创建人之一。

大多数基督复临安息日会的信徒不相信怀特是得了癫痫症，而坚持认为她是感受到了一场与神直接接触的体验。从科学角度看，癫痫症无非就是疾病中的一种，是大脑回路因电负荷超载而导致行为改变的结果。不过科学家也在研究中注意到，癫痫症和宗教之间的确存在着一种奇特的联系。纽约大学附属医院有一个以托马斯·海腾医生为首的医学小组，据该小组在美国神经学会 2002 年年会上发表的一份报告说，他们向 91 名癫痫症病人开展过有关灵性和宗教信仰的调查，所问问题来自一份标准化的调查

① 与基督教有关的一个非主流组织，1863 年成立于美国，现已发展成为一全球性组织。因其遵守犹太历和基督教传统历法中每一周的第七天（即星期六）为安息日和预言出耶稣基督即将再临的日期而得名。——译者

表。结果表明，在诸如产生上帝亲临的感觉、内心出现平静如水的体验、惊叹生命与世界之美与爱等与宗教体验相关的问题上，这些人中做出肯定回答的比例高过平均值。在涉及信仰诚笃程度和价值观的衡量方面，这些人的得分也比较高。

挪威科学技术大学的两位神经学教授：阿施海姆·汉森博士和艾勒特·布罗特科布博士，在一份发表于 2003 年的研究报告中指出，他们在对 11 名表现特别的癫痫症病人进行检查时发现，这些人都自述会体验到无法用语言描述的情色欲、迷幻觉、宗教感、通灵感，以及其他多种意识。在这些人中，有 8 人表示希望继续能通过癫痫发作产生这些体验，5 人能够自我诱发此类发作，还有 4 人有意不配合治疗，以使自己保持特殊体验渠道的继续畅通。[3]

就在十几年前，有关癫痫症和灵性的报道曾一度热闹了一阵子，说什么研究人员发现了“上帝模块”，即大脑中的一个与宗教体验有关的区域。这样的报道未免言过其实。被报道的研究人员是以维拉亚努尔·苏布拉马尼亚姆·拉马钱德兰为首的一个小组。他们只是强调说，自己得到的结果是初步的，能否证实还有待于后续工作。报告中是这样说的：“大脑的颞叶区中可能存在一个与宗教有关的神经结构，它的存在可能是应维持社会秩序与稳定的需要而进化形成的。”

这些研究人员自己从来不曾用到什么“上帝模块”的说词。不过，他们的这一设想是很值得注意的。于是，媒体系统的“轰动模块”便被这个臆想所激动。以后进行的实验一直表明，大脑中与宗教体验有联系的区域有若干处，它们对同一体验的受激程度各不相同，还会形成不同的体验组合，具体方式与多个变数有关。

拉马钱德兰小组针对一批在发病时会同时产生宗教幸福感的癫痫症病人进行了研究。结果发现，病人自述的种种有关灵性的神秘体验和强烈的虔信态度，都与大脑中位于耳部上方的一个叫做颞叶区部位的癫痫发作有关。根据这一发现，人们提出了一种理论，认为此种体验是这一部位的神经受到过度电刺激的结果。事实上该研究小组发现，如果对颞叶区施加适当的电击，有些受试者会产生超自然“存在”的感觉。对此，拉马钱德兰的猜想是边缘系统——大脑内位于较深部分的负责情绪与情绪记忆的构造——扮演了重要角色，即在发生癫痫时产生的电信号，促成了颞叶区与作为情绪中心的边缘系统的较强联结，而宗教体验可能就是这一联结的结果。

大脑内并不存在某一个单一的“神区”，对此，科学界其实并不觉得失望，反而认为这更支持了宗教与灵性对大脑的重要性。凡是特别重要的功能，如音乐和语言等，都会涉及大脑的多个区域，由它们将各自收集到的信息以一定的方式综合起来，帮助大脑的主人理解体验。实现了这样的分散策略，即便大脑的某一部位受到损伤，也不致导致整个系统失灵，有些行为甚至不会受到什么影响。假如只存在一个“神区”，那么一旦这个部位受到损伤，宗教——这个自远古时期以来被人类视为无比重要的意识，就会遭到连根拔除的下场。

根据拉马钱德兰小组有关电脉冲对大脑作用的发现，医学界研发了在大脑深处植入电极，通过电脉冲刺激治疗癫痫发作的医案。据《纽约时报》2006年10月的一篇报道，有一名妇女在接受以这种方式进行的中度电脉冲刺激时，产生了知觉离开躯体、飘浮在天花板处向下俯瞰的意识[4]。这仍然是多年流传的“灵魂出窍术”的一次重现。还有一名女病人，会在受到电刺激时，觉得有人站在身后，妨碍自己的身体运动。苏黎士大学医院神经心理科的彼得·布鲁格医生认为：“研究表明，人的知觉可以脱离人体、以‘灵魂出窍’方式成为类似幽灵的独立存在。这种知觉还可以在人的躯体所占据的空间之外的地方感受到，就如同感觉到实物一样。”

在加拿大安大略省的劳伦森大学，以迈克尔·波辛格博士为首的行为神经科学研究项目小组，也从20世纪70年代末，也就是功能性磁共振成像技术尚未得到开发时起，一直进行着类似的研究。他们的研究目的，是要在化学、心理学和生物学这几个领域中找到共同的踏点。这在当时是居于领先地位的。

波辛格小组的实验内容，是向大脑的三个重要区域输入低强度的电脉冲。他们使用的设备有个诨名，叫“上帝头盔”。将它套在受试者头上，向脑部输入电磁波，电磁波的波形复现了癫痫症病人发病产生宗教体验时所发出的脑电波波形：有产生幻觉时的，有目睹异象时的，有感受到“灵魂出窍”时的，有体验到神圣感时的。“上帝头盔”是亮黄色的，外观上很像是俄勒冈大学“鸭子美式足球队”队员佩戴的头盔，与“格林贝包装工橄榄球队”的头盔也颇为相近。它向受试者大脑不断输入上述有几种特性的电脉冲。

值得注意的是，波辛格小组在要求受试者戴上“上帝头盔”接受电脉冲前，先让他们接受一项心理问答测试，以了解这些人大脑颞叶区感受刺激的敏感程度。当著名的无神论者、《上帝的迷思》一书的作者理查德·道金斯[①]戴上“上帝头盔”接受测试时，产生的体验只是头痛。波辛格随后发现，道金斯的颞叶区的敏感度很特殊，由此造成他很低的感受阈值。这很可能表明，波辛格近年来已经发现了标指信奉无神论程度的神经生物学标准。反过来说就是，如果大脑颞叶区的敏感程度很高，信奉某种宗教的可能性就较大。

也许再过几年，人们就能在某些设备的辅助下，轻而易举地进入神秘的精神状态，再无须经年的吐纳修炼或祷告颂经。重要

① 理查德·道金斯（Richard Dawkins，1941～），英国生物学家。他最著名的著述为《自私的基因》（1976年）。两书均有中译本。——译者

的并不是获得种种神秘的体验，而是其后可能产生的持续后果：更好地摒绝抑郁症，更高的生物免疫力，更积极的生活态度等。

事实上，人们已经从研究中得知，从事与宗教和通灵有关的修炼，会有直接的健康效益。威廉·詹姆斯在年轻时曾受厄于抑郁症，他后来这样告诉人们："相信生活是值得体验的，就会有助于去实际体验它。"有一种观点认为，吐纳等修炼会逐渐增加对与精神紧张有关的疾病的抵抗力。詹姆斯的这一观点，与这一信念是不谋而合的。吐纳修炼会降低血压、减缓脉搏、减少焦虑、抵抗忧郁，这些都是不争的事实。科学家目前所持的看法，是佛教徒们长期相信的有关这些作用的说法的确正确。人们体内的控制是分若干"档"的；抑郁症也好，焦虑症也好，有些人定档在低位，有些人则定档在高位。吐纳实践，就相当于请技师来调一调档位，使身体达到功能更适当的位置上。

取得过宗教学博士学位，还对藏传佛教很有研究的艾伦·华莱士，目前是圣巴巴拉感知研究所的所长。笔者曾听过他的讲学。有人在听讲时向他发问道："你可曾体验过醍醐灌顶、豁然解悟的感觉?"

"没有。"华莱士回答说："不过在我身上也发生了许多改变。我很高兴能逐渐摆脱了自己原有的不少倾向。"精神病专家、原美国国际内科医师学院院长伊丽莎白·加西亚·格雷女士，也曾将吐纳比喻为"如同对计算机进行整理碎片操作"。

有些灵修手段未必能得到人们的广泛认可。在宗教仪式中使用改变精神状态的药物，是长期存在于许多宗教体系中的事实。有此类作用的药物，既能造成忘形的欢愉，也能导致极度的恐惧。古老的文化中至今还保留着引导人们克服或者避免困境从而得到精神收获的大量知识，然而却已不见于现今的文化。

使用药物改变精神状态是个严重问题。不过，从这一实践的某些环节，人们也可能发现解决这个问题的线索。滥用毒品或许也是企图通往精神超越状态，只是方法严重不当而已。神经神学将研究种种会造成精神状态改变的药物，了解它们导致宗教体验的原因，从而取得既能消除使用这些药物的危险，又会得到神妙体验的重大成果。一旦成为事实，成瘾这个严重的社会问题就会渐渐化解为小事一桩。

美国约翰·霍普金斯大学的罗兰·格里菲斯教授，曾在2006年发表过一份研究报告。在这项有60名对宗教体验和/或灵修体验有兴趣的志愿者参加的研究中，受试者都接受了某种药物——有人是二甲-4-羟色胺磷酸（又称裸盖菇素，会造成心理状态的改变），有人是“利他林”（一种用于患有注意缺陷异常症的病人，使之提高注意力的中枢性兴奋药物）。受试者先在8小时内服用某一种药物，事隔60天后再服用下一轮药物。研究人员并不让这些受试者知道自己接受的是哪一种药物，只是要求他们细述马上服用后和事后很长一段时间内的感觉。在接受了二甲-4-羟色胺磷酸的一部分受试者中，表示得到了自己一生中最了不起的灵异体验的人有10人，认为可以列入了不起的灵异体验前5名的有20人，自述得到了“全面神秘”体验的超过了半数。他们描述的具体内容，与不服用任何药物而产生神秘体验的人所述的内容几乎如出一辙。至于接受“利他林”影响的受试者，则没有人表示产生任何神秘体验。

凡是与宗教和中枢神经促进药物同时打交道的人，都是特别谨慎的。格里菲斯也不例外。他很明白，宗教领域有如一个布雷区，而中枢神经促进药物就像是触发式爆炸装置，动辄便会引起激烈争议，在涉及神是否存在的问题上更是如此。他和同仁们一起在《精神药理学》杂志上发表文章说：“这一工作不可能向这一方向进行，也不应该向这一方向进行。”不过，他们也同时强调指出：“在确定的条件下，在认真进行充分准备后，人们能够以安全和相当可靠的方式获得最根本的神秘体验，从而发生正面的积极改变。这只是最初的一步。我们希望将来有更大的积累，并用它们来帮助人们。”

拉马钱德兰从与镜像触感联感——第六章中曾提到过这一现象——有关的神经元的发现上看到了希望。所有的人都生有这种镜像神经元。拉马钱德兰认为它们是“了解人类感知与行动的关键。”

“镜像神经元的功能听起来真像是科幻故事。”他这样与人们分享自己的知识：“当我触摸你时，你的神经元会受到刺激；而当我触摸别人时，你的这些镜像神经元也同样会受到刺激。其实，当我去触摸别人时，你并没有受到触摸。我很想知道这是什么原因造成的。”

“据我看是这个道理：你自己皮肤下的神经末梢会告诉你大脑中并非镜像神经元的触觉神经说：‘注意啦，我并没有被人触摸呀。’这样一来，这一信息就会否决镜像神经元输出的信息。”

“不过，有些输出信息自然依旧会传输出去，使你产生同样的感觉——‘他受到触摸的情况，同我自己受到触摸时的情况是相同的嘿！’”

拉马钱德兰由此想到去研究截肢病人的体验。这些病人有的失去了上肢，有的没有了下肢，因此相应部位上是不存在皮肤触觉神经末梢的。“可是怪乎哉也，说起来真像是《X档案》[①] 中的情节。”他说道：“当你去触摸别人，这些人会产生自己已经失去了的肢体上受到触摸的感觉；你去摸挲别人，他们会觉得自己那条并不存在的肢体受到了摸挲；你去捅一下别人，他们会认为自己已经不见了的胳臂或者大腿同样被捅了一下。你看，这里涉及一种神经元，一种能够移走你和别人之间阻隔的构体。它们会在

---

① 《X档案》(*The X-Files*) 是美国20世纪90年代的电视科幻电视系列剧，前后共播出202集，2008年电视版结束后又拍摄了一部同名电影。男女主角分别为心理学博士和医学博士，内容多涉及神秘、灵异等科学和常理很难解释的“超自然”情节。——译者

涉及情绪和肉体痛苦时将你和他人联系起来。我将这种神经元称为‘甘地神经元’。在我看来，它们的存在对社会来说实在是重要之极，在当今这个充斥着恐怖主义和战争的时代更是无出其右。”

实现对“甘地神经元”和镜像神经元的了解，可能会成为了解社会移情作用的关键，而实现社会移情作用，有可能会化解存在于社会中的种种隔阂与龃龉，实现大同乃是世界上多数宗教，或者是全部宗教的宗旨。“四海之内皆兄弟”乃是多数宗教的主张。

拉马钱德兰认为，“甘地神经元”可能会对精神病的治疗发挥作用。抑郁症病人最可怕的感觉，就是被孤独感所笼罩而无法自拔。在这种状态下，病人只会想到自己的困厄，很难再为他人着想。如果能够增强他们与别人的感情联系，将会发挥强大的治疗效果。

“我们应当加强对诸如亚甲二氧甲基苯丙胺①等药物的研究。我一直认为，此类有强烈兴奋作用的物质会增强移情作用。不过，此类药物存在其他副作用，对此显然应当通过分子重构去除。这样，它们就可能用做移情剂，通过影响产生移情作用的镜像神经元，帮助人们更好地沟通情感。也就是说，从这样的研究出发，实现对神经施加药物影响或其他作用的方式，将人们带入精神上更有益的健康状态。此外，我们还可能找到别的更直接的途径，让人们表现出更强的移情性。”

就在同拉马钱德兰的谈话接近尾声时，我突然想到了一件奇事。它每个周末都会在旧金山市离我家约三英里远的地方发生。到那里的教堂做礼拜的人们，将宗教仪式变成了热烈的爵士乐半即兴演出。已故萨克管大师约翰·克特兰在这里的表演，曾引起了在场者宗教般的感觉，使他得到了有如圣徒的尊崇。

① 亚甲二氧甲基苯丙胺，俗称“忘我丸”、“快乐丸”等，是“摇头丸”的主要成分。——译者

约翰·克特兰最闻名的作品是1964年的爵士乐五重奏《至高无上的爱》。这部无比和谐的乐曲一出，几乎立即便被爵士乐爱好者一致推举为最伟大的爵士乐作品。它由四部分组成，分别得名为“承认”、“决意”、“追求”和“赞美”。在这座教堂里，人们不将它称为音乐作品，而是以“论文”称之，还在互联网上发表博客说：“我们感谢上帝，将他的意旨借此天籁之声赐予我等。而世人幸得领悟之声，便来自神秘的人间过客、得到‘拉摩·奥内达鲁斯’[①] 尊称的圣约翰。”

这一情况之所以引起我的注意，是因为来这个教堂做礼拜的教众，是通过音乐感悟宗教的。听我谈起此事，拉马钱德兰马上觉得自己摸索了多年的一个问题突然受到了启发：“对于这个现象，我们目前无法理解，不过我相信，音乐也好，视觉艺术也好，都能将人们领上神明存在的超感层面。人与宗教的融合，就是在这个层面上发生的。”

当我们深入探讨神经社会这个端倪已现的事物的前景时，自然会预见到神经科学将对生活在这颗星球上的数十亿人的宗教生活和精神世界产生诸多冲击。种种既能制造“灵魂出窍”体验和“通灵”感觉，使用又很安全的药物和仪器的出现，必定会为部分一心想跨出人世间向外打交道的人所大力使用，也会促成实时功能性磁共振成像技术等神经反馈技术的进一步改进，以使人们早日跨过认识自我的疆界，获得更高层次的体验。一旦得以实现，凭借这样的技术，人们便会得到通向此种神妙无比精神状态的可视向导，一如手中有了指示未知地点的路线图。

在世界范围内，随着人们通过神经神学途径对种种信仰进行

① 《拉摩·奥内达鲁斯》是约翰·克特兰死后，他的妻子所创作的一首纪念他的爵士乐曲曲名。圣约翰是基督教史上最有名的圣徒，为耶稣的十二门徒之一。约翰·克特兰因受音乐迷推崇，本人又名约翰，故也得此誉称。拉摩·奥内达鲁斯这一名称并无实际意义，是他妻子为表示亡夫并非人世间的普通人而杜撰的一个古怪名字。——译者

宗教学的、灵学的和神秘学的探求，不同民族、不同种族的人们都具有诸如公平理念和同情心等共同道德意识的原因也会得到解释。这些所有人都具有的共同底线一旦为人们理解，便会为当今这个宗教纷争日益加剧的社会，提供共同人性的一线希望之光。展望将来，神经技术将显著改变人类对信仰、脱离肉体的纯精神存在，以及建立在这种纯精神存在之上的文化体系等事物的认识，并直接向许多宗教传统的特定内容提出挑战。这样一来，原有的传统必然会改变，而食古不化、仍拘泥于形成于神经科学出现之前的信条的人，将会陷入越发僵化而无法自拔的悲惨境地。

哥白尼当年提出的日心说，如今已然被奉为真理。神经革命也将用有关精神的新观念，永远地重新塑造人类对自身在宇宙中的地位和作用的认识。固然，要看到这一认识全面发挥作用，尚有待于漫漫来日。不过这一重新塑造的过程已经细雨润物般地开始了。

Chapter 8 用神经武器开战

> 军备竞赛建立在对技术的乐观和对人性的悲观上。它的出发点是科学能力的无限和人性恶的无限。
>
> ——伊西多·斯通①

> 上帝将审判恐怖分子，而我们就负责安排这一审讯。
>
> ——美国海军陆战队车辆上所贴警句

① 伊西多·斯通（Isidor Stone，1907～1989），美国独立报人。——译者

我们下面要谈到的，是嬉皮士时代的加利福尼亚州，谈一谈当时流行的音乐，给素昧平生的人送上一朵花[①]，焚燃香料等。不过在谈及此等与神经科学有关，也与备战意识有关的反文化潮流爆发之前，最好还是先回顾几个历史断面，以便更好地认清战事与神经科学必定会在将来相互作用的道理。

有一首活泼的儿童歌谣，许多孩子都会唱。它的名字叫《伦敦桥，塌掉了》，歌词大意是说北欧海盗入侵英国，在与海盗交火的战斗中，泰晤士河上的一座大桥遭到破坏。这些海盗以其拥有的精良造船技术，使英格兰、爱尔兰和苏格兰许多地方的民众闻之色变。他们的船只船身低矮狭长、体轻灵便，吃水很浅，又能双向行驶而无须掉头，因此不但能在风浪中迅速行驶，而且容易登陆和实现隐蔽。海盗们可以先用油布罩住船身，自己藏身在

① 参看本章后文对“花儿有力量”的译注。——译者

隐蔽物下，然后进入海域。一俟天黑，他们便将船划到岸边，然后拖上陆地，继之发起闪电战，飞快地劫掠一番后再返回大海，其迅雷不及掩耳之势，往往使当地人几乎来不及反应。

除了抢东西，海盗们往往还会干其他勾当，比如——不妨用词文雅些——留下自己的基因。如今在英伦三岛上还会见到的肤色较浅的白种人，就是当年他们在此留种的证据。

欧洲各大陆国家也因战事的需要纷纷取得技术突破，有的技术用于骑兵，有的用于步兵。接下来，又有些沿海国家造出了比北欧海盗船更大的战船，上面还装备有大炮。于是，拥有最强大战船的国家就成了海上霸主。再往后，则是一样接一样利于战事的技术问世：铁路、汽车、飞艇、飞机、无线电、人造卫星、重型火器，乃至新近问世的、能够楔进敌人抽屉里爆炸的精确打击武器。

如今，这一战线更是开进了人们的中枢神经系统，而这个系统是与神经技术密切相关的。对于这个系统，先进的神经技术既能改善它，也可以破坏它。在这一领域中，人们已经探索了几十年，也目睹了神经科学的研究成果作为重要因素之一给文化带来的巨大影响。

1965 年春的一天，加利福尼亚州的帕洛阿尔托市阳光明媚，斯坦福大学的一群学生正随着摇滚音乐兴奋起舞，“巫师迷幻乐队”的乐队正在学生会建筑的屋顶上，为学生们进行现场演奏。

“巫师迷幻乐队”第一吉他手弹奏出一长串珠落玉盘的音符，让这个乐队的粉丝们听得如醉如痴。他在吉他上发出的嘈嘈急音，按照后来小说家肯·克西[①]的形容，有如蛇在木柴垛里穿过，听起来很有催眠效果。这使他获得了“迷幻大师”的绰号。

“巫师迷幻乐队”这个名称真是名副其实。其实，它最初成

① 肯·克西（Ken Kesey，1935～2001），美国作家，20 世纪 50～60 年代出现在美国的反文化思潮的代表人物之一。最有影响的作品是后文提到的小说《飞越疯人院》（有中译本）。——译者

立时只有不多的几个人，起了个名字叫“麦克里大妈吹埙队”，在一家小书店里吹奏民间小调。成立不到一年，它就发生了脱胎换骨的变化，改名为“涌泉之谢”，成了克西所组织的聚会上的专门乐队。据说，这一巨大的改变，是由于他们摄食了一种会制造神秘幻觉和灵异体验的物质二甲基色胺。而克西所组织的聚会，也因参与者在一起吸食致幻剂而声名不佳。

克西在1962年出了一本名为《飞越疯人院》的小说，书中有大量对精神药物作用的描写。他自己是很有精神药理学体验的，曾摄用过二甲基色胺、二甲-4-羟色胺磷酸（裸盖菇素）、麦司卡林、麦角酸、可卡因等多种会影响精神的药物。凭借这本小说给他带来的收入，克西弄来了大量麦角酸，既自己摄用，也与朋友们分享。这一切都始自他当初曾作为受试者，参加了由加利福尼亚州门洛帕克市荣民医院主持、美国中央情报局出资的一项研究，内容涉及化学对大脑致幻的影响，项目代号为MK-ULTRA。

到了1975年，由于《总统特别委员会关于中央情报局国内行止的报告》的发表，美国民众才得以知悉，为他们服务的政府，原来竟频频对民众进行药物实验，除了一般民众外，还有妓女、精神病人、医生、不同兵种的军人等。中央情报局的部分雇员也是受试者。在大多数情况下，受试者本人并不知情。

在前文所述的那场舞会发生之前，斯坦福大学早就形成了摄用药物、更变生活方式、改换衣着和变革音乐的风气，还发展成为政治性抗议的中心。随后，这一系列潮流便迅速涌进整个加利福尼亚州，成为青年文化的主流。正如“涌泉之谢”乐队在一首创作歌曲中所说的那样，是“死水掀起波澜”。后来有人估计，因大量制造麦角酸出名的化学家奥斯利·斯坦利，以每份100毫克的剂量出售麦角酸，前后共卖出500万份。

1970年年初，时任加利福尼亚州州长的罗纳德·里根，动用自己的个人魅力和长者身份，在约塞米蒂国家公园内著名的阿瓦尼酒店向一批前来聚会的农学家说，如果校园里的种种激进行为势必不得不以流血方式结束的话，他宁可马上就使用。他斩钉截铁地表态说："敷衍不是办法。"不过，他事后又改了口，对表示不希望在美国看到用子弹对付大学生的局面出现的人们说，他所说的"流血方式"只不过是"一种修辞表达"。

人们普遍有一个常识，就是一旦迷幻药物、政治和大众文化走到一起，那可就热闹了。但大多数人并不知道，这些"热闹"事，这些人们不希望出现的事物，却往往是"你们的血汗钱换来的结果"[①]。

对精神作用药物开展研究，是美国要在战争中取得技术优势这一指导思想的产物。当时的美国政界和军界的首脑人物，显然并没有预见到这一研究将会导致的结局。作为结局的一部分，就是"迷幻风"的狂飚，以及掀起这股潮流的先锋人物的风靡一时。如蒂莫西·利里[②]、"甲壳虫"乐队、滚石乐队[③]、"杰斐逊飞机"乐队[④]、"荒原狼"乐队[⑤]、吉米·亨德里克斯[⑥]，还有查尔

---

① 这句话是美国反战人士斯蒂芬·皮尔西（Stephen Pearcy，1960～）的一句名言。2005年2月他在自己住处门前挂出一个被绞索吊着的士兵的形象，士兵的脖子下有一块标语牌，上面就写着这句话。后来有若干首流行歌曲都以这句话为题目。——译者

② 蒂莫西·利里（Timothy Leary，1920～1996），美国很有影响的作家与心理学家，大力主张使用迷幻剂等瘾品，并自己身体力行，成为美国嬉皮运动的精神领袖，并因之被美国前总统尼克松称为"美国的最危险分子"。——译者

③ 滚石乐队是20世纪60年代成名的一支英国摇滚乐乐队，它们形成了不同于美国风格的新型流行音乐。——译者

④ "杰斐逊飞机"乐队是美国一只摇滚乐队的名称，出现在1965年的加利福尼亚，是迷幻摇滚的前驱。——译者

⑤ "荒原狼"乐队是1967年成立的一只由美国和加拿大乐师组成的硬摇滚风格的乐队，取名于诺贝尔文学奖获得者、德国-瑞士作家赫尔曼·黑塞（Hermann Hesse，1877～1962）的同名小说。——译者

⑥ 吉米·亨德里克斯（Jimi Hendrix，1942～1970），美国吉他手、歌手和作曲人，被公认为是流行音乐史中最重要的电吉他演奏者。——译者

斯·曼森[①]等。这些事物之所以能成为当时以“花儿有力量”[②]为口号的这一时期的代表，都与美国政府在研究精神作用药物时对迷幻剂的关注很有关系。它们对普通公众的影响至少体现在两个方面：一是倘若美国政府能够事先做出规定，对涉及中枢神经药物的每一首歌曲、书籍和电影加征所得税，美国的国债恐怕早就还清了；二是美国现今社会上随便摄用此类药品的人已经实在是太多了，致使心理学家认为，凡是还没有接触过它们的年轻人，反倒可能成为性格不够开放的少数派。这也就成了鲍勃·迪伦[③]在他创作的流行歌曲中所唱的那样：“是人就得瘾一把。”

值得注意的是，当美国政府迅速采取应对措施，于 1966 年 10 月 6 日宣布麦角酸为非法毒品后，所有的有关研究项目便被彻底叫停了。然而这样一来，研究人员希望通过研究掌握到的重要知识也就无从得到了。如若当初不强令停止，也许这一愿望早已得到实现，令千百万人备受折磨的抑郁症和其他某些精神疾病，也可能已经有了解救的灵药。然而，正式的渠道虽然已遭封杀，但人们希望使意识的潜力得到解放的愿望是如此强烈，以至于仍然有人甘愿以自己的大脑为赌注，用化学家在简陋条件下折腾出来的产品“玩票”。

不管怎么说，将军事知识纳入造福民众的渠道并不是顺畅

① 查尔斯·曼森（Charles Manson，1934～），美国杀人犯，20 世纪 60 年代后期在加利福尼亚州带领一群人组成名为“曼森家族”的杀人集团。被定罪后判死刑，后改终身监禁。他与通俗音乐界广有联系，本人也为一些摇滚乐写过歌词，在加利福尼亚一带有一定影响。——译者

② “花儿有力量”（flower power，亦称“权力归花精神”）是 20 世纪 60 年代末 70 年代初美国反文化潮流期间在青年中广泛流行的口号，标志着以消极抵抗和非暴力方式表示对政府、学校、家长乃至整个社会的不满与抵制。最早由美国颓废派诗人艾伦·金斯堡（Allen Ginsberg，1926～1997）于 1965 年提倡。嬉皮士运动就在这种口号中达到高潮。信奉这一口号的嬉皮士人身穿绣花和色彩鲜明的衣服，头插鲜花，在街头弹唱新式的流行音乐，并且向市民派发鲜花。这一口号后来被用来概括当时西方的一代人与一代文化。——译者

③ 鲍勃·迪伦（Bob Dylan，1941～），原名罗伯特·艾伦·齐默曼（Robert Allen Zimmerman），是有重要影响力的美国词曲作家、歌手和诗人。他被普遍认为是美国反叛文化年代的代言人。——译者

的。第一次世界大战期间，也就是在 1916 年，美国国家科学研究委员会成立，并作为美国国家科学院的下属机构发挥职能，而后者的职能，则是由亚伯拉罕·林肯在 1863 年明文规定的，即为美国政府提供科学、工程和医药咨询。

禁用中枢神经促进药物给治疗作用可能带来的不利影响，不仅给一些人带来了烦恼，也引起了人们去注意当今时代是否出了问题。神经科学和国家管理都在“一张蹦床上跳动，周围摆满了种种危险的玩具”。美国国防高级研究规划局的网站在主页顶部建立了一个链接点，点击它就会看到这样一句话：“你是科学家或者医师，并且自认持有某个（或者某些）有可能给美国军队带来重要变化的想法吗？请点击……”①

事实上，与创建未来的神经社会有关的研究，目前几乎都是接受美国国防拨款的项目。像得克萨斯州贝洛大学的神经经济学家里德·蒙塔古这样不肯从美国国防高级研究规划局拿钱的人固然也还有，但确实是凤毛麟角。据美国大学协会披露，美国在 2002 年时约有 350 所大学和学院与五角大楼签有研究合同，研究金额相当于当年用于基础研究拨款的 60%。在 2003 年从五角大楼拿钱的大学里，马萨诸塞理工大学坐上第一把交椅，共拿到 5 亿美元。我担任负责人之一的马萨诸塞理工大学麦戈文脑科学研究所是不久前新建的，共投入了 3.5 亿美元。我还参观访问过美国其他许多大学和私人机构的大小实验室，因此知道这个国家里有许多卓越的科学家，渴望以他们的出色智慧和强大意愿，为尽快理解大脑加速工作。而充足的研究资金是实现其愿望的重要保证。

与此同时，在美国国防高级研究规划局研究人员的努力和充足资金的保证下，也确有惊人成果出现——实现了这个规划局

---

① 此网站（http：//www. darpa. mil）如今仍然存在，但这一内容已被该机构删除。——译者

1958年成立时确立的目标（当时称美国高级研究规划局，1972年又在名称中加上了“国防”字样。）该规划局是在苏联以发射第一颗人造卫星抢先进入空间时代的业绩使美国人大感失落的形势下成立的。当时全美国举国上下都一致要求有所动作，特别是要求提高科学技术水平。有的地方甚至将教室盖得不安窗户，三堵上下一抹平的墙壁让学生只能对着另外一堵墙上装着的黑板和黑板前的讲台。其实，如果学生们胡乱走神，难道没有窗户，就能让美国回到领先地位吗？

美国高级研究规划局在开始研究导弹跟踪技术时，提出了如何让安放在不同地方的多台电子计算机彼此沟通的问题。这样便导致了最早的电子网络的出现。当时，这个网络叫做“阿帕网”，是今天被人们称为互联网——也称因特网——的前身。人们在这个网上冲浪时要用到鼠标，这个东西也是在美国国防高级研究规划局的财政支持下开发的。靠着这个机构的滚滚财源（据估计达32亿美元）实现的重大技术成果还有M16冲锋枪、隐形飞机、可穿戴式计算机、长程无人驾驶侦察机、陆用雷达、土星运载火箭、夜视镜等。

或许是为了体验一下，与美国敌对的国家和不以国家状态存在的敌人，是如何在相当公开的环境下解决自己的科研需要的，美国国防高级研究规划局也采取了不那么拼命保密的政策，相信以自己一向支持发现共享的传统，能够在新的情况下继续激发出新知识的创生。自然，相信自己有保持强大领先地位的意愿和人力资源，也是美国政府决定这样做的另外一个原因。

本章介绍的内容，很可能使读者感到振奋，因为我打算谈一谈，在国防高级研究规划局和其他类似机构的组织调度下，人们将要进入的未来应该会有多么美好。不过，有些内容也很可能令读者做上恶梦，因为我也想说一说，伴随这些美好而来的会有什么负作用，如果使用不当，又会产生什么恶果。神经科学的出现，人类长期以来一直自上而下实行的大规模杀人和大规模报复的习惯便有了彻底更新的可能，人类将可能得到空前可怕与空前有效的武器和其他手段。

神经攻击作为实际破坏人们神经的正常生物学作用的手段用于战争，其存在已经是不争的事实，而它也必然会如其他种种社会存在一样，经历巨大的变革。因此，本章也将促使读者认真考虑一下，行将改变世界的神经技术最好将在什么样人物的领导下进行。

目前的形势就如同核裂变被发现后的情况一样。神经武器将会将人们置身于希望和惊恐的无休止的拔河赛中。世界将会走向何处，将是人们以极大的关注担心、争辩和揣测的内容。

比如，我们先不去管是否道德、是否正当、是否实际可行，只是设想一下，一旦能通过某种神经影响，使本·拉登和伊斯兰宗教领袖们爱上了和平，使萨达姆们和伊拉克共和国卫队们不再嗜血；或者一旦能让他们看看什么、闻闻什么，就能让这帮人从好战的冷血动物，一下子变成流行音乐迷，将手中的武器丢掉，弄个 iPod 戴在耳朵上；或者干脆有什么手段，将他们变成一帮安分守己的老实人，情况将会如何？再比如，如果有办法能无限量地形成催产素，又能想出有效而安全的办法使之发挥作用，结果让逊尼派与什叶派握手言和、称兄道弟，又令自杀袭击者和杀人不眨眼的魔头变成尊重生命的人，情况又会如何？再比如，如果通过神经科学研究得出的成果，使所有国家，“流氓国家”也好，“大魔头”[①] 也好，“邪恶轴心”[②] 也好，统统彻底放弃大规模杀伤性武器，情况更会如何？……看一看美国中央情报局的任务表，想一想能不能列入 MK-ULTRA 研究项目吧。

---

① 指美国（有时也指英、美两国），是伊朗前宗教领袖霍姆尼 1979 年一次群众集会上的用语。——译者

② 美国前总统小布什于 2002 年 1 月向国会发表的国情咨文中最早提出，意指伊朗、伊拉克和朝鲜，有时也包括古巴、利比亚和叙利亚在内。——译者

想想看，将我们的信任放在研制杀伤力大得难以置信的武器的机构上，这是不是可靠？当我开始写这本书的时候，曾经在记事本上写下一句话，准备以后作为归纳性的句子写进书中："看起来，人们有可能会陷入深渊。不过，凭借着我们从先祖那里传承下来的好奇心和原动力，再加上亿万人的共同意向，还是能够架设起共同生存的巨大桥梁的。"在神经社会可能带来的种种前景中，通过改造神经这一手段消弭敌对，是我最希望自己的乐观想象能够化为现实的一个了。

手中掌握着大量财力的各国政府，目前都向神经技术不断注入越来越多的资金。这使世界局势就像小说《满洲候选人》[①] 里的情节那样充满不安与悬念。种种复杂的神经武器——有强迫吐露真相的，有抹除大脑记忆的，恐怕不久就会问世。不久前人们得知，苏联执行过一项"长笛计划"，其中的一个研究课题，就是使神经性毒物进入人脑。一般情况下，毒物不会发生作用，但在极度紧张或激烈冲动时便会活动起来，破坏神经系统，改变人的性格，促发精神疾病，甚至会将人变为凶手。"篝火计划"也是苏联在冷战时期执行的一项涉及神经科学的计划，内容是研究通过肽类物质和激素类物质，造成神经系统的改变。

据信，美国国防部官员是知道"长笛计划"和"篝火计划"的，而且知道的时间也并不短，并一直下大气力开发对等技术和与之抗衡的手段。这样的开发，能够为掌握着先进技术的社会提供更可靠的国家安全吗？它会不会适得其反，开辟出来的是供世界各地的赌徒野心家们残忍地戕害广大民众的神经系统的战场呢？在1915年的第二次伊珀尔之役[②]中，人类第一次大规模地使用毒

---

① 英文名 *The Manchurian Candidate*，是美国作家理查德·康登（Richard Condon）1959年发表的惊悚小说，后两次改编为电影。尽管情节与原作均有所不同，但均涉及控制大脑、创造出服从命令而又无论事先、事中和事后都不知情的杀手的神经技术。——译者

② 因发生在比利时的伊珀尔一带得名。使用毒气的是德国一方。——译者

气，结果虽不曾给任何一方带来绝对优势，但德国方面减员 3.5 万人左右，而协约国各部队伤亡大得多，接近 6 万人。这个巨大的差异，使得一些人会置反对化学战和细菌战的国际公约于罔顾。

将来的以神经为打击对象的战争将如何进行，交战双方各自会持有得自大脑研究的何等先进工具，恐怕都要等到真正交手时才能见分晓。东风也罢，西风也罢，双方都在紧盯着打这种战争的可能性。

俄罗斯有一只摩托化特警独立大队，形式与美国的陆军特种部队有些类似，但要秘密得多。2002 年 10 月末，当 42 名车臣武装分子在莫斯科东南部的一座剧院里劫持了 850 名男女老少为人质后，这只队伍以打击神经系统的方式将自己的“面纱”揭开了一瞬。23 日这一天，观众正在这家剧院里欣赏一部历史题材的歌剧《船长与大尉》。当演出进行到第二幕时，武装分子冲到舞台，宣称自己身上绑着炸药，剧场各处也都安放了炸弹。他们要求俄罗斯总统普京立即同意将俄罗斯军队撤出车臣，否则便杀光剧场里的所有人。这批武装分子还向媒体送去一盘录像带，表示“已经下了决定，宁可死在莫斯科，同时也会让几百名有罪的俄罗斯人与我们一道去死”。据从后台窗子逃得性命的演员说，武装分子中约有一半妇女，都穿着只露出眼睛的罩袍。

在双方僵持了两天半后，这只摩托化特警独立大队在 10 月 26 日清晨通过剧院的空调管道，排放了一种气体。时至今日，俄罗斯当局也没有公布这种气体的成分。据多数内行人分析，这可能是一种比较新型的合成麻痹剂，名叫芬太尼，对人体神经系统的作用强度是吗啡的 80 倍。是不是这种东西暂且不论，反正是在吸入这种气体后，许多武装分子和人质都陷入昏迷状态，但也有不少人遭遇了死亡的结局。尽管武装分子在意识到自己中毒后还有几分钟做出反应的机会，但他们并没有如先前所威胁的那样炸毁剧场。他们戴上呼吸面具，与摩托化特警独立大队的战士对峙了一阵，先是零星交火，然后随着后者将大门炸开而大规模地开战。最后，独立大队完全占领了剧院。

有关的报道说法不一。俄罗斯当局在2007年7月宣布对这一事件的调查告一段落。调查公告并没有披露多少事实，但有广泛的传闻说共有33名武装分子和129名人质死亡。而在死亡的人质中，只有一人死于中弹，其余人的死因，据医生诊断为呼吸抑制。芬太尼中毒是有药可解的。如果医生能及时知道当局排放的是何种气体，许多受害者本来是有机会获救的。但由于当局就是不肯披露使用的是何种气体，致使医生无从救治。

事件过后两天，俄罗斯士兵在车臣首府格罗兹尼城外处死了30名车臣武装分子。四天后，经俄罗斯的立法机构国家杜马批准，对涉及恐怖分子活动的报道加强控制。另据国际机构“人权观察组织”的调查，从事件发生后的第二年起，生活在莫斯科的车臣人受到了警方更进一步的严厉盘查。

俄罗斯是《禁止化学武器公约》的签约国。该公约制定于1973年，在世界当前存在的195个国家中，目前已有183个签约成员。作为全面裁军计划中有关化学武器的部分，该公约宣称，任何用于应对内乱的化学物质，其作用都必须能在使用过后迅速消失。从这一点说，不管俄罗斯政府用的是不是芬太尼，都是违背这一条约的。

《船长与大厨》一书中所描述的事件突出表明，并不只是某一个条约遭到违反。凡是战争，总会存在置条约与惯例不顾的趋势。面对在头顶盘旋的死神，人们往往会担心，不管对手是叛乱分子、保守党人、剪径强徒，还是政府大员，都会随时祭起手中可怕的神经技术。乔治·巴顿将军[①]对战争发表过一句名言，说战争不是让人们为自己的国家献身，而是让对手为他们的混帐国

① 乔治·巴顿（George Patton Jr.，1885～1945）美国陆军上将。第二次世界大战中著名的美国军事统帅。——译者

家送命。如果那些车臣武装分子有可能，恐怕也会用同样的神经毒气对付前来的摩托化特警独立大队官兵的。

1969年，尼克松总统下令终止美国自20世纪50年代——一说为20世纪40年代，来自另一信息来源，有关总统下此命令的文件尚未解密，故无从准确得知——开始的生物战研究。而如果将外逃的苏联人所揭露的零星材料凑到一起便可以看出，美国这些年进行的生物战研究，如果与对方相比，真不啻是小儿科。光是研究炭疽杆菌的机构，苏联就建起了四处，分别设在库尔干、奔萨、斯维尔德洛夫斯克和斯杰普诺哥斯克。当卡纳特扬·阿里别科夫[①]于1992年逃离苏联后，向美国的资深生物战专家比尔·帕特里克介绍了这一情况。据说，后者在此过程中曾将头垂在桌面上呻吟道："我的天呀，我的天！"

这位卡纳特扬·阿里别科夫如今已经改名为肯·阿里别克，仍然在用自己掌握的人体免疫知识工作，不过不是用于研究摧毁免疫体系，而是增强其功能。在苏联时，他是设在斯杰普诺哥斯克的神经武器研究机构的负责人，这里每年会生产出将近1000吨制备成武器形式的炭疽杆菌。苏联生产的炭疽杆菌武器是美国的300倍以上，而且，在它掌握下的众多科学家，还在努力取得更大的突破。一旦成功，诸如炭疽杆菌、肉毒杆菌毒素和其他一些"传统"生物武器成分，便都会统统变成"小巫"。

谢尔盖·波波夫是又一名苏联科学家，也于1992年脱离苏联，如今在美国从事保健研究。在苏联时，他实现了对军团菌属[②]中一种细菌的改造，使其能导致一种与多发性硬化症[③]类似的

---

① 卡纳特扬·阿里别科夫（Канатжан Алибеков，1950～），苏联-美国生物学家，生物武器专家。——译者

② 这一名称源于1976年在美国爆发的一种病，患者大都为美国退伍军人，因而被冠名为"退伍军人症"。其病原于翌年确定为一种不为人知的细菌，随后被命名为军团菌，后又发现它其实不只有一种，便扩大为一个属。——译者

③ 多发性硬化症为一种影响脑和脊髓的神经细胞功能的慢性中枢神经系统疾病。病因目前尚不清楚。——译者

严重影响神经系统的疾病。在接受常规医疗手段后，不出数天病情就会变化，出现新的古怪症状。当年波波夫是在西伯利亚的一处研究机构工作的，那里的研究人员有上千名之多，光博士就有数百人。他和他的同事们不断得到指示，苏联比美国落后不少，因此必须下大气力追赶。由于层层保密的机制，大多数人不能了解自己的研究究竟会有什么用，听到的只是精心编造的谎言，是“上面言之、下面听之”的“准听不准说”机制。

“篝火计划”的目的，是设法改变细菌的生物学构造，以期形成抗生素不起作用的菌株。名为“猎人计划”的项目，专门研究制造“二合一”式杂交微生物，准备用来形成自定时的“子母炸弹”。比如，在细菌体内植入病毒。细菌会导致某种可怕的疾病，而一旦设法将细菌杀死，病毒便会渐渐施放出来，导致另外一种传染病。波波夫对这个“猎人计划”所知不多，只是略有耳闻，如涉及将天花病毒和埃博拉病毒[①]植入淋巴腺鼠疫细菌的研究等。

在上一个年代，美国陆军学院的军事专家蒂莫西·托马斯发表了一篇文章，标题是《大脑没有“防火墙”》。作者本人告诉人们说，军方正面临着这样一种挑战：“该文审视了以能量为杀伤力的武器、以影响精神作用为杀伤力的武器，还有其他旨在改变人的物质形体应对外来作用的能力的武器。文章的结论是，我们通常列入‘信息战’范畴的各种手段，当面临的战争目的不再是针对设备而是活的士兵时，已经变得不适用了。”

托马斯指出，军事战略专家，至少是1998年他的这篇文章发表之前的军事战略专家，基本上都只是将种种谎话和骗术，作为同敌人的理性思考能力捣捣乱的小把戏使用的（当然，伊拉克

---

① 埃博拉病毒（Ebola）是纤维病毒科埃博拉病毒属下数种病毒的通用名称，会导致人畜共生的疾病，患者有50%～90%的致死率，致死原因主要为中风、心肌梗死或者多发性器官衰竭等。此病毒因其导致的疾病最早于非洲埃博拉河一带发现而得名。——译者

战争改变了这种看法[①])。托马斯还认为，我们应当将人的思想和肉体都视为信息和数据的处理器，因此都存在着以某些方式发挥功能的“防火墙”。“凡是数据处理器，都会受到欺骗、操控、误导，也会遭到关闭和毁坏的下场。人体内的‘数据处理器’也不例外。”此外，神经科学家已经根据相当确凿的证据认定，来自电磁辐射和声波等环境因素的数据，会在通过人体自身产生的电磁场与人的思维和身体作用时受到操控而发生改变。这与计算机的情况是一样的。比如，发自频闪灯的强烈闪光，就会引起癫痫发作。日本也在前几年出现过一桩怪事，就是不同地方的不少儿童，由于看了同一部电视动画节目，有的发作了癫痫，有的患了其他病症。

据托马斯说，一个曾在“莫斯科反精神武器中心”——这个名称听着就怪吓人的——工作过的苏联人 N·阿尼西莫夫发明了一个术语——“精神恐怖主义”，用来指代苏联研制的造成大脑发生恶性变化的武器。该类武器用于抹除、改变和替换人脑的记忆内容。一名苏联少校军官也在一份军事杂志的 1997 年 2 月号上发表文章说，人们正在世界范围内开发着许多种符合心理电子武器定义的项目，而且其中一些已经进入试生产阶段。

托马斯的这篇文章引起了普遍反响，被人们在互联网上广泛引用，可以说是刮起了一阵“警惕过敏”风。其实，早在这篇《大脑没有“防火墙”》的文章发表之前，苏美之间可能进行着破坏大脑功能武器竞赛的猜测就已经见诸报端了。由美国沃尔特·里德陆军研究所精神研究处心理学研究科主持的一项研究——项目的代号听着就瘆人——叫“潘多拉计划”，就是在得知苏联政

① 这是指 2003 年 3 月 20 日小布什任美国总统期间，以美国和英国为主的联合部队在未经联合国授权下正式宣布对伊拉克开战。当时美国对国际社会宣布的对萨达姆政权开战的原因，一是伊拉克拥有大规模杀伤性武器并有意使用，二是萨达姆政权大力支持“基地”组织。但至今美国并未能提供这两方面的有力证据，故被不少人认为是有意制造的谎言。——译者

府在 1953～1976 年向美国驻苏联大使馆发射强电磁辐射后开始的。

在过去的几年里，由于对神经科学的不断研究，我得到了应邀参加一些会议并发表谈话的机会，并对这个领域萌生了不断加深的兴趣。2007 年 8 月，我以美国国防情报局代表的身份，向一个特别委员会提交了一份有关神经技术的现状与未来的报告。该特别委员会是在美国国家科学院指派下设立的，名称可是特别得可以，叫“未来 20 年神经生理与认知/神经科学军事与情报研究方法应急委员会”——就连它的缩称都长得够呛，是 CMIMEN&C/NSRNTD，恐怕不花上几个小时都难以记住。它的委员们希望了解大脑研究的目前走向，以帮助美国的情报部门预期到 2027 年时世界范围内的神经科学将要达到何种水平。

特别委员会召集的这个会议为期两天，日程安排得很满，发言的有十多位。当我在休息室里等待轮到自己时，参与了一段简短的会话。而就是这段话，使我意识到这次会议的质量之高。有一辆不锈钢小餐车从我面前推过，车上有两只玻璃容器，里面盛着热气腾腾的咖啡。我随便说了一句：“怕会有 18 加仑哟。”在场的一位先生——后来我得知，他是美国海军特种部队的一级军士长格伦·莫瑟，有 20 年军龄的老兵——立即给予纠正，告诉我说：“体积 5 加仑。”他说这句话时没有什么表情，说完这一句后也不再有下文，就是这么一句对事实的迅速陈述。我们到这个委员会来，就是为着这个目的：如果不是百分之百地肯定，那就免开尊口。

这位格伦·莫瑟军士长与会，是来向委员会陈述美国多兵种混合特种部队（缩写为 SOF）对神经技术的需求的。在参加过十多年的多次突击行动后，他如今在这一特种部队服役，负责体能培训项目。美国多兵种混合特种部队由从陆军、海军、空军和海军陆战队这四个兵种中精选出来的官兵组成，按莫瑟的形容，这些人个个都是“精心调校正好的机器”。

他的报告重点是美国未来五年中对“武士加健将”型战士的需要。一番讲说过后，全场都感受到了无比强烈的紧迫感与现实感。这位军人并没有讲什么大道理，也没有与委员会成员们探讨有关技术究竟应当叫功能增强，还是应当叫功能优化、功能提升、功能改良、功能 X、功能 Y……他只关心一件事，就是通过神经技术，能使他的兵在行动时能力有什么不同，效率又会有多大的提高。对于他的人马在行动时应当有的表现，他是这样设想的：分成人数不多的小组，采取夜间行动方式，一连 48 小时执行任务，其中可能涉及 8 小时的水下作业。士兵们将携带 45 磅重的装备，对近体 5 米范围内的所有情况始终保持毫不松懈的密切关注。小组内和各小组间都高度合作，相互间以性命相托。他们对上怀着强烈的爱国主义情操，对外则保持着对危险的高度警觉。

不少体育健将都自视为武士一类人物。其实这种说法也可以反过来，就是武士都相当于体育健将，因为他们都是躯体内武装有本领和技能的人物。要想取得成功，“武士加健将”们需要使自己长时间地处于最佳状态。美国的海军特种部队、陆军特种部队和其他精英战斗部队，都需要能够发挥上佳表现的此类成员。

美国政府为尽可能快地拥有这样一批“武士加健将”，花费了大量的精力、时间和金钱。造就这样的人，需要使他们经历种种极度磨炼。是否能够找到某些途径，可以事先发现天生就比较能适应极端条件的人选，是否能够发现某些手段，以有助于提高人们执行超难任务的能力，这正是莫瑟军士长需要知道的。他在发言中特别强调的是，他迫切希望得到一系列衡量体能水平和功能发挥状态的生物学指标，据以评定认知本领的高低和承受压力的强弱，以更好地为美国多兵种混合特种部队找到适合的人选。

神经肽- Y 可能会成为这样一种生物学指标物质。测试表明，高量的神经肽-Y是与坚韧持久和反应灵活联系在一起的，特别是在涉及情绪和心理这两个方面的表现时。具有这两个优点的武士，会在压力下仍有较正常的表现，也不太容易出现创伤后精神障碍的症状，而这正是今天的军人容易陷入的境地——“炮弹休克”。据不久前发表在《精神病学新闻》杂志上的报道，曾赴伊拉克和阿富汗作战的退伍军人中，有16%受到创伤后精神障碍的折磨。考虑到有人会因担心吐露病情会影响个人前途而刻意隐瞒，实际数字可能还会更高。

美国国防部目前也在搜寻有关的生物学标指物质，以用来发现具备某些优异禀赋的人，如反应极快、视力特佳、记忆超强等。

莫瑟向委员会陈述了对包括有强体补脑作用的天然营养保健品在内的物质的多项研究结果。脱氢表雄酮（DHEA）是一种天然激素，男人体内的雄性激素和女人体内的雌性激素都是由这种物质进一步转化生成的。脱氢表雄酮具有可能增强身体适应性和改进情绪调节能力的巨大潜力。药店的货架上目前也有若干种健康食品和滋补药品，据称都有增加性激素分泌的功用。许多人在它们的来源上作文章，说它们提取自墨西哥的一种名叫薯蓣的植物，不过人体能否利用这种植物成分，目前尚不清楚。更重要的是，人们发现许多癌肿会对激素起反应。接受高剂量的雄性激素或者雌性激素，有可能会引起相应的癌症，如卵巢癌、前列腺癌和乳腺癌等。据莫瑟在报告中说，美国国防部目前正在进行对脱氢表雄酮的Ⅰ期长期实验，以期尽快得出结论，除商业价值外，这种物质是否还会给军事较量带来优势。

此外，还有两种能够提高警觉感的药物，目前也被纳入研究范围：一是右旋苯丙胺硫酸盐（商品名“丹赛得霖”）；二是有治疗发作性睡病和白日嗜睡症作用的新药“莫达非尼”（又名“普乐机灵”）。它们的作用很可能都超过咖啡因。

凡曾在很短时间内喝下大量浓咖啡的人都知道，这样做的结果是被大量摄入的咖啡因搞得心烦意乱。其实，咖啡因也很有提高警觉的作用，并有增进短期记忆力的功能。“丹赛得霖”也是如此。新药“莫达非尼”是1999年加拿大最先批准上市的，伊拉克战争期间曾为美军服用。目前尚未发现严重的副作用，但这只是通过短期观察得出的结论。不过应当注意，甜酣的睡眠对改善心情和振作精神是至关重要的。因此，让人减少睡眠，简直是给坏脾气开了绿灯。人要是睡眠不足，身体就会造反，脑筋就会麻木。“莫达非尼”是否真的能阻隔这两种结果，只有通过长期研究才能确定。

这一观点旋即在莫瑟的发言后，得到了安坚·查特吉的证实。查特吉博士是美国宾夕法尼亚大学认知神经科学中心的科学家。他的观点是，使用改进功效的药物，其实是在进行“神经美容”。这一形容看来十分贴切。美容整形是在第一次世界大战期间迅速发展起来的，目的是使被战争毁了容颜的人相貌有所改观。看过电视剧《整容室》[①] 的人都知道，今天的整形几乎完全是为了一个单一目的，即换来更年轻美貌的形象，以在求偶的竞争中占得上风。查特吉告诉特别委员会：“增强大脑功能的药物是否会在若干年后表现出影响健康的作用，迄今还没有人进行过彻底探究。”不过，这一工作其实已经由一些个人开始进行了。

一位名叫保罗·菲利普斯的人，从计算机编程师改行当上了职业扑克牌选手。2003年，他被诊断患有注意缺陷异常症后，便开始服用神经兴奋药“艾得奥”。服用这种药会增加脑内的多巴胺含量，而这种成分正是使大脑感觉愉悦的重要成分。“艾得奥”中含有苯丙胺，因此会导致成瘾。服了“艾得奥”后，菲利普斯觉得自己的记忆力简直像块吸水的海绵，对比赛对手的所有

① 《整容室》（*Nip/Tuck*）是美国2003年开播的一部以整容医学为主题的电视连续剧。——译者

表现细节都能巨细无遗地记牢，而且回牌飞快。此外还特别镇静、特别有耐性，决定是“憋”对手还是“吃”对手的牌时也特别有把握。过了一年后，他又加服了“普乐机灵”。2007 年 12 月，他在接受《洛杉矶时报》记者卡伦·卡普兰和丹尼丝·杰林的采访时说：“这些药使我成了更优秀的选手。这是毫无疑问的。”[1] 他还告诉人们，这些药物帮他在牌桌上赢了 230 万美元，这不但称得上是一大笔支持研究的“基金”，还实现了两种刺激的危险连通：金钱和化学。

《洛杉矶时报》发表了有关菲利普斯的报道后，过了一个星期，美国《神经科学杂志》上也刊出了美国韦克福里斯特大学医学院的一篇报告。该医学院的研究人员先是不让猴子睡觉，接着让它们接受一种叫做食欲激素-A（orexin-A）的天然脑多肽。食欲激素-A 是一种能对大脑许多区域产生影响的物质，但只能靠为数不多的神经元形成。它的功能是实现对睡眠的调节。缺少睡眠的人，大脑中会设法分泌出更多的这种物质以抗衡睡意，不过当缺乏到一定程度时，再多的食欲激素-A 也无法应对，于是人就会酣然入睡。

这些猴子是事先经过训练的，会做若干种事情。它们在这样干了一段时间后，便被置于又有视频游戏又有音乐的热闹环境中，另外还有各种吃食的吸引。它们就这样被研究人员一直保持在不睡状态达 30～36 小时之久。在接受食欲激素-A 之后，让它们再次保持不睡状态。此时，没有接受过食欲激素-A 的猴子，表现出明显地睡眠不足，如同人在缺觉时的情形一样。而接受了食欲激素-A 的，无论是以皮下注射方式，还是以鼻腔喷雾方式，却都仍然保持着振作的精神。

对于这一实验，韦克福里斯特大学的生理学与药理学教授塞缪尔·戴德威勒给出确定的结论说：“这一物质可以使发作性睡病患者和其他有严重睡眠失常的病人得到解脱，还有助于轮换工时的职工、军人，以及其他因职业特点无法保证有效睡眠的人，不致因此而降低认知能力。”

在莫瑟对特别委员会所作的陈述中，我最感兴趣的部分，是有关的研究并不是将关注焦点放在了延长能够保持高度警觉的时间上，而是促成更快入睡和提高睡眠质量。美国哥伦比亚大学的研究人员正在进行的一项名为跨颅磁刺激（缩写为 TMS）的实验，就是以消除疲劳为目的的。目前正在研制能提供这种功能的、供野外环境使用的便携式设备。附带提一句，有些神经神学家也在利用同样的设备引发宗教体验。

目前美国军方训练“武士加健将”的最好成绩，是让这些特种部队军人接连不断地接受 48 小时的实战演练，然后入睡 16 小时，紧接着再接受 48 小时的训练。为了减少对睡眠的依赖，这些军人也同在扑克牌桌前的大玩家一样，需要得到药物的辅助。他们也同样可能要经过很长时间后才表现出受到了某些副作用的影响。不过，单就能够迅速催人进入效果超强的睡眠这一点而论，如果只睡上两或三个小时就够用了，再加上“莫达非尼”或者将来出现的有同样作用的药物的辅助，就真的能够造就出有本领日夜不停地执行两整天战斗任务，然后抓紧时间睡上平常看一场电影的工夫，然后就又能以全套本领继续战斗的“武士加健将”了。这样的军人，将是敌人最害怕的对手。

特别委员会的报告是在 2008 年 8 月对外发表的。报告的标题是《崛起的认知神经科学和相关技术》。报告中有一项内容特别引人注意，是关于“药物地雷”的。这种武器不是将人炸飞，而是释放出破坏敌人大脑的化学物质。设想有一只悄悄向对方阵地摸去的小分队，本来是打算进行偷袭的，但却被这种“地雷”搞定，非但不能执行预定任务，反而有可能听从对手的调度，这该会有什么结果。再设想将来对人进行调查时，如果有办法用无害的电磁波辐照干扰他们，使他们无法施展撒谎本领，取证结果将会何等有效。该报告还认为，在借助机器实现人的超强绩效方面，“凡能想到，就能做到”。对此后文还会提及。

就在我、莫瑟和查特吉参加了特别委员会的这次会议后不久，《航空与空间技术周报》便根据对美国国防高级研究规划局负责督导若干项敏感研究工作的一位女士的采访，在2008年1月号上刊出了一篇文章。

这位女士是埃米·克鲁泽博士。她在伊利诺伊大学取得神经科学博士学位后，便进入美国国防高级研究规划局工作，在局长手下担任技术顾问。她目前监管着若干项研究的进行，不但这些工作本身在难度上使她绞尽脑汁，内容涉及的也是算计别人的脑汁。

在她监管的项目中，有一项是从卫星上以不致受察觉的水平接收人的脑电波并进行计算机分析。该项研究的目的，是使情报分析人员用以掌握敌对阵营中是否有了新的敌对念头并锁定位置，以供本阵营的决策人物判断自己的军事力量是否处于必须的戒备状态。

有过在阿富汗或伊拉克从战经历的美国军人都能告诉人们，战场上的气氛有时会有多么紧张。敌人的袭击、疾呼的命令、眼前的伤亡、密集的炮火，以及可能出现在所有道路上的简易爆炸装置和伏击战，置身于如此超紧张的环境中，官兵们的思想可能会陷入混乱，以至于或许仅仅会关注一个问题。在这种情况下，他们甚至会无法理解长官发出的命令。

有人曾进行过尝试，让指挥官通过无线计算机观测士兵的脑电波。借助这样的测试，军官一旦发现有士兵因信息过量而脑电波呈现出视野狭窄症[①]的波形，便会避免让这样的人在战斗中执

① 视野狭窄病，又称卡尔宁克症，是一种视觉障碍。发病时患者的视野变小，观看外界时的视界如同通过一根长管子时看到的情况，除了中心位置，其他部分的形象都表现为一片漆黑。——译者

行重要任务。

在2005年度的美国国防高级研究规划局技术大会上，克鲁泽博士针对自己的职责范围，发表了如下观点："战争的操作环境将充溢更多的信息，因此十分明显，这就需要我们的战士必须具备更迅速、更准确和更密集地处理复杂形势的认知能力。这就是说，诸如认知过载、疲劳和在压力处境下决策等问题，会迅速上升为确定决定作战表现的关键因素。"

在克鲁泽监管的研究中，有一个名叫"情报分析用神经技术培训"（缩写为NIA）的项目。它是由另外一个名叫"增强认知力计划"（缩写为AugCog）的项目发展而成的。

先后承揽过"情报分析用神经技术培训"和"增强认知力计划"这两项研究的霍尼韦尔航空航天技术公司，目前已经与国防高级研究规划局签订了价值400万美元的合同，负责开发一种名叫霍尼韦尔图像信息鉴别系统（缩写为HITS）的多阶段开发项目。该项目可将来自卫星的图像分解为较小的图像单元"块"，供情报分析员以每秒5～20幅的速度检查。

当情报分析员在快速浏览图像单元时，如果发现值得注意的现象，大脑自然会产生较强的电波，从而被置于他们头皮处的传感器检测到。有了这种设备，分析员自己便不用停止浏览，不用回过头去研究，不用组织字句，不用呈交报告，甚至都不会意识到自己下意识地注意到的情况。他们的大脑会通过所谓的"脑机接口"直接知会电子计算机。

霍尼韦尔航空航天技术公司表示，这样的设备能够使分析员的工作速度提高4～6倍。面对图像数量不断增多，而从中找出可应对的信息却必须及时的形势，这样的对策是必要的。神经科学领域内出现的所有重大突破都有一个共同点，那就是它们都是多个不同学科的知识走到一起的结果。霍尼韦尔图像信息鉴别系统也是如此，它涉及心理学、电子工程、机械工程和航空电子学知识。

“情报分析用神经技术培训”的第二阶段研究已于不久前开始。除霍尼韦尔航空航天技术公司外，泰利达诺科学成像公司也前来加盟。在神经科学声名鹊起的美国哥伦比亚大学是又一名开发者。

这个项目的第三阶段任务目前尚未开展，按计划是形成样品，供情报部门实地测试。据霍尼韦尔航空航天技术公司透露，有关技术已接近实际应用水平。

在开发“增强认知力计划”和“情报分析用神经技术培训”的过程中，美国的四个军种实现了与科学业界研究人员的联手合作：美国海军陆战队与戴姆勒-克莱斯勒汽车公司，美国海军与洛克希德·马丁公司，美国空军与波音公司；与美国陆军联手的则是霍尼韦尔航空航天技术公司。

另外一项与“情报分析用神经技术培训”类似的研究，是通过计算机监测飞行员的感知状态。这一研究也已经进行了十多年。飞行员在飞行时，置于他们头盔中的传感器会检测其脑电波。当计算机发现飞行员过度疲劳时，便会启动一系列过程，先是提高仪表盘的光度，继而再让它们闪动，闪动频率会很高，而飞行员的大脑会在下意识层面上感觉到这一频闪。再下一步，则是将飞行功能一项接一项地切换给自动飞行系统执行。

据克鲁泽博士说，美国国防部和美国的所有军兵种，都越来越关注神经技术可能形成的未来。

“未来 20 年神经生理与认知/神经科学军事与情报研究方法应急委员会”的成立，也正是这种关注的反映。名为“主动拒止系统”，即简称 ADS 的项目，就是近年来军方十分热衷，并投入很大力量的一项研究。该系统于 2007 年 1 月末在美国空军设在佐治亚州的穆迪空军基地首次亮相。它不会致人于死命，但同样是极可怕的武器。它可以装在机动车辆上开进战场，通过发射电磁辐射，使五六个足球场范围内的人员受到辐照。人一旦受到辐照，皮肤下层的水分就会在瞬间升到130华氏度（54℃）。随之而来的剧痛，会使这些人终止一切行动，只希望做一件事，那就是逃开、跳进水里、拼命挣扎……总之，就是尽一切可能地躲开照射（开展这项研究的初衷，是用于制止群体性暴力事件）。

其实，“主动拒止系统”只是另外一项大型研究的副产品，而这另外一项研究要可怕得多，就是寻找抹除和置换大脑记忆的手段。说到这一点，相信喜欢科幻电影的人，至少都会在近年来上映的主流电影中回想起三部具体内容不同，但题材一致的影片来。

还有一个即将形成的现实，说起来更像是将一部科幻电影整个搬了来。它就是斯蒂芬·斯皮尔伯格在2002年搬上银幕的轰动影片《少数派报告》。影片的情节是2054年时的一名警官（汤姆·克鲁斯饰演）与具有特异功能的人打交道的故事。这部电影中出现了一些所谓的“预感人”，他们的母亲都是嗜毒者，因此产生了有益的变异，结果是能够预知即将发生的谋杀，甚至能够预知凶犯和目标的名字并提供其他一些视觉线索。根据这些线索，就能将凶犯在作案前逮捕，关押进可怕的地方囚禁起来。

其实，在真实的科学世界里，目前也有神经科学家真的在向这个方向努力，即在大脑扫描的基础上，探知受试者意图的蛛丝马迹。根据以往通过功能性磁共振成像技术获得的有关大脑活动的知识，科学家们正在了解当这些活动的内容涉及种族偏见、暴力或谎言时，大脑所会吐露的表像。

从探知大脑的活动模式，前进到探悉萦绕在大脑里的具体念头，这中间还有好长一段路要走。至于其得到正式批准进入实际应用，这一段路会更为漫长。然而，只要是认识到人性中存在着不光明的侧面——要认识这个现实并不困难，随便看看报纸或者听听新闻便可——都会毫不困难地给这种测知念头的功用想出一大串应用甚至是滥用来。而与我交流过这个问题的研究人员认为，这可能会在今后30年内成为现实。

也许连30年都用不了。据《自然》杂志报道，2008年3月6日，加利福尼亚大学伯克利分校的几位科学家宣称，他们总结出了一套方法，可以解读大脑视觉区域的活动模式，并实际施之于受试者，判断出了他注视的对象具体都是些什么。[2]

自然，这一报道引起了人们对其发展前景的担心。不过，就目前而言，研究人员所涉及的，还只是种种对人有益的内容，如理解不同的人为什么会对世界形成不同的感知等，将来还可能用于探查只存在于人们思维中的视像，如幻境和梦境等，以进一步提高治疗精神病的效果。

加利福尼亚大学伯克利分校的这几位研究人员的具体做法，是让受试者观看一些视像，同时记录他们的大脑活动情况。通过对此类活动情况的分析，他们归纳出了几种受激模式，继之再建立起数学模型计算法来。这样，研究人员就能够根据受试者的大脑活动，对比受激模式提供的信息，进行有根据的推测，逆知受试者得到的是什么视觉信息。

这项研究的规模很小，只有两名受试者，而且都是该研究小组的成员。实验中让受试者观看120种不同的视像，大部分是受试者从不曾看到过的，但多数是普通物体，如动物、房屋和人物等，并将大脑扫描结果送入计算机中进行分析得出结论。结论中有110次是准确的。当图像数增大到1000张时，计算机结论的正确率下降到80%，比原来低了不少。不过这还是相当可观的。据这个研究小组宣称："结果表明，通过功能性磁共振成像技术得到的信号中，包含有相当部分的受激信息，可以据此投入实际应用，实现信息的成功解码。"

德国的伯恩斯坦计算神经科学中心和普朗克研究院人类认知与脑科学研究所的约翰-迪伦·海恩斯教授，在接受采访时发表看法说，加利福尼亚大学伯克利分校的这个研究小组所提出的解码方法，只适用于能够被全部编排入空间的数据，这便形成了对受试者的视觉输入和形体动作的限制。要解决此类障碍，需要建立描述记忆、情绪和意向动作的更复杂的数学模型。不过，这篇文章发表在著名的《自然》杂志上，自然会使美国国防高级研究规划局和在其他相关领域工作的研究人员觉得，人们已经向这一目标又跨进了重要的一步。

还在“9·11”恐怖袭击事件发生之前，美国国防高级研究规划局的决策人物便开始重点考虑建立一只精干的快速打击军事力量，以应对“基地”组织和塔利班武装这一类敌人。这类人的特点是飘忽不定，他们会迅速越过国界犯事，然后或者混迹于民众，或者撤入人迹罕至的边远地区。在美国国防高级研究规划局目前开展的研究项目中，多数都有生物学家参加，他们的工作是找到使美国军人更敏捷、更强壮，尤其重要的是使他们更不容易疲劳、更能适应艰难环境、更能忍受战场伤痛的手段。自安东尼·特瑟于 2001 年 6 月 18 日被任命为该局局长后，生物科学更是受到进一步的重视。特瑟是斯坦福大学毕业的电气工程博士，是专门为美国政府和工业界提供过程管理与战略开发咨询的“红杉树公司”的创始人与首席执行官。此外，除了在美国国防高级研究规划局任职，他的履历中还包括“动力技术公司”的一任首席执行官、“福特航空航天通讯公司”的高管人物、“科学应用国际公司”（SAIC）副总裁兼高科技开发部负责人等。他还有在美国国防部长办公室下属的国家情报处工作的经历。

特瑟认为，对人进行改造是一项大有可为的事业。在他的领导下，美国国防高级研究规划局迅速加强了这方面的规划。有关的工作主要是通过该局的防务科学处进行的。据《新闻网站》记者诺厄·沙施特曼报道，2002 年初，美国国防高级研究规划局向国会提交了 7800 万美元的追加预算申请，强调这一追加部分，将主要用于"研究能够提高行动绩效的生物化学物质"[3]。没过多久，规划局就在一份草拟的文件中，称人是整个防卫体系中"最弱的一环"。鉴于此，这一环便存在着得到"维持并增强其行动绩效"，并进一步"创造新功能"的必要。

事实上，美国国防高级研究规划局在2006年公布了一份《生物学的国防应用》的资金调拨计划书。诚然，普通民众很难看明白书中所列出的内容，不过据分析，大多数项目都以这种或那种方式与神经科学有关。

诚然，对于美国军方这一旨在增强军人战斗能力的要求，可能会受到政治这个打阵地战能手的否决。在小布什总统当政期间，由于他所持的"目前无法下定论"的立场，科学家们在很大程度上只能采取观望态度。这位总统在2001年11月建立了由他直接领导的生物伦理学委员会，其行使职能的结果，是使得美国科学界研究胚胎干细胞的速度放慢。除此之外，该委员会也对以人为方式开发人的身心能力的研究持保守态度。2004年2月27日，小布什总统又将这一委员会中的两名成员除名，其中一名是细胞学家伊丽莎白·布莱克本博士，另一名是医学伦理学家威廉·梅伊博士，两人都是声名卓著的科学家。伊丽莎白·布莱克本还被诺贝尔奖得主、霍华德·休斯医学研究所所长托马斯·切赫推崇为"非常有才华、也非常成功的科学家……世界范围内的顶尖生物医学人物"，但还是被两名总统认为更"合适"的人取代，对外公布的理由是他们经常不同意现行的干细胞研究政策。其实，大多数科学家都是站在同样立场上的。

就连"失血状态下保全性命研究计划"也险些被对科学颇有戒心的政治家打入"冷宫"。还是多亏了美国国防高级研究规划局防务科学处处长迈克尔·戈德布拉特的努力，这才使它走出惨淡经营的处境重整旗鼓。这一研究项目竟然也会遭到反对，真是让人很难理解。它的目的是尽量延长大范围受伤的"武士加健将”战士的生命，使其得以坚持到可以从战场撤退的时刻再接受正式医疗。这是一项研究生物在自然状态下发挥自我保护功能的研究，即进一步利用生物机体能够在处于不利环境时（如遭遇到极冷天气）关停部分功能、熬过当前关口的功能。“失血状态下保全性命研究计划”的内容，是研究使官兵能够按需要降低自己的新陈代谢速率，让身体进入一种类似于冬眠的状态。一旦这一调节得以实现，民众便会普遍受益，在遭遇诸如自然灾害的困境时实行有效自保，在受到严重伤害时实施应急救护。

美国国防高级研究规划局负责的另外一个值得关注的项目，是一种能够调节体温的设备。人们早就知道，剧烈运动会导致大量乳酸的积累，结果造成肌肉疲劳。然而，疲劳的真正原因是过热。出汗也是为了解决这个问题，因为出汗有降温的效果。发明层出不穷的斯坦福大学也针对这个问题，设计出了一种“降温手套”。这一设施不但可以促成比出汗迅速得多的降温，还可以在需要时反其道而行之，造成人体的升温。

克雷格·赫勒和丹尼斯·格兰都是生物学家。他们从 20 世纪 90 年代末开始开发“降温手套”。当极度疲劳、体温严重升高的受试者将手伸进这种设备后，受试者的腕部就会被垫圈包住，使之与外面的空气隔绝。小型抽气泵会将环绕手部的空气抽稀薄，使血液涌向皮肤。不到五分钟，受试者的血液就会得到有效冷却，人也从疲劳中恢复为能继续行动的状态。另外，据说有一名即将接受低温医疗的病人，也在接受全身降温处理前，先使用了两分钟的“降温手套”升温，结果在治疗过程中，虽然全身浸在冰水里，却有不错的自我感觉。斯坦福大学的美式足球运动员听说本校的一名实验员试过“降温手套”后，做引体向上的记录从原来的 100 次提高到 600 次，于是也要求试用这种设备。2003 年 4 月，手套的发明人赫勒为庆祝自己的 60 岁生日，当众一口气做了 1000 次俯卧撑。

他们发明的“降温手套”有些笨重，样子像特大号罐头。特种部队军人很快就领到了这种装备。如今的“降温手套”已经是经过改进的新版本，体积减小了不少。

由于我近年来一直致力于了解在整个神经科学的研究领域里哪些人在什么方面处于最前列，他们的研究成果又可能导致什么样的进一步发展，这就有机会与若干领先人物建立了联系。乔纳森·莫雷诺就是这一批人中最引人注意的一位。他的工作性质使他得以对神经武器的发展前景有充分的了解。

莫雷诺是美国宾夕法尼亚大学教授，还是电子网络杂志《科学进展》的编委，又兼任着“美国进步研究中心”这一公共政策思想库的高级研究员职务。他本是攻读哲学的，取得过哲学博士学位。以此种背景进入国防研究项目研究的人，恐怕是为数不多的。

莫雷诺在 2006 年出版过一本书，书名为《思想大战》。此书在开篇之处讲述了一桩发生在 1962 年的事情。当时他只有 10 岁。他的父亲是位精神病学家，在纽约州哈德孙河谷开设着一所占地 20 英亩的疗养院，以使用新兴医疗手段为疗养人员服务闻名。一天，一辆校车开到院内，车内坐着 20 多名青年男女。莫雷诺将他们视为伙伴，组织他们一起打垒球。后来，院里又来了同样一批人，两批人开始接受治疗。莫雷诺才不再与他们一起玩耍。不过对这些人前来这里的真相，他直到大学读了一半后才知道。原来，这些年轻人到这里来是服用麦角酸的。纽约市的一些精神病学家给他们开了这种东西的处方，而莫雷诺的父亲是政府批准研究麦角酸、大麻和可卡因等药物作用的医生。这样的人在全纽约州也为数寥寥。

位于加利福尼亚州大瑟尔地区的以撒伦学院也研究过麦角酸对人的影响，但却中途戛然而止。不过，即便是一些初步情况，也足以促成理查德·塔纳斯写出了两部著述：《西方思想之所钟》和《宇宙与精神》。

当然，当莫雷诺得知那些乘校车的年轻人前来的目的时，麦角酸已经成为声名狼藉的毒品了。蒂莫西·利里的住所位于纽约州米尔布鲁克，就离这家疗养院不远。那里发生的事情，正是使麦角酸臭名远扬的原因之一。

1994年，莫雷诺应聘进入了美国总统直接领导的一个顾问委员会，专门调查美国政府自20世纪40年代以来秘密进行的研究过量辐照对人体影响的实验情况。有人接受了含钚化合物注射，但被注射者自己并不知情。莫雷诺在此委员会内工作期间得知，大量对麦角酸的研究，都是在中央情报局的安排下进行的。经过几年的不断搜集情况，他渐渐意识到，既然神经科学"无论从科学家数量衡量，还是从知识增长量衡量，看来都是发展最快的领域"，因此幕后必然有美国政府近年来大力促成的影子。

莫雷诺还在1999年写了一本《不道德的冒险》，书中收录了所有他能查知的所有秘密试验的事实。这些秘密试验都是在国防需要的名义下进行的。当时美国有不少人认为，美国政府正干着不可告人的勾当，图谋支配人们的大脑。这本书也使莫雷诺与这批抨击者建立了交往。他与这些人积极交换意见，但一直不认为此类研究已经处于实际进行阶段。尽管如此，还是看到了美国国防高级研究规划局2003年2月发表的战略设想的文件，其中"寻求将思维换化为行动的手段，具有着长远的防卫意义。如果美国的战斗人员能够用自己思维能力远距离地执行任务，作用将极其巨大"的字句仍使他深感怵惕。

莫雷诺指出，美国国防部每年用于科学研究与开发的经费约为680亿美元。据估计，其中至少有60亿美元是专门花在种种"不宣而做"项目上的。

在达纳基金会[①]于2001年末在旧金山召开的神经伦理学会议

---

① 设在美国纽约州的一个支持科学、保健与教育的机构，特别注重鼓励神经科学的研究与开发。它得名于创建者企业家查尔理·达纳的姓氏。——译者

上，莫雷诺按捺不住自己的激动，向与会的上百名神经科学家发问道："为什么在座的诸位，竟没有一个人出来讲一讲这一学科与国防是如何联系的?"他离开了会场，决定自己从头了解一下这方面的状况。

莫雷诺先是接触了若干从事神经科学职业的朋友，没有人给他正式答复。这些人不是已经拿到了美国国防高级研究规划局的资助，就是很想争取到这一机会。不过也有几个人同意谈一谈，但前提是不公开身份、不得直接引用。他们披露的内容，使得莫雷诺多少找到了追索的方向。

下一步，莫雷诺用谷歌搜索引擎在互联网上查询，他在输入"美国国防高级研究规划局和神经科学"（DARPA，Neuroscience）两个搜索词，结果竟查到了上千条内容。（他在 2008 年又同样搜索了一次，这次得到了 152 000 条。）

在这些条目中，相当一批属于"征求回复"即 RFP，也就是针对美国国防高级研究规划局发表的项目需求，向军方承包商询问自己能否加盟、有何时间限制和款项数额等。通过对这些征求回复内容的理解，莫雷诺掌握了不少美国国防高级研究规划局的意图。

当莫雷诺的《思想大战》一书于 2006 年问世后，美国国家科学研究委员会聘任他为"未来 20 年神经生理与认知/神经科学军事与情报研究方法应急委员会"的主席。我在本章中提到的大部分研究项目，都是从这个委员会的成员中了解到的。

莫雷诺说，在他看来，美国的若干位最负盛名的神经科学家针对这些项目向应急委员会陈述的观点，可以归纳为这样一句话："依本人之见，如果是我提出这样的构想，会被大家认为是个疯子。"

读者请记住，下文将要提及的"假体大脑"，并不是出现在科幻小说中的名目。这个名称，以及其他一些同样不羁的名堂，目前还只是隐隐现身于遥远的地平线上，但的确都是第一流神经科学家们的设想。所谓“假体大脑”是指颅腔中的海马体，其作用相当于与大脑直接接口的硬盘。南加利福尼亚大学的特德·伯杰是研究它的科学家之一。他领导的小组迈出的第一步，是对老鼠的大脑进行类似的研究。目前，这个小组已经在将老鼠海马体内储存的信息下载到同一老鼠大脑内这一步骤上取得了重大进展。一些科学家相信，将这些信息上载至人造的信息存储器也是可能的，只不过需要花更长的时间。

对于这项研究，目前最大的争议是，应当将这一“人造海马体”植入人体之内，还是应置于人体之外。

军方希望能实现即用即会的手段，如迅速地大致掌握一门新的语言，或者记住所有追捕对象或者敌方训练营中每个人的长相。

对于利用神经科学增强和开发人的身心能力所引发的种种争议，莫雷诺是十分清楚的，对此将在后面一章中进一步介绍。在这里只提一点，就是莫雷诺认为，此类争议今后将主要集中在两点上：一是“这条路要走到哪里为止”；二是“有关技术和信息由谁掌控”。读者肯定能够看出，这两个问题都是极其重要的。

莫雷诺对我提起过，他在参加美国司法部不久前召集的一次会议时，听到有的与会者谈及使用鸦片类药物作为控制群体手段的可能性。谈到这一点，自然使人们想起了《船长与大尉》事件中那本来不应出现的糟糕结局。与会者一致认为，即便有关的技术已经成熟，可以通过撒佈合成鸦片制剂造成骚乱民众的昏睡，美国社会也不会赞同使用这样的手段。自然，鉴于“船长与大尉”事件都是既成事实，我们并不认为其他社会也会做出同样的决策。

认识到这一点，就引起了另外一个难题：即便只是为了知道一旦对被别人施之于我时如何应对这一目的，是不是也应该进行研究呢？也许还是应该研究的，但这就加大了有关手段落入不适当掌控的危险性。

互联网上有个“精神司法”网站，站内经常会刊登使用神经武器造成可怕结果的故事。据该网站宣称，它是“为保卫人的权利和思想的健全与自由而战，不使人们的大脑和神经系统遭受新技术和新武器戕害的人权组织”。

莫雷诺经常收到持有这种观点的人发给他的电子邮件，平均每周会收到一封。他最近收到的一份邮件告诉他，纽约州州长艾略特·斯皮策[①]之所以进入首都华盛顿的五月花大饭店找妓女寻欢，是他的思想受到某种外来控制的结果。

顺便说一句，我本人也会收到类似的电邮，频率大概是每月一封。

莫雷诺认为，无论是已经开发成功的，还是需要一大段时间才能出现的神经武器，都将只会用于对付外来之敌，永远不会施之于美国社会内部。不过，他也说明这只不过是他个人的观点，而且他还强调一点，就是他持这一看法，可能只是出于自己不肯正视负面前景的天性，而这种天性是大多数人都有的。“人们已经习惯于舒舒服服地误入歧途。”他这样说道：“这种情况，我们已经相当熟悉了：信用卡过度消费和沉迷网络都是现成的例子。因此，种种站不住脚的想法却往往能占据人心，甚至连见多识广、富有学识的资深人士也在所难免，而且似乎难以辩驳。”莫雷诺与“精神司法”网站的主办者谢里尔·韦尔什有过数次交往。在一次交谈中，他提出一个问题，就是自己需要向她出示什么样的证据，才能驳倒她的观点。对此她的回答是：“你无论如何也不可能驳倒。”——两者的情况真是何其相似也。

---

① 艾略特·斯皮策（Eliot Spitzer，1959～），美国纽约州第54任州长。民主党人。当选州长不足15个月即于2008年3月被发现在首都华盛顿嫖妓，继而被揭发曾多次这样做，而且可能是动用公款。事发后，他于当年3月12日宣布辞职。——译者

莫雷诺相信，在将来的战争中，很可能会有机器人上阵。由美国国防高级研究规划局和其他一些机构组织的项目，凡是涉及人脑与机器相互作用的，都可以用于实现制造机器人战士的意图。在这一方面，可能最早会得以实现的，是用无人驾驶的战斗机作战，飞机的操作均由躲在掩体里的人靠脑电波控制，使藏在远处的敌军遭到打击。

2008年初，《新闻网站》刊出了一篇文章，披露美国国防部罗伯特·盖茨和空军高级将领意见严重不合。不合的原因是他们对“捕食者”无人侦察飞机的部署方案和用于机器人驾驶轰炸机的拨款数额意见不一。如果他们会在这样的细节上进行争论，恐怕无人驾驶的轰炸机从地平线上出现的日子真就不远了——这个“从地平线上出现”既是形容，也是实际设想。

信息技术给目前的强国带来了几十年的军事优势。神经技术将会再一次改变力量对比现状，使得新的优势归于为此大力投入资源的国家。

新兴技术将使那些不以国家状态存在的敌人和流氓政权难以施展其伎俩——当然，这是指他们不至于在神经技术付诸军事之前，就已掌握和使用了核武器而言。凡是有用的技术，都会得到迅速发展，这是颠扑不破的真理。所以，美国目前是在进行军备竞赛，以实现下一代威力空前的武器，同时继续保持目前这一代武器的优势。这一代武器很可能已经过时，但仍然能够显示出以人力将世界迅速变成空前地狱的威力。我们也应该认识到，信息技术的发展，使未来的战争可能以非对称性战争的方式进行。当我们看到一小伙人凭着高超的手段，给井然有序的社会造成巨大破坏时，很可能会主张大规模报复，用最新的军事手段将对方压成齑粉。其实，如果人们能够实现一段相对和平的时期，就应当好好利用这段有限的时间，让自己的智慧超水平地发挥。否则，神经技术最终会流入流氓国家和不良分子的掌握之中，使世界和谐面临瓦解的命运。

今后20年中，人们将会看到身心能力都得到加强和开发的“武士加健将”式的军人，在认知意图设备的辅助下，截获他人的恶意图谋。注意，这里是指“图谋”。设想霍尼韦尔航空航天技术公司开发出了十分高档的图像信息鉴别系统，包括行为分析软件和个人情绪识别模型。这样，情报分析员们和“武士加健将”们就能分析由种种先进的侦察设备——人造卫星、无人驾驶侦察机、人造机器昆虫等传输来的信息，发现和消灭敌方的战斗力量。

“武士加健将”式的军人如果在培养的过程中发生脑损伤，就会给个人、社会和经济带来巨大损失。以后在挑选这样的战士时，就会根据基因信息进行筛选，掌握心理弹性和体能持久性的状态。这大概很快就会做到。对于天生条件不达标的，可以通过神经技术予以改进：执行任务前，施用增强记忆力和集中精神的药物；接受安睡剂在执行任务过程中的短暂休息时间恢复体能和脑力，以实现最佳的短期表现。这些也会很快得到广泛使用。

将来的部队在行军时会携带多种药物，并通过先进的药物配送系统对官兵进行监测和给药，以保持官兵神智的清明和体能的充沛，并减轻短兵相接、血溅三尺的形势带来的刺激。执行任务过后，官兵们还要接受神经调整，包括在虚拟实境中接受“脱钩”调节。这是一种在认知行为疗法的基础上总结而成的细致的恢复过程，可以消除或者减轻战场给情绪带来的影响。在此过程中，情绪调节药物也是不可或缺的。类似于今天的“上帝头盔”的电磁装置，可以透过头盖骨作用于大脑，部分地消除有可能带来创伤性精神障碍的记忆。

尽管世界上存在着种种禁止使用化学武器的条约，但以改变个人或群体情绪和认知能力的神经武器仍然会出现。谈起使人短期丧失记忆的所谓“记忆弹”，或者令人昏睡不醒的电子嗜睡器，听起来固然像是科幻题材，可是要知道，在原子弹扔到日本广岛之前，又有几个人会相信，区区一颗炸弹，竟会夺去14万条生命呢？神经武器是遭到广泛声讨的。对于它们涉及的种种严重的道德问题，人们还将继续争论下去。然而，历史已经证明，人类并不会因为技术会导致世界末日而一致同意加以限制。除非人类的思维方式出现重大改变，否则神经武器的研制是不会终止的。一些国家的政府和一些组织也在越来越努力地关注医学、金融、营销、法律等领域中神经科学进展的同时，也在努力地从其他领域汲取赢得军事优势的信息与手段。

莫雷诺在同我晤面的前几天，曾与一个日本代表团的一行5人会面。这几位科学家希望与莫雷诺探讨一下，如何实现他在《思想大战》一书的结尾句中寄托的希望。这句话是莫雷诺就要将此书的手稿送交出版社前加上的："或许，更好地了解这一复杂得近于可怕的系统，能够使我们从呼唤战神的念头转到企盼和平上。"如果人类当真如目前进展中的神经技术所揭示的那样聪明，就应当有能力找到切实可行的出路，成功地应对挑战——比本书中所描述的远为严重的挑战。但愿神经技术能够使人类进入莫雷诺所希望达到的境界。

Chapter 9 改造感觉

每一件事实的价值，都取决于我们对它们已经了解到了多少。

——拉尔夫·沃尔多·爱默生[①]

现实给想象留出了很大空间。

——约翰·列侬[②]

① 拉尔夫·沃尔多·爱默生（Ralph Waldo Emerson，1803～1882），美国思想家、文学家、演说家。此句引文摘自《爱默生日记选》（1931年部分）——译者

② 约翰·列侬（John Lennon，1940～1980），英国摇滚音乐家、词曲作家，“甲壳虫”乐队始创者之一。此话为他2003年赴澳大利亚演出期间接受《星期日先驱报》采访时所说。——译者

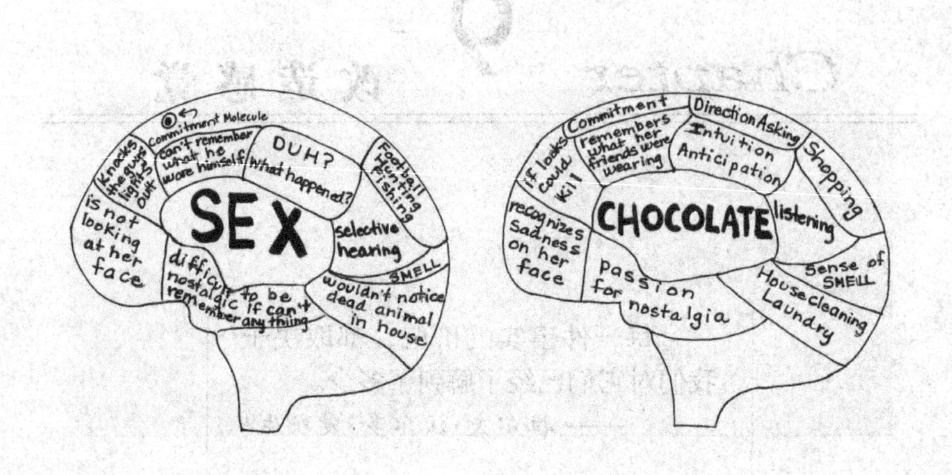

电视台都想搞出收视率高的节目来，可安坚·查特吉对这一套不感兴趣。他失去了大大出名的机会，长春藤大学联盟也没能跟着沾光。要知道，从某种意义上说，大家都是在演艺圈里，而许多人都认为，出名可是比挣钱更重要的目标。

这位查特吉是宾夕法尼亚大学副教授，在该大学的认知神经科学中心工作。他如今正处于一桩重大新闻的前锋。这一新闻会在全世界掀起风暴——不折不扣的暴风骤雨，而且会持续多年。对此，他要求进行全面报道，其中的种种枯燥细节一概不能删减，理由是它们都至关重要。他认为，一旦这桩新闻被处理成现场采访剪辑，让那些连一知半解的程度都未必能达到的人看了，必然会使一些负面成分被严重夸大。更糟糕的是，它的本质内容就会被当成次要的甚至无关紧要的，而对查特吉来说，涉及本质的东西是绝对妥协不得的。这样坚持的结果，是他煎出的这碗研究中枢神经促进药物的汤药，虽然想灌进媒体嘴里，无奈这位得了“追求娱乐效果症”的“病人”就是牙关紧闭。

电视制作人失去了兴趣，表示要想播出，就非得大大简化一番不可，否则就不可能“对观众的胃口”。不过，倒是有好几家刊物和几位作家向查特吉作了调研，并对他发表在《神经学》杂志上的文章进行了评介。这便引起了公众对他称之为“神经美容”的关注与讨论。

查特吉是位态度友善、不事张扬的人。我曾在几次会议上与他谋面。他个子不高，块头也不大，人很年轻，蓄一副黑黑的络腮胡须，剪得很短，看上去颇像是宝莱坞①爱情片中半路杀出来的羞涩但真情的小生。其实，这位查特吉在学术领域很受尊敬，他的著述得到了广泛引证，是神经伦理学会的创始人，还兼着六份包括学术刊物的编辑（《认知神经科学学报》、《认知神经心理学》和《伦理学、法学与技术科学的政策研究》是其中的三份）。他在本科大学时所学的专业是哲学，1985 年获得宾夕法尼亚大学医学博士学位，然后在阿拉巴马大学做博士后研究并获得该大学教职，继而加入宾夕法尼亚大学，成为该大学著名的神经学研究队伍中的一员。他的研究目标是了解认知系统，并将其纳入神经美学这一更大的体系，其中特别以探索克服大脑损伤的后遗症为其研究的侧重点。

2007 年，查特吉在美国学术期刊《剑桥保健伦理季刊》上发表的一篇文章，引起了广泛的争议。他在这篇文章中，将现今的“神经美容学”的发展趋势，与目前已经得到普遍接受的外科整形在其发展初期的状况进行了详细比较后，列出了两者之间他认为具有的共同点。[1]

查特吉做出预言说，“神经美容学”是已然形成的存在，并

① 宝莱坞是位于印度孟买的部分电影制片厂的别名统称，因产量巨大又套路固定而被半戏谑地套用了好莱坞这一名称。查特吉原籍印度，故而这里有此形容。——译者

将沿着类似于外科整形的道路继续发展。通过手术改变外貌的做法至少已经有2600年的历史。它的存在，是基于人们心目中的一个由来已久并根深蒂固的信念，只不过因近年来实现的技术进步而得到了蓬勃发展的机会。在麻醉技术和抗生素药物出现之前，对疼痛的畏惧和对感染的担心，限制了人们通过整形改变自己外貌的做法。医学的进步，使外科整形变成了切实可行与情理之中的手段。

就在整形手术取得进步的同一期间，美国的城市化也得到了进一步发展。与大量同事和陌生人面对面打交道，成了更多人的生活内容。"造成好印象"成了一种经常的必要。外貌对建立友谊和施加影响也起了更大的作用，其所有构成因素的重要性也都被放大。尽管整形手术此时仍被普遍看做是迎合虚荣心的手段，但也确实起到了在社会环境中建立自信的作用。

20世纪20～30年代，精神病学研究的先驱人物、与伟大的弗洛伊德和荣格共同创立了精神分析学说的阿尔弗雷德·阿德勒[①]，以自己的自卑情结说对公众产生了重大影响。阿德勒深信，有自卑感的人，有可能会为了补偿这一感觉而过度行事，长此以往的结果是导致自我伤害。这就使越来越多的人相信，改变人的外貌会堵住自卑感的一个产生源头。这样的设想，正与美国人要求自我改善和加强社会流动性的需要不谋而合。

事实上，医学界已经在20世纪20～30年代对被判犯有重罪的犯人实施变容手术，以研究此举是否会对这些人起到积极的心理作用。在此之后，美国的年轻一代对美貌的要求变得更是强烈起来。希望以一副年轻外貌示人，成了普遍的追求。整容技术得到了充分发展，除了对面部实施手术之外，还出现了皮肤护理、去除瘢疤、缩腹手术等种种使人看起来更顺眼的手段。还有让男

---

① 阿尔弗雷德·阿德勒（Alfred Adler，1870～1937），奥地利心理学家及医学博士。——译者

人的胸肌不下垂，使女性的前胸更丰满，减掉肋条以缩小腰身，吸脂以变得苗条，内植以改变下巴和面颊的轮廓……凡此种种，都是为了造就更好的外表。而这样的做法，也变得广为人知和得到大范围推广。以 2006 年为例，在合格整形医师那里接受手术的人便达 1000 万例，比 1994 年增加了 6 倍。

事实上，人们对外科整形的需求产生于他们的内心愿望。他们感受到一种要求产生更好的自我感觉的压力，并将其引导向借助改变外形以得到这一感觉的希望上。

“神经美容学”恰恰就有能力做到这一点。它能通过神经改造技术，实现更好的自我感觉。近十年来市场上蜂涌而至的种种神经促进药物，便明确地传递出一个信息，即许多人已经意识到，更好的心理感觉是可以实现的。在第二次世界大战后的“婴儿潮”年代出生的“高峰娃娃”，已经从对自己父母衰老的体验中，清楚地看到了衰老往往是与痴呆联系在一起的，而自己眼下也正在一步步走向这一阶段。事实上，有的研究报告认为，这一代人在活到 85 岁时，会有四分之一到一半罹患痴呆症。

在目前年轻一代的美国人中，表现出情绪障碍和注意力难以集中的人，数量极为庞大。原因之一可能是人们现在已掌握了若干有效的介入手段，因此能够对原先因原因不明或没有治疗手段而往往遭到搁置的病症给予注意。另外一个原因，则或许是加速发生的社会变化，导致了更巨大的无助感和脱节感。不管原因是什么，结果是目前已经有不下数百家公司都在努力完善神经技术，力争实现巨大飞跃，使其效果更准确、更集中，副作用大大减小，使用操作容易掌握。我本人确信，人们将会张开双臂欢迎这些新技术——先是新的药物，继之是新的设施，希望在它们的帮助下改变自己的生活。

有一个正在流行开来的市井用语，很能说明“神经美容学”开始流行的程度。这个用语颇带些亲昵色彩：“法力丸儿”

(pharmies)，眼下正在大量中学和大学里流传，一些在事业上升阶段的青壮年男女也对它日渐熟悉起来。“法力丸儿”是指若干种处方成药，为不少年轻人大量购来，或者自己服用，或者转手卖出，或者送给朋友，目的是用来对付某几类问题。有些老年人也这样做，而且已经有相当长的时间了。美国司法部药物管制局因忙于打击毒品的提炼、走私和贩卖，而无暇顾及这些或老或小的美国人的非法行为。

2005 年的一份对 1 万多名大学生的调查报告表明，4%～7%的被调查人或者是为了开夜车，或者是为了应试，曾试用过改善注意力的药物。在有些学校，超过 1/4 的学生都服用过此类药物。

一些非官方的调查表明，此类药物的使用队伍目前已更加扩大。我最近向长春藤大学联盟中一所学院的某教授作了调查。据该女士披露，她曾以本科在校大学生使用兴奋药物的状况为研究课题，对她执教的一些班级进行过不记名调查，结果是 60%以上的被调查人表示，自己有过使用此类药物的经历，而超过 80%的人表示知道有同学使用它们。如果将调查范围扩大到整个大学联盟，很可能这些比例还会更高。前后两个比例的巨大差异，固然有名牌大学的竞争更为激烈这个原因，但我认为这更说明大学内“法力丸儿”的使用量，在 2005 年的那次调查后其使用量又有了更大的增长。

在里根总统执政时期，第一夫人南希曾发起过“不滥用药物”运动。不过，我的看法是，尽管“法力丸儿”可能会产生足以威胁生命的副作用，但服用它们的人还会增加。随着副作用较轻的同类药物进入市场，这种情况只会有增无减。神经科学家目前正在研究足以带来制药业革命的新技术。一旦此类技术得以实现，研制和测试新药的时间和费用都会大有撙节。

“法力丸儿”也通过互联网得到非法销售，不需要提供处方，或者是明知故犯地接受假处方。通过网络销售药品的经营者，也通过合法渠道进货，有时的确是用于正确的治疗，有时只是对症而已。如果用对了，它们的确可以消除紧张，使昏昏沉沉的大脑重新清醒，驱散忧郁的浓雾，摆脱吸入过量大麻或者大量饮酒后的不适，抑制身体疼痛和情感煎熬等。通过互联网，人们可以查到大量有关药物效果和可能的副作用等资料。自己当医生，自己当药剂师，要想获得此类药物要比通过现行的合法体制便捷得多，也便宜得多。

但这样做自然也是有危险的，而且可能会极其危险。这是不言而喻的。并不是人人都认可查特吉主张的不赶风头、全面介绍的方式。获得过2005年影片《断背山》的奥斯卡奖提名，又在《蝙蝠侠：黑暗骑士》中因扮演小丑而有更出色表现的希斯·莱杰[1]，因不幸早逝而被《纽约时报》比作詹姆斯·迪安[2]——两人都是出色的演员，也都因事故而亡。一位是莱杰同胞的记者发表了如下报道："他所表现的同性恋牛仔……真是美好得无以复加，简直是达到了人类表现力的极致。"

据称，只有28岁的莱杰，生前为焦虑症、失眠症、肺炎和抑郁症所苦。在他死后，法医在他血液中查出了六种不同的处方药：羟可酮、氢可酮、地西泮、羟基安定、阿普唑仑和抗敏安。在这几种药物中，有些是能加重其他药物的副作用的，一如刮风会加剧寒冷感一样。就以地西泮和羟基安定为例，它们都会加强羟可酮的镇痛作用，而羟可酮这种合成药物在化学结构上与鸦片的精炼制品可卡因十分相近，即使单独使用也是

---

① 希斯·莱杰（Heath Ledger，1979～2008），澳大利亚男演员，曾以《蝙蝠侠：黑暗骑士》一片获得奥斯卡最佳男配角奖，还在《断背山》一片中因饰演同性恋者而获最佳男主角提名。2008年死于纽约，经调查，认定是同时服用多种止痛剂、抗焦虑药、镇静剂和安眠药等六种药物（医生通常不会同时开出）所致的意外。——译者

② 詹姆斯·迪安（James Dean，1931～1955），美国电影演员，一生仅主演过三部电影，但因演技出色和影片中年轻人的反叛内容能引起电影的主要顾客，被称为"垮掉的一代"的年轻观众共鸣而成名。1955年因车祸早夭。——译者

一种虎狼之药。

药物对新陈代谢的作用可以有不止一种方式。当不止一种药物同时要借助同一方式发挥作用时，就可能发生问题。问题之一是可能造成药物吸收量的变化，而不管这种变化是加大还是减小，又都可能强化其他药物对身体的作用。如果用的都是猛药，就很容易造成致命的后果。

一名年轻英俊又有才华的演员不幸离去，是一桩轰动的文化事件。詹姆斯·迪安是在1955年去世的，而直到今天，仍有人们跋涉前来加利福尼亚州的乔莱姆镇，到当年他驾着保时捷跑车出事身亡的路口致祭。不过，如今以“神经美容学”为代表的手段，更会制造出比出现在所有悲剧电影中的死亡场面更惊心动魄的事件来。

我个人从神经社会这一角度是这样看待这个问题的。

我们都生活在一个相互密切联结的都市化环境中。这是人类以几千年的努力控制物理环境的结果。我们的社会与文化环境也在这几千年里起着变化——开始时很缓慢，但近年来却大大加快。这些变化远远快过了我们身体的变化，更是快过了人类大脑的改变速度。现实情况是，人类目前相对仍很原始的大脑，会在应对现代社会的要求下被绷得紧紧的。“紧绷”二字很能说明问题。它原本是冶金学中的一个术语，英文是“stress”，意指金属在承受频繁和/或过重负担时出现断裂危险的形势，用于形容大脑在同样状况下的形势也是十分贴切的。

既然科学已经提供了控制思维环境和情感环境的更多工具，人们也就迫不及待地拿来使用了。前文提到的选择性5-羟色胺再摄取抑制剂（斯坦福大学的布赖恩·克努森曾发表过有关见解）就一度被用来治疗抑郁症，但不久便发现此类药物还有助于应对其他几种不同的疾病，如焦虑症和失眠等。此类药物能应对的疾病都有一个共同点，就是致因都与大脑处于“紧绷”状态有关。正因为如此，选择性 5-羟色胺再摄取抑制剂便成了应对精神类疾病的首选药物。

不过，选择性 5-羟色胺再摄取抑制剂在救助了千百万人的同时，也带来了恶心、自杀倾向、性要求减退等严重的副作用。许多人反映，一旦停止使用此类药物，就会感觉极其不适。艾奥瓦州的州参议员汤姆·哈金近来在一次早餐期间告诉我，他的一些选民代表向他反映："根本不用这些药会受罪，可用了再离开，受的罪会更大。"所以，选择性 5-羟色胺再摄取抑制剂并不是最好的选择。不过，如果将它们与多巴胺和去甲肾上腺素等主要的神经递质以不同的比例合用，效果不但会相当理想，而且可能是目前最理想的。正因为如此，人们都像发了疯——对不起，这一说法用来形容对精神疾病的治疗未免失当——似地服用它们。

在目前一些人喜欢自己当药剂师的形势下，选择性 5-羟色胺再摄取抑制剂也同其他许多处方药物一样，进入并扩大了被随便向亲朋推荐使用的行列。这使公众注意到，既然人们的精神状态是受脑化学控制的，自然也就可以通过脑化学手段来操控人的大脑。如今的学生会为了对付抑郁症、焦虑症和注意缺陷异常症而常年服用改变脑化学的药物。有些人虽然不曾使用，但也知道自己的同学和朋友中有不少人在这样做。据美国的《新英格兰医学杂志》报道，在目前各大学的医务中心开给学生的处方中，抗抑郁药物占了大约一半。学生们还掌握了表现出注意缺陷异常症或者抑郁症的明显症状的方法，为的是以此获得他们所需要的药物，好在学习竞争中占据上风。

经美国食品药品监督管理局批准，自 1997 年起，允许制药厂直接向消费者做广告。这就是今天的学生们所处的环境。他们会在熬夜看电视时接触到大量的医药广告，其中的副作用都是飞快地一闪而过，因此也成了清口滑稽演员嘲讽的对象。嘲讽归嘲讽，但说明了人们普遍持有的一个有潜在危险的观念，即不管有什么不对劲，统统有药可以对付。

与此同时，一些人通过在互联网上搜索医药制品的深层信息，认为自己掌握的医学知识甚至已经不在医生之下。其实，他们得到的信息，往往来自大制药企业打造出的一批说客，是这些人为了得到研究资助，为了参加高档会议，或者简直就是为了拿到金钱报酬而说出的不实之词。医生们还会考虑到保护前来求诊的病人，而互联网却未必会担心争议引起的后果。今天的病人们大多知道的事实是，无论他们听谁的，都会有猜测的成分在内。人们的生化机理因人而异，这就需要内科医生通过摸索和反复斟酌，对不同种类的药物和不同比例的配方一一测试，以发现对具体病人最有效的处方。在这一点上，即便是最优秀的精神药理学家，也是遵照着这一原则行事的。

美国的一家自我定位为预防成瘾和向成瘾病人提供救助的全国性非营利机构“火凤凰防瘾戒瘾中心”，在美国的九个州设立了100多个预防与救助站。该中心针对青少年嗜毒的问题专门在互联网上设立的“事实监控”网站（http：//www. factsontap. org），最近已将不正当地使用处方药物列为其重点内容。该网站是由“火凤凰防瘾戒瘾中心”下属的“美国药物教育会”和“儿童远离酒类基金会”共同负责的。

这又是教育会，又是基金会的，使“事实监控”网站办得四平八稳、郑重其事，但也木头木脑。如果浏览一下别的网站，如“邪门布告栏”（http：//www. crazyboards. org/forums），就会发现这里的内容要有趣得多。比如，在讨论抑郁症的专题中，写博客的人给自己起的名字多为“天鹅绒猫王”、“光环妞儿 66”、“小绿花”等。如果想要进入有关强迫性障碍的专题，就会被要求多次点击同一个标示图符[1]，以及诸如此类的安排。

这种多少带些牛气色彩的表现，正表明青年人是这些网站的主角。他们是聚友（MySpace）和脸书（Facebook）等社交网络服务网站的高手，而且不像前辈们那样看重个人信息的私密性。虽说“邪门布告栏”有不得泄露个人信息的原则性规定，但其入网会员往往会在不经意间提到自己还剩下不少没用完的处方药。接下来，就是有“淘药客”之称的人前来搭线，先是电子邮件联系，然后做什么就不说自明了。

这样一步步发展的结果，自然免不了会有人追悔莫及。而更无法避免的，是此类事情根本无法制止。诚然，美国的高昂医药费用要负一部分责任。美国国内已经出现了所谓“医疗旅行”的名堂，就是人们去印度、罗马尼亚、泰国、墨西哥，或者别的什么国家，去那里看牙或者治病，因为他们在本国付不起相应的费用。这样的专职旅行社已经出现，并负责向旅客推荐各种类型的医生。面对从未去过的国家，约见不但从未谋面，而且医术从何处学来也不得而知的医生，这可是需要大大增加对他人的信任感的。人们是希望有能力过问自己的生命的，这就不可避免地导致尝试通过非正常渠道达到这一目的，不管是要切除肿瘤，还是要在期中考试之前戒掉大麻瘾，都是此类希望使然。

包括处方兴奋剂在内的神经类医药制品的使用，目前处于扶摇直上的状态。以美国为例，2007 年服用克服注意缺陷异常症药物的 20～30 岁年龄段成年人，较 2000 年时增长了不止两倍。在美国中西部地区的文科大学生中，大约 14％的人承认自己有过服用注意缺陷异常症药物的经历，44％的人表示知道有人这样

① 强迫性障碍，也称强迫性神经症或沉溺症，是焦虑症的一种。患有此病的患者总是被一种强迫思维所困扰。典型的表现分为两类：一为“强迫性的行为”，如不断地洗手，反复计数等；二为“强迫性观念”，如无法控制的回忆、怀疑等。网站设计者的这一安排，恰能加深点击者对该症状特点的印象。——译者

做。这些药物多是通过各种渠道买来或是借来的。这些学生说，服用这些东西后，感觉上会好得多——不那么抑郁了，大脑“紧绷”得不那么厉害了，注意力更集中了，休息质量提高了……一句话，其对大脑实现了更好的控制。

全世界的7万名神经科学研究人员，目前都致全力于破解神经生物学的几乎每一种可以设想到的状态，无论是情感的、感觉的还是认知的。在遗传学和大脑成像技术最新成就的推动下，破译编码的进步使得神经科学家们相信，新的医疗手段将会出现，不但效果更安全，而且能在大范围内治疗多种神经性的与精神性的疾病。此外，正如今天有些健康人也为了满足种种需求而服用药物一样，将在明天出现的更精妙的医疗手段，会更精确地影响大脑内的神经化学过程。这种新能力的结果将非常重大，就是从根本上改变每个人对每一宗日常事件的感知，并最终改变整个世界中所有的人际关系、政治观念和文化信仰。在摆脱旧有的束缚、重理自己的头脑之后，人们将会看到一个全新的世界，而且从任何意义上来说都是全新的。

未来学家们将这种会在将来出现的现实称之为“神经强化”(neuroenhancement)。我本人则更倾向于称之为“神经提调”(neuroenablement)，对此将在后文中略约解释一下理由。

2004年，在美国总统小布什直接领导下的生物伦理学委员会，向公众发布了题为《治疗之外的课题：生物技术与获得幸福感》的报告。报告认为，作为存在于社会中的成员，人们必须考虑这些问题所涉及的深刻道德层面，以在将新技术用于增强体能和智能时特别谨慎：

> 我们都希望后代更优异——但并不是因此而将生儿育女变成流水线生产，也不是改变孩子的大脑，让他们比其他同龄人优越一头。我们都愿意在生活中有更出色的表现——但并不是因此而使自己沦为化学家的试剂或是以非人的方式胜

出。我们都希望活得更久——但并不是以玩世不恭或者苟活人间为代价，更不是为长寿而长寿，置后代人的命运于不顾。我们都希望获得幸福——但不是没有爱情，没有亲情，没有成就感，单凭药物造成的醺然感觉。

这番劝诫固然值得一听，然而，如果我们的文化真的出现这样的变化，美国政府也将无法遏制。不管人们喜欢与否，不管人们下多大力气、付出多大血本，用神经技术改造人们知觉的时代总归要来临，因此应当做好心理准备。治疗手段将会用于增强人的身心功能——我本人更倾向于使用“功能提调”这一词语。这样说并不是制造噱头，而是更准确地反映实际情况。由于问题的复杂性，用这个说法或者那个说法，也许并不会引起政界的关注，电视台也未必会特别注意。不过不受重视，并不等于有朝一日不会出现如尼尔·杨[①]在歌里所唱到的情况：“心里有想法，不能说出来……早晚有一天，统统成实在。”

大哲学家路德维希·维特根斯坦曾经说过：“我的语言的极限意味着我的世界的极限。”[②] 的确如此。语言是随着需要发展的。19世纪时，选择性5-羟色胺再吸收抑制剂还没有出现，其他治疗抑郁症和其他形式的精神病的手段也不存在，那时只存在两个描述精神疾病的名词，一是“疯”，二是“傻”。随着治疗手段的进步，诊断语言才随之得到发展。使用神经技术进行治疗和用它增强人身功能也会是同样步调一致的。

划分治疗和强化的界限，将会是一个折腾许多年的过程，并会充满争议，充满困难。不妨可以形容为有如在早已形成私人交通方式的城市中拓宽道路、拆除建筑，以增建大运力的公交系统。

---

① 尼尔·杨（Neil Young，1945～），出生于加拿大的美国摇滚歌手，也是歌词作家。这里所引用的文字系他写的歌词《一直向前走》（*Walk on*）。——译者

② 《逻辑哲学论》，郭英译，商务印书馆，1985年。——译者

在这个过程中，相当于早已形成的私人交通方式的，就是已经确立起来的用以衡量人们行为的判据。这些判据不但数量众多，而且往往被奉为金科玉律。争议的中心，会围绕着一系列与医药、治疗和不同社会的价值观念等事关道德、哲学和安全的问题进行。一些远见卓识者已经开始这样做了。

什么是正常？显然，每个人与生俱来的禀赋、性格、能力和感觉是各不相同的，而且又都会以不同的速度发展，并最终达到不同的水平。一旦神经技术被用作工具以改变人们的能力，就会遭遇来自文化观念的阻遏。而对于“正常”的歧见，也会上升为政治和宗教的对立。那么，在人的基本权利中，到底应当不应当包括改变自己身心能力的决定权呢？有的人认为，人的大脑的思维能力是不应当受到限制的。但另外又有人觉得，得到改变能力的机会是不均等的，一旦允许这样做，势必会使现有的社会不平等现象进一步加剧。更有一些人主张全面禁绝一切改变神经潜力的行为。还有一些人，既有年轻人，也有老年人，会为了能用上“法力丸儿”而无所不用其极，正像目前一些人会为了得到麦角酸和“忘我丸”而不顾一切一样。与此同时，大麻目前恐怕仍然是美国利润率最高的经济作物，可卡因也在美国不少地方大量流通，从而造成这些地方难有社会安宁。第二次世界大战后被称为在“婴儿潮”时期大批出生的“高峰娃娃”，曾经多次成为美国社会发展的弄潮儿，他们目前虽已步入老龄，但看来也仍旧不大会安于天命。

用目前医务界的行话来说，将神经技术用于“健康人”，以达到种种“非医疗”目的的做法，起到的效果就是“神经强化”。不过，就许多人对近期效果的期待而论，并没有指望神经技术能够取得如此巨大的效果。正因为如此，我才选用了“神经提调”这个说法，来形容目前正在酝酿中的技术。“提调”意味着将底限升高或降低，这就有助于实现公平竞争与社会公正的内涵。在我本人看来，“神经提调”会给人们带来能力，使人们借助更好的工具令大脑处于更健康的状态，达到自己希望具备的处理情绪，实现认识能力和感官感觉的水平，并定格在正常衡量尺度的最佳位置上。

据我得到的印象，人们在谈到“强化”时，是希望具备类似“超人”的本领的。要是抱有这种期望的话，那就不要指望今后一二十年间靠神经技术能达到这一目标。

目前人们在神经技术领域内追求的目标，主要是提升神经功能。由于神经功能的增强，原来功能较低或一般的人，便可以期望达到与高水平功能的人比肩的程度。比如，在目前研制的所有药物中，并没有哪一种能指望使人的智力超过爱因斯坦，不过，发现使智商为中等水平的人有所提高的认知增强药物确实是现实的。迄今为止虽然还不曾有人以智商特高者为对象进行过研究，但美国空军对天生飞行禀赋很高的飞行员进行的一项有趣的实验表明，使这些人服用“莫达非尼”，并不能使其警觉性有进一步的提高。

为了呼应路德维希·维特根斯坦对语言的局限所下的断语，我认为，如果我们要在神经伦理学领域中使用“神经提调”这一词来指代有所选择的行动，还是应当认真讨论一下为好。审慎地讨论会有助于司法部门认清形势，看出神经技术的进步是无法阻挡的，从而制定出有效的政策，这样才能最终有助于提高人类的崇高存在感。

语言固然是表达情绪的重要手段，但充其量也只是起着标识牌的作用而已。弄清楚人们需要通过神经提调（或者神经强化）来达到什么目的，这才是真正重要的。

在我们需要达到的各种目的中，认知能力是最重要的。能够更快地领悟概念、更快地掌握技能、更合理地做出决策、更轻松地记住信息、更专注地做事情……一句话，就是人变得更聪明，而且更重要的是与此同时也更长久地保持身体的健康。目前在加利福尼亚州的欧文市，有一家医药公司索性就给自己起了个“大脑皮质生物医药制品公司的名称”，它的服务对象显然是锁定在“高峰娃娃”这批人身上，希望这批人为了不愿被年轻人嗤鼻为“不跟趟儿”而花钱买它的改善记忆功能的产品。像这样的公司，目前美国大概已经有了40家。

你希望能只练上半年，就能将大提琴拉得像马友友那样出神入化，登上卡内基音乐厅的舞台献艺吗？你愿意一夕之间吃透菲尔·杰克逊[①]的“三角进攻战术”，以此本领入选洛杉矶湖人队，与科比·布莱恩特同场打篮球而愉快胜任吗？也许人们能在将来做到这一步。

更有效地控制情绪，也会占据比以往更重要的位置。人们将普遍地更少愤怒，或者是能将怒气有效地控制在适当的范围内。这样会有助于人们在受到误解的情况下找到解决问题的途径。保罗·察克、迈克·麦卡洛、维拉亚努尔·苏布拉马尼亚姆·拉马钱德兰等人所大力研究的移情感，如果能使之加强和扩大，必然会使这个世界无比地美好起来。与此同时，通过神经提调被赋予了更多选择机会和更明智、更富建设性的选择能力的人们，也会有很大一部分由此享受到更大的欢愉，免除掉很多的烦忧。

人们的情绪主要由大脑中最古老的部分负责制造。情绪其实是对外在环境的反应，因而倘能进行合理控制，就会是无比重要的。将情绪完全根除不但是愚蠢的，也会将生命赋予人们享受欢乐的机会剥夺殆尽。针对由于社会环境和物质环境改变的速度大于生物进化速度所带来的制约，神经技术将向人们提供强大的应对工具。种种精神疾病的神经疾病将大为减少，世界上现存的悲惨现实也会大幅度消失。

---

① 菲尔·杰克逊（Phil Jackson，1945～），美国著名篮球运动员和教练员，他执教的芝加哥公牛队和洛杉矶湖人队等几支篮球队，曾先后获得11次NBA总冠军。——译者

人的感官是认知的第一线器官。在这方面，我们可能会很快具备更敏锐的感觉灵敏度和更宽广的感受幅度。也就是说，我们能听得更准、闻得更灵、尝得更精。至于触觉，则是按需要上下浮动，涉及爱抚得会更强烈、更精细，与冷热等极端耐受力之类有关的感觉则会变得更粗糙、更迟钝。

人的神经化学体系是被一大堆因素形成的多如繁星的组合控制着的。比如，多巴胺在预感会得到酬报和提高大脑的适应能力即可塑性方面起着重要作用。5-羟色胺是与进犯行为和爱恋密切相关的物质。鸦片类药物能够调节对痛苦和欢愉的感受程度。这些基本的功能“砖块”都能与文化的进程相互作用，一旦它们能在一定的环境下达到适宜的水平，就会有如一组乐器高低合谐、强弱搭配，共同发出优美的乐音。神经功能提调药物或设备将会使更多的人加入生命的共同交响乐团。我们将缔造情绪上和行为上更加稳定的音响——用科学语言描述就是行为实现极大的灵活度。

在这些能力——感官感觉、认知能力，外加与认知能力并蒂的情绪控制——都得到增强后，人们就无须渴望自己变成什么“超人”，只要在需要时能够充分发挥自己的必要功能也就足够了。我认为，下至个人，上至国家和国际机构，只要有更强的移情感，并使功能得到全部发挥，就足以保持不断前进的优势。

人们会选择通过神经提调的方式改变大脑的活动能力吗？这一选择会带来更大的进步吗？

我敢打包票，这两个问题的答案都将是一个“是”字，而且还会大力进行。凡是体育迷都知道，许多竞技领域中的选手都会为了胜出而借助种种增强体能的手段，有些手段甚至是非法的和危及运动生命的。对娱乐界的大事、小情关注的人，只要稍加留心，就会知道在电影、电视和舞台上亮相的人，有多少是求助于外科整形来改进体貌和容颜的。因此，如果能找到一种办法，它既能提高人们的体力资本和脑力资本的生产率又能保证人身安全，为了前途人们自然会寻找此类新工具帮忙，以增进自己的工作效益。

实际上，音乐家——这里指的是与古典音乐打交道的那一部分人，就已经为解决所谓“晕场”的困难而这样做了。这些音乐家面临着将难度极高的音乐作品，呈现在音乐修养极高的听众面前，而且不但要以极高的技巧表现出来，还要有极富表现力的细节发挥。在这样的压力下非但不演砸还要有超水平发挥，其困难是可想而知。这正如著名的“只此一家乐队”在那首著名的流行歌曲《晕场》所唱的那样：“上场如同做恶梦，再做一场会要命。”[①]

晕场是因“偏狭性强迫专注”[②]导致的僵化表现。当乐师处于此种状态时，稍有意外，自信心就会一下子化为乌有。这正是前文所提到的“不是拼命，就是逃命”形势的反应结果。在“偏狭性强迫专注”情况下，大脑中的古老部分会增加肾上腺素的分泌，以产生更多的能量——不管是一搏拼之，还是一逃了之，额外的能量总是需要的。而在这种状态下，大脑就不断催促自己的主人做出决定，让人觉得形势真是生死攸关。如果你是即将登台的音乐家，观众就要求你做出出色发挥这一选择的压力。

β-受体阻滞剂最初是作为对症治疗高血压的药品问世的。它同时也有减轻晕场的作用，其机理是约束人体的各个肾上腺素受体的功能，而大脑也是这种受体之一。服用β-受体阻滞剂不会影响肾上腺素的分泌，但人体却不像原来那样容易受到它的影响了。据一些非正式的统计结果，因担心发生晕场而服用β-受体阻滞剂或者注意缺陷异常症等对症药物的音乐家，低的为1/4，高的达3/4。

---

① “只此一家乐队”（The Band）是一只从20世纪50年代起长期走红的摇滚乐队的名称，成员由美国人和加拿大人组成。《晕场》（*Stage Fright*）是该乐队于1970年唱红的歌曲。——译者

② “偏狭性强迫专注”（hyperfocus）指思维或者视觉感官陷入只注意某一方面而不计其余的脱离客观现实的状态。处于此种状态的客观判据是大脑会发出一种称为θ波的脑电波。——译者

事实上，就连给这些音乐家开出β-受体阻滞剂处方的医生们，也往往会在自己出现类似晕场的形势下——如在医学会议上宣读论文前——服用此类药物。

服用此类药物的副作用包括焦虑、头痛、失眠等。服用注意缺陷异常症药物者可能会表现出食欲不振，而服用β-受体阻滞剂者可能会犯困。至于具体的个人会不会出现这些症状，以及这些症状的表现程度如何，将视服用者的耐受力、服用剂量和服用频度而有所不同。

许多职场中的从业人员，会为了保持头脑的清醒、思想的集中或情绪的稳定，而半公开地使用处方药物。读者想必还记得保罗·菲利普斯，即那位35岁时已经靠着“艾得奥”和“普乐机灵”的鼎助，在扑克牌比赛中赢了230万美元的前计算机编程师？要想在牌桌上取得胜利，就要有能在最长时间内保持最高水平的能力。即便你一周得工作60小时，而在这么长的时间里，你的同事时时都在琢磨着如何“干掉”你（当然只是个比喻），你的紧张程度也无过于此。

“利他林”是用来应对注意缺陷异常症的处方药品，列在医生们的处方单上已经许久了。这种药物确实可以增强大脑的活动能力，但却会使注意面变狭窄，只会顾及眼前的事物。据悉，目前在美国，靠吃“利他林”保持在课堂上注意力的学生，平均每位教师都能摊上一个。长途货车司机连续开车时间越长，赚的钱也就越可观。因此，他们总是将开车时间延长到接近法律许可的最高限度，这也就使他们比学生更早地用上了“利他林”。扑克牌比赛也需要长时期的高度注意力，既要记住自己的出牌，也要记住所有对手的出牌，还得摸清大家的牌路。扑克牌比赛在北美通常会在意大利式蒸汽咖啡店举行，因此服用“利他林”和“心得安”一类β-受体阻滞剂的参赛者所表现出的征候，也得到了“咖啡绷”的俗名。不过，它们也的确能使一些服用者保持持续的稳健状态。

菲利普斯将自己的财源茂盛归功于精神药理学，这使医药界得到了鼓励，放手让自己的研发部门鼎力研制种类繁多的下一代神经功能提调药物。其结果会如何呢？不妨借用宾夕法尼亚大学生物伦理学家保罗·鲁特·沃尔普的一句话："不管他们弄出来的第一种记忆药物会是什么样的，肯定会使'伟哥'相形见绌。"

伴随着寿命的延长和全球范围内竞争的加剧，人们将须不断学习新的技能。神经功能提调药物将会使学习过程更加容易，而且将来还可能无须很大的花费便可实现。这样，神经功能提调药物就会成为信息技术之外的又一种取得竞争优势的手段，而这个优势就是神经竞争优势。

凡有重大变化出现时，反对意见总是免不了的。是否要接受这种新的生活方式，人们的看法见仁见智。生活在不同国家、不同文化乃至不同亚文化中的人们，反应会各不相同。美国、英国、德国和苏联都是工业强国，但它们对各自技术的导向并不相同。类似地，新加坡、印度、中国、美国等各国，也会对神经技术持相异的社会习见与法律衡量尺度。不过，当今的人们都生活在同一个高度竞争的全球经济社会，如果再都进入同一个实现了神经提调的环境，人们得到的回报必然会是巨大的。即便不是人人都调节自己的神经能力，但只要有一部分人决定这样做，他们改变自己大脑功能的结果，同样势必会带来经济竞争基础的变革，进而影响到每一个人。

神经提调会引起连锁反应。这一行为最先造成的一个结果，是大大改变了当今认定用以谋求最高生产率的主流管理观念。这一改变随之会引来新的成本构成，进而形成新的生产率，并导致人们在工作环境、学习环境和其他所有社会环境中打造出新的社会关连。在新工具的辅助下，个人、公司、国家和社会都将在较小的压力下，花较小的精力形成更多的产出。这会让人们觉得自己变成了长青树。

在民间流行着一些被民俗学者称为“特别竞技”的比赛项目，比赛的规则往往很特别，如比赛时间的规定和冲撞对手的合法性等。为了保证这些规则得到遵守，需要相当一批人充当裁判。然而，对于发生在经济领域、教育部门、扑克牌桌、体育赛场和音乐乐坛上的行为，我们是否需要出力确保没有人会为了胜出而使用合法药物达到巅峰状态呢？要实现确保，我们的经济体系就得支付维持一大批“神经警察”的费用。再者，难道我们应当要求人们不再实现心中的愿望吗？如果愿望实现所能带来的结果，是在复杂的选择环境下为人们找到最好的投资方式，是让人们能够坦然接受复杂的手术，是让人们不致因恐怖分子藏在自己鞋子中的炸弹漏检而遭遇空难，那么也许就不应当这样做。

面对这场文化变革，应当考虑到的还不止这些。比如，随着每个人开始自觉地调节自己的情绪水平以及相应的感知能力，行为的差异也会进一步得到凸显。那么，人们的决断能力也会因之受到什么影响？外部世界又将如何随之变化呢？是不是所有的人都会卷入竞争的旋涡？由于实现了更高的生产率，人们是否会在不影响生命财产安全和生活水平的前提下，选择更短的工作时间？再有，一味地追求不断向上的情绪，这是不是供人们做出决断的适宜基础呢？

美国政府每个月都会发表一份《消费者信心指数统计》的调查报告。美国联邦储备委员会将根据它提供的信息，决定是否调整银行利率。在调查过程中，平民百姓会被问及对周围世界的看法，特别会被问及对目前的金融形势是乐观还是担心。调查结果会对美国政府的宏观经济决策有所影响。随着情绪调节药物对焦虑症发挥作用，人们对周围世界的看法就会起变化，而这到头来会影响金融政策的具体内容。当民众的普遍情绪得以建立在与原来有很大不同的新基点上之后，情况又将会是怎样的呢？这种新的基点又会如何影响人们对决定着生活中方方面面的事物的**感觉**

呢？而对人们来说，感觉不正是最重要的吗？比如，面对乐观还是担心这两种可能中的选择时，多数人会选择前者，因为乐观会带来较好的感觉。然而，乐观的情绪就永远会导致好的决策吗？有时担心才是明智之举。

战争也好，和平也好，都是被人们的感觉驱动的结果。艺术、婚姻、出生、死亡、病痛、宗教……都会强烈地调动着人们的感觉。人们采取种种行动，都是因为有所感觉而为：或者正面，或者负面；或者喜悦，或者无望。用哈佛大学心理学家丹尼·吉尔伯特的话说："感觉不单单重要，它们还决定着哪里重要"。

研究感觉之当然和所以然的科学家，正以自己的有关工作，为行将来临的神经社会奠定基础。在位于法国里昂郊区布龙镇的法兰西认知科学研究所，以纳塔莉·卡米耶为首的一批神经科学家，目前正在借用大脑成像技术，研究人们在前景不明的情况下不得不做出决策时的大脑活动情况。就在不久前，《科学》杂志刊登了他们的最新发现：大脑中的一处与决策有关的叫做眼窝前额皮质的地方，与后悔这一体验有着密切的关联。

卡米耶小组在他们的报告中这样说道："面临因自己做出的决定所导致的结局，人们会产生满意、放心或者后悔等不同情绪。它们反映着将实际结果与如若当初有不同的决定时会有的后果进行比较的感觉。"这一认知过程叫做反事实思维，其基本上是一个从已犯错误中有所斩获的过程。

研究小组要求受试者参与一项简单的赌博游戏，并记录下每个受试者根据自己的预期结果和实际情绪所做出的选择。从正常的受试者所自述的情绪反应来看，他们是有能力进行反事实思维的。此外在受试者中，还有一部分人是大脑的眼窝前额皮质部分受损的病人。在这些人的自述中，既不包含任何事后后悔的内容，事先的设想中也找不到负面成分。另外也有医学报告证实，对一些杀人犯执行死刑后进行的尸检发现，这些人大脑中的额叶区是因汽车事故等原因受过严重损伤的。这两类事实相当一致。这也使人们想到另外一个问题，就是应当如何应对此时认为正确的情绪控制，由于人脑的改变，彼时却可能被认为并非如此的可能形势。

随着神经技术的不断进步，以及对后悔这一情绪从神经生物学角度的深入理解，人们将来也许会能够为自己选定感到后悔的标准。至于这一能力会如何影响人际关系或者对日常生活的感觉，现在还无法揣度。也许这将使人们更不顾及自己对他人的态度，正如杀人狂徒不在乎夺去他人的生命一样？也许这会使人们变得不计前嫌、宽宏大量、眼光更富建设性？

有关这个问题的前景确实很难预料。不过有一点是相当肯定的，就是有了能够影响人类情绪、认知能力和感官功能的新工具后，神经技术会使人们对社会、政治和文化的感知发生深切的变化。正因为如此，认真探讨神经技术的社会作用，是一个重要而且紧迫的研究课题。当又一个新时代在技术的推动下来临之际，我们或许会比之前迎接前三次浪潮——农业革命、工业革命和信息革命——时有更加充分的准备。

就在越来越多的生物实验室和化学实验室对开发下一代大脑药物投入更多的精力时，有些研究部门也在神经技术领域中另辟蹊径，希望借助植入体内的医学器件，通过细微的电脉冲对大脑产生作用。

与服用药物相比，以外科手术方式将医学器件置入体内，显然是复杂、费事而又昂贵的。因此，以植入方式取得神经强化的成效，还不是人们的近期目标。不过，随着纳米制造技术的进步，植入器件的尺寸将缩微化，外科植入的过程也将更平和。也许 20 年后，神经器件将会大有用武之地。

许多神经器件目前已经得到了广泛应用。用于减缓帕金森病（又称震颤麻痹症）病人失控颤抖的脑深部电刺激器、用于缓解顽固性疼痛的脊髓刺激器、用于使失聪者产生听觉的人工耳蜗等，都是神经器件的例子。此外，世界各地都有医生在钻研通过植入器件治疗与大脑有关的病痛，如阿兹海默病、抑郁症、成瘾、强迫性障碍等。也许过不了多久，征服这些病症就会变得比较容易了。

截至目前，全世界已经有超过10万人通过植入人工耳蜗获得了听力。人工耳蜗不同于助听器。助听器只是简单地将进入耳道的声波放大，而人工耳蜗是将进入装在体外的拾音器转换为电信号，然后传递给植入体内的一组电极，再由这些电信号直接激励内耳的神经纤维产生听觉。这样就完全绕过了人体内丧失了功能的声音传导系统。人工系统先对传来的声音按频率发生响应，然后分别直接传递给内耳的神经纤维。这一出色的人造装置可以使失聪的人听到声音。打算了解一下人工耳蜗技术的发展过程的人，不妨读一读迈克尔·科罗思特[①]的一本写得十分有趣的书——《重塑生命：附属于计算机使我更富人性》。（附带一提，这位科罗思特原本打算将这本书起名为《新版迈克尔》的。）

视网膜植入目前仍处于临床开发阶段，不过估计不出数年便可进入市场。就近期而言，这一植入的目的是使失去视觉的人得以感受到物体的大小、位置和运动，从而得以在不熟悉的环境中自主行动，而无须求助于导盲犬或者手杖。当前全球范围内有3500万盲人和视力严重受损者，估计到2020年这一数字会翻一番。视网膜植入将会给他们带来希望。不难设想，它也会同人工耳蜗一样，通过技术进步扩展人的感官能力。

神经植入技术不仅会扩展感官的感知能力，还有能力造成人们对周围世界的新的感受。安东尼奥·达马西奥[②]在《寻找斯宾

① 迈克尔·科罗思特（Michael Chorost，1964～），美国作家与教师。他天生听觉严重受损，后通过耳蜗修复手术复聪。《重塑生命：附属于计算机使我更富人性》一书即为作者对这一亲身体验的自述。——译者

② 安东尼奥·达马西奥（António Damásio，1944～），葡萄牙-美国神经科学家和科学作家。《寻找斯宾诺莎》是他写于2003年所写的一本探讨哲学与神经学关联的著述。——译者

诺莎》一书中，对自己的理论做出了详尽的诠释。他的理论认为，人们感受到的体验是一环套一环的，它始自某种情绪引发的感觉，而根据他的定义，情绪是人的身体状态对外来刺激发生响应时出现的变化，而感觉是大脑对此种变化以及有关特定图景的表现。达马西奥相信，感觉并不会造成身体表征，而恰恰是沿反方向进行的。比如，人们发抖并不是感觉害怕的结果，而是颤抖使人们感觉害怕。这才是因与果的前后关系。

如果达马西奥的理论是正确的，那么，通过对神经系统直接作用，比如，通过某种方向减轻人们颤抖时的反应强度，实际上就会起到影响自身的意识状态和对环境感觉的作用。

目前最尖端的神经器件，是与实现所谓“脑机接口”——“脑”是指大脑，“机”是指电子计算机——有关的器件。如果是单向的“脑机接口”，计算机在某个时刻或者只是接受来自大脑的指令，或者只是向大脑发出信号（如重建视频等）。如果是双向的“脑机接口”，大脑和电子计算机之间就可以同时互相交换信息。目前，这两种接口都还未能达到植入动物或者人体的水平。不过，根据前一章的论述可以断定，既然开发这一器件对增强国防意义重大，有关研究一定会在巨资的支持下实现。

在将来会出现的神经植入的种种成果中，最出色的应当是在极度抑郁的病人大脑内植入电极，然后医生选定一个合适的刺激强度，一通电源，病人的愁眉苦脸便能一下子变成眉开眼笑。研究有关技术的医生已经注意到，他们偶而还会使病人感受到性快感。伍迪·艾伦[①]的电影《傻瓜大闹科学城》中有一段情节涉及一种“性福机”，该片 1973 年上映后曾轰动一时。不过，即便只

---

① 伍迪·艾伦（Woody Allen，1935～），美国著名电影导演、编剧、演员、作家。《傻瓜大闹科学城》（*Sleeper*）是他自导自演的早期科幻喜剧电影，内容是一个病人误被医院装人液氮罐内冷冻。200 年后被加温苏醒，发现现实生活中出现了大量他无法理解的科技成果。“性福机”即其中之一，是一种可以将一个或者一对人装入的容器，可以使容器内的人无须性接触便体验性高潮感觉。——译者

在十年前提到这种设备，人们也会认为不具现实性。然而，今天再看，它已经不显得那样荒诞不经了。

还有一些研究人员相信，在更远的未来，人们将迎来“天堂工程”的出现。未来派学者戴维·皮尔斯①在他以电子书形式放入互联网的《快乐信条》（*The Hedonistic Imperative*，网址 http://www.hedweb.com）长篇宣言中告诉人们，基因科学和神经技术的进步，将使人们探索精神健康——情感方面的，智力方面的，还有道德方面的努力取得全面成果。“虽然刚进入 21 世纪时，‘天堂工程’的设想还会显得荒诞不经，十足像是从《美妙的新世界》里摘录下的片断，说不定还显得‘不自然’。然而，生命在完美的知觉状态下进行其生物学过程，就如同时空中其他所有场合进行的物质与能量的运动一样，是再自然不过的了。”[2]

因此，今后的神经社会将给人们创造一个更少病痛、更少烦忧的环境。人们将不再因出生前和婴幼时期遭受的创伤而蒙受一生困厄、潜力无从施展、社会地位难以改善的命运。已经富足有余的人们，将在移情感的作用下，更积极地与他人沟通，更努力地致力于帮助社会底层的成员。从本书第五章有关社会资本的论述中可以看出，通过神经提调，是能够使所有人都达到富足水平的。

我在这些年里一直极力主张大力开发神经技术，原因正在这里。

我在 2006 年末创建了“神经技术工业组织”（NIO），这是一个面向神经技术领域从业人员的行业协会。在此之前，我已经以自己所开办的“神经技术进展调查公司”的名义，发起并主办了以科学界人士、企业负责人和发明家为与会对象的年会。每逢有机会参加工业领袖人物的聚会时，我也都尽量争取让他们了解

① 戴维·皮尔斯（David Pearce，1959～），英国哲学家。——译者

我的观点——要求美国政府直接出面，促进神经科学在非军事领域的应用，特别是在医疗大脑和神经系统疾病的领域，从痴呆和抑郁症直到脑损伤都包括在内。[3]神经技术的发展，特别是以神经提调和神经强化为中心的发展，将引发一系列涉及道德和法律范畴的问题。它们会具有全社会层面的影响。我认为，对于有关的研究项目，政府也应当给予资助。

维拉亚努尔·苏布拉马尼亚姆·拉马钱德兰的这样一句话，非常雄辩地道出了努力推进神经科学研究的理由："有关神经科学实验的报道，固然不乏信口开河之处，但也提供了不少重要的正面信息。可以认为，神经科学正巨细无遗地进入普天下的一切事物。人们将未来的世界称之为神经社会。其实，如若称之为神经宇宙，或许会更为贴切。"

Chapter 10 喷薄欲出的神经社会

想象力比知识更为重要。知识是有限的，而想象力则包围着整个世界。

——爱因斯坦

正如发生在海底的地震，会掀起汹涌的海浪，并将洪波一直推送到海岸一样，前人每发明出某种能够着力改变周围世界的新工具，后人就能以此构筑起一个新的时代、造成一轮新的巨变：新的能力会造就新的工业，随之而来的则会是社会、经济与政治结构的深刻变革，并有新的艺术形式和文化模式随之形成。

目前我们正在感受到又一轮巨大变革的前锋冲击波。神经技术正在将人们的生活引向重大改变之路，并将最终形成深远的、在程度上绝不亚于耕犁、蒸汽机、电力或者宇航的影响。神经社会正在我们所处的这个时代中出现。以往的人类社会曾经历过种种巨大的变迁，而这个喷薄欲出的神经社会也势将同以往的社会一样，面临着两种可能——或者造福，或者为害，而且这两种可能看来也难分大小。但无论出现的是哪一种，影响也都会十分巨大。原因就在于，在这场划时代的变革中，形成新技术的新工具所能精确控制的目标，正是人们生命中最强有力的因素——思维。

其实，只要找对了合适的观察角度，我们就会发现，人类所曾做过的和发明出的一切，目的都是要实现对思维的控制。人类发明捕猎的战略和手段，是由于要抑制对挨饿的担心；发明酿酒技术，是为了提高兴致（虽然效果只是短暂的，还附带着一定的危险）。宗教、音乐、视觉艺术、建筑设计、体育比赛、烹调厨艺，莫不是人们用来施之于思维的手段，或进行更好的保护，或形成更好的沟通，或发挥更大的潜能。

在不远的将来，人们便有可能挣脱脑活动过程强加于自身的种种局限，体验到持久的自由。自旧石器时代起，人类的脑活动过程始终没有多少改变。在那个时代，人们靠渔猎和采集果实生存。火是当时出现的最尖端的技术之一。另一项尖端技术是制造——这里用到了一个现代词语——“复合型工具”，即用兽皮条将带尖角的石块捆绑在木棍上，这些是反复耐心尝试的成果。当时的人口密度估计为每平方英里一个人。如今，人类已经几度经历了社会的、文化的和技术的变革，人口已达到了66亿，又实现了长寿，人与人之间也形成了高度发达的关联。然而，我们所倚仗的，仍然是几乎同当时一样的思考器官。

当年，我们旧石器时代的先祖们挖刨块根、采摘浆果、捕获野兽——同时也被与他们共谋生存的可怕巨兽追捕，还要寻找阴冷的洞穴栖身。总之，生活方式并不轻松。不过，进入21世纪的现代人，生活环境中充满由巨大压力、担忧害怕和过度刺激组成的几乎从不间断的冲击。这种环境无情打造的结果，是给头脑造成伤害，一如不断地接受重负的肌肉，一方面会发达起来，另一方面也会动辄痉挛抽筋。大脑出自自我保护的本能行事，结果是频频与人作对，在解决旧问题的同时带来新问题，而新问题更是超过了大脑的处理能力。

在我们将要面临的神经社会中（据我估计，不出 30 年，该社会就会全面形成），人们将会最终实现情感的持续稳定，加强思维的明晰程度，并能延伸自己最需要的感觉能力，使之上升为占支配地位的现实体验。

认知自由权、大脑隐私权、不受政府和公司干预的思想与情感自由权，将是这个神经社会在形成阶段的民权运动的内容。一些人今天已经在考虑这些问题，并将它们归纳成重要专题提供给民众公开讨论。这些人被称为神经伦理学家。哈佛大学、宾夕法尼亚大学和斯坦福大学等地，分布着他们的领军人物，他们正在从事着理解和澄清正在出现的伦理问题的工作，如政府是否有权在犯罪嫌疑人的罪行得到确认前强制施行大脑扫描？法官是否有权判像判罚坐牢一样，做出强制性“变脑处置”的判决？对于人们通常不希望接受的控制思想和行为的做法，是否应当纳入神经技术实施的范畴？等等。

这里有一个我认为具有导向意义的问题：公民的隐私中，是否应当也包括人们思想最深处的念头？对这个问题给出的不同解答，将导致新出现的技术或者被用来控制人们，使之不得越过文化或经济之雷池，或者被用来提高人们汲取大脑的现有潜质，以及开发人人都具备但尚未得到利用的新潜质，并用来丰富人们的生活。结果可能美不胜收，也可能一塌糊涂，还可能是二者兼而有之。

神经革命的浪潮也会像以往几次变革之潮一样，得到低成本新技术的强大推动。这一次的有关技术，一是能够解读细胞内生命过程的生物芯片，二是大脑成像。这两项革新所带来的一个共同成果，是清楚地揭示出大脑是如何工作的——而且既在内部的分子层面内，也在大脑的整体层面上。在疾病诊断和治疗技术开发领域里，这一变革可说是端倪已现。

近年来，生物芯片制造成本的下降，使人们发现了大量的神经传递素、受体、离子通道之类的蛋白质，而它们都在决定大脑发挥正常功能的过程中起着关键作用。与此同时，高分辨率的大脑成像技术也使人们更容易理解，大脑里形成思维并导致行为的种种电学过程和化学过程会在何时、何地发生。

正如集成芯片给个人计算机和互联网带来了不断涌现的丰硕成果一样，在生物芯片与大脑成像技术的加速促进下，也将会催生出种种功能各异的神经技术。

20 世纪 90 年代被称为是“大脑年代”，在这 10 年间，神经技术领域出现的种种发展，使得人们对大脑的了解，大大超过了在此之前的 50 年。

展望未来，我们可以预料，随着更高效和针对性更强的药物、医疗设备和诊断手段的出现，神经技术市场将大大扩展。不过我们也很清楚，市场的扩展绝不是全部结果。通过治疗因病或外伤而受损伤的大脑，人们会积累起新的知识，而这些知识又会用于改善“正常”大脑的功能。

鉴于神经技术有能力改善人们的精神状态，以“提高生活方式”为名目的市场，势必会迎来极为蓬勃的发展时期。不过，同所有的其他技术一样，神经技术中因涉及人性的不同侧面的内容，拓展过程不会是均衡的。这样一来，目前已经存在的影响和谐的种种造成社会不均、引起民怨的因素，还有可能更加彰显。自然，开拓的结果，是这些技术最终会变得价格低廉，但实现这一点是需要时间的，在此之前，穷富之间的鸿沟会因此而加宽、变深，并伴随着频起的大规模暴力行为。

1984 年是我开始认识到社会的不平等和人性的不安分的一年。这一认识是我随母亲前去印度的伽内什普里进行为期六周的吐纳修炼后，在归国途中形成的。那一年我 13 岁。我家住在美国加利福尼亚州的库比蒂诺市。周末的时光，我通常是靠玩计算机游戏打发的。我玩的游戏多半是“魔域”或“涉险”之类，都要在家里连接刚出现不久的互联网。我父亲曾是“阿帕网”的负责人。我便问他计算机都能用来干什么。他告诉我计算机的好多用途，不过我大多已记不得了，但在记住的用途中有一条，就是它将在不远的将来带领人们进入一个“双向电视”的时代。

当然，在经历了半个世纪后，互联网带给我们的，远远不只是这种电视。不过，我当时一听到这一预言，便牢牢记在了心里，一直没有忘记。

当我随妈妈乘车穿过新德里前去机场搭乘印度航空公司班机的路上，从车里向外张望时，看到在还没有铺好路面的街道两旁，矗立着建造中的十分神气的高楼大厦，但与这些大厦比邻的，却是简陋不堪的贫民窟，那里是成千上万的成年男女和儿童的住所，连他们养的奶牛也同他们挤在一起。

当时我便觉得，自己出生在另外一个国度真是件幸事。

然而，当我们的飞机在迪拜作短暂停留时，我对社会的不平等和人性的不安分的认识便变得明晰起来。我们乘坐的波音 747 客机进入的是全部用大理石铺砌成的空港，我又看到墙上众多的钟表不但都是劳力士名牌，而且钟面的数字都是用钻石镶嵌的，便产生了一种意识，即存在于人世间的不平等的巨大程度，总有一天会在“双向电视”的帮助下被大众知悉，结果便是难以预想的社会摩擦，并最终导致战争。自然，我当时刚刚 13 岁，无法将自己的思绪清楚地说出来。但如今我知道，就是当初看到的那些镶着钻石的时钟，铸成了我迄今的人生行程。

2004 年，也就是恰恰过了 20 年后，我在为当前这本书进行调研和写作期间，应阿拉伯联合酋长国王储谢赫·穆罕默德·本·拉希德·阿勒马克图姆之邀再次来到迪拜，在阿拉伯国家战略研讨会的一次晚宴上发表主旨讲演。有 50 名政界、工商界和技术界首要人物出席这届研讨会，前美国总统克林顿、前美国国务卿奥尔布赖特、前美国四星上将威斯利·克拉克和名记者托马斯·弗里德曼等都是与会人物。这些人聚到一起，是要探讨阿拉伯世界到2020年时会发展到何种地步，并研究实现的可能性。我就是在这次讲演中，第一次把自己有关行将出现的神经社会将如何在今后几十年间改造世界文化的观念公之于众的。

神经技术向各个领域的渗透，将导致一个新型人类社会的形成。这将是继工业社会和信息社会之后的又一个社会——神经社会。这个新社会最显著的特点，是它提供给人类用以在一个高度相互关联的城市化世界中生存的种种工具，不但会是好用的，还可能是奇效的。为了解释这一特点，请允许我借用心理学中的一个术语、一个值得了解的术语：引启。

引启的含义是这样的：人的态度或者观念，会在自己并没有意识到的状态下因得到某个或者某些并不明显的暗示而得到激发。比如，如果将“开征遗产税”说成“向死人收税”，或者将“钻探石油”说成“能源探查”，都会使一些人对这些行动的态度发生改变。它们都是引启的例子。诚然，这两个例子都很明显，也很基本，甚至还有失粗糙。不过，政治咨询师弗兰克·伦茨博士[1]，就是因研究人们对热议中的政治话题的态度会因某些字句的使用而改变而出了名的。他在其2007年问世的新书《管用的字句：不是你说给人的，是人家听你说的》中提到，他发现了一个远为奥妙的引启方式。它的发现源自一场偶然事件。

1992年，伦茨给他组建的专题调查小组成员放映有关当时正在竞选美国总统的罗斯·佩罗[2]的三部记录短片。第一部是他的传记，第二部是宣传他的正面资料，最后一部记录了佩罗本人

---

① 弗兰克·伦茨（Frank Luntz，1962～），美国政治分析家。——译者

② 罗斯·佩罗（Ross Perot，1930～），美国大企业家，跨国公司EDS（电子数据系统公司）的创始人，曾作为非共和党亦非民主党的独立竞选人竞选美国第42任美国总统，但未能取胜。——译者

的一次演说。在一次放映中，伦茨不经意地先播放了演说的那一卷考贝，结果惊奇地发现，看了这次放映的专题调查小组，对佩罗的看法远远低于以前接受调查的其他小组的结果。这促使他深入研究了这一现象。

进一步的实验证明，如果最先观看的是这位总统候选人演说的短片，通常就会形成对他的负面印象。伦茨对此的解释是，佩罗有十分出色的经营背景，他的成功受到广泛推崇，但此人不擅长通过自己的形象和言词扩大影响。相反，他在与人交流时，往往会表露出自己是习惯于得到人们服从的。这一作风若拿到公司的会场上，可能会是有用的——他是那里的主人，拥有负责的全权，自己有什么想法也不一定非得讨论通过，往往只要下个命令即可。但一旦遭遇需要争取人们支持的场合，他的言谈和姿态便显得高高在上、不近人情。此外，他的政见也与政客们通常讲给人们听的有所不同。这正如伦茨所评论的那样，“如果并不了解他这个人，不知道他的背景，就会产生此公的大脑里有些地方是片空白，有些偏颇，而且不很稳定的印象。”

如此看来，在佩罗这件事上，重要的并不是传递的**信息本身**，而是信息的**传递顺序**。当最后传递的是演说部分时，这个人看起来就是个很有鼓动性的发言人，而如果首先传递它，就会使人觉得他的脑子里要么“灌了水”，要么“乱了线”。

不过，从某种意义上看，这种感觉发生“移位”的现象，也并不是特别令人惊奇的。市场营销是一个过程。推销员是不会不调查顾客需求，不介绍自己产品的性能，也不解答反对意见，便张口要求对方签订认购合同的。换句话说，观看这三个短片的人只是被动地接受了三种不同类型的信息。他们都只接触了每一种信息的一小部分，而且缺少一个有助于“签订认购合同”的互动过程。在这种情况下，吸收信息的顺序自然就起到了影响观念的巨大作用。

这就是说，人们看待事物的态度是高度可控的，而且可以在不知晓对方的意向时便预先加以塑造以形成某种格局。一个百折不回的推销员，或者一名巧舌如簧的政客，固然会施用没完没了的语言轰炸战术，但同时也使听者将自己的警戒级别打到了最高一级，将自己的“过滤装置”置于最强一档。但就在这一过程中，或许还会有一些根本不受注意的东西溜将过来，结果是使我们的观念全然改变。

就在前不久，一些研究人员发现，天花板的高度改变 2 英尺，看来似乎是无关大局的变化，实际上却会改变大脑的工作方式。领导这项研究的明尼苏达大学市场学教授琼·迈耶斯-利维解释说：“当人身处高天花板的房间时，自由思考的方式会被引启；而在低天花板的环境下，被启动的会是受到较强约束、表现得比较谨慎的思考方式。”她的结论是，当人们体验到自由感时，大脑内处理信息的功能会鼓励较为多样化的思考方式；而如果得到的体验是比较拘泥的，思维就会下意识地转向更专注于细节的方式。

迈耶斯-利维领导的这项研究，包括从拆词重组到产品评估等许多内容，每次试验重复三次，每次实验都在天花板 10 英尺高的环境下进行，这是研究人员认定的“自由和抽象思考”的环境，而 8 英尺高的环境是被设定为更适于考虑具体问题的环境。每当人们处在感到拘束的状态时，往往就会陷入“偏狭性强迫专注”状态，表现为“专抠细节”，并很可能在不够全面的情况下做出结论。

明尼苏达大学的这项研究揭示出一系列值得注意的可能性。天花板的高度改变 2 英尺，是多数人未必会注意到的变化，但却可能导致大脑工作方式发生变化。如果当真如此，那么若对人们所处的环境一一加以控制和改变，又会产生何种效果？比如，在高高拱起的哥特式教堂大厅里思考，效果会与在平顶房间里有什么不同？置身于弗兰克·盖里[①]设计的处处都是曲线的建筑物中，脑筋会不会动得与在横平竖直的房间里不同？在没有一扇窗的屋子里想事情，会与在普通房间和玻璃幕墙的房间里一样吗？改变环境的色彩和质地，人的感知能力又会朝什么方向延展呢？

涉及感知能力的因素为数极多，已经得到研究的却为数寥寥。不过，神经成像打开了以低花费弄清影响的道路。有了它，人们就无须为试验设备投入亿万资金，也免去了确知典型表现所需的长时间等待。所要进行的，只是找些人来，使其处于计算机创造的不同的虚拟现实的房间中并扫描其大脑状态即可。

这就是说，我们在求知路上所获得的每一点进步，都会将这条道路照亮。如此不断延拓、不断前进。

其实，不只是在神经科学领域，长期以来，无论营销什么，零售商们多数也都会利用形象来引启自己的业务。正如银行家在建造银行时，会采用石制的巨大廊柱造成银行本身坚如磐石的印象一样，零售业的人们也会借助考究的服饰、有创意的设计和高品位的布置等以高端产品营造起的业务环境，让顾客相信他们代表着先进水平，相信购买他们的产品才是上选。

到目前为止，此种引发基本上都是靠直觉进行的。可以预料，在不久的将来，人们在设计店面、车间、学校和住宅时，都会借助神经科学的种种工具进行测试和修正。目前已经出现了一些自称为“神经建筑师”的人。

神经建筑师也同神经金融师、神经美学专家、神经经济学家、神经法学专家、神经神学家、神经军事学者，以及读者诸君在本书中接触到的其他一些现代化之极的职衔一样，是迈向全新

---

① 弗兰克·盖里（Frank Gehry，1929～），美国知名后现代主义建筑师。他的许多建筑都被列为观光点，如钛金属打造的西班牙古根海姆美术馆，洛杉矶的迪斯尼音乐厅，西雅图的体验音乐馆，捷克共和国的“跳舞的房子”等。他的设计风格之一，就是以大量的曲线代替直线，且整体结构显得纷杂甚至怪诞，但又明显表现出令人难忘的特点。——译者

世界大军的先头部队。我们面前的路上注定会存在可怕的地段，因此现在就应当开始做应对和尽量化解的准备。不过总体来说，我希望人们在进入这个神经社会时，对它带有正面的预期，就像我曾听说的“魔术师约翰逊”[①] 对即将进入的比赛所持的态度一样——一次比赛结束后，有人前来采访他，请他发表对下一场赛事的预测时，他的答复是“我认为它会很**带劲**”。

① 魔术师约翰逊”是20世纪80年代美国NBA球星伊尔文·约翰逊（Earvin Johnson，Jr.，1959~）的绰号。——译者

注 释

Introduction: Into a Narrow Tunnel

[1] Motoko Rich, "Oliver Sacks Joins Columbia Faculty as 'Artist,' " *New York Times*, 1 September 2007.

Chapter 2: The Witness on Your Shoulders

[1] Adam Liptak, "U.S. Imprisons One in 100 Adults, Report Finds," *New York Times*, 29 February 2008.

[2] Committee to Review the Scientific Evidence on the Polygraph, National Research Council, *The Polygraph and Lie Detection* (National Academies Press, 2003).

[3] Strategic Intelligence, "Statement of the Director of Central Intelligence on the Clandestine Services and the Damage Caused by Aldrich Ames," Department of Political Science

at Loyola College in Maryland, http://www.loyola.edu/dept/politics/intel/dec95dci.html, accessed 7 August 2008.

[4] Beth Orenstein, "Guilty? Investigating fMRI's Future as a Lie Detector," *Radiology Today* 6, no. 10 (16 May 2005):30.

[5] Richard Willing, "MRI Tests Offer Glimpse at Brains Behind the Lies," *USA Today*, 26 June 2006.

[6] Ronald Bailey, "Is Commercial Lie Detection Set to Go?" *Reason Online*, 27 February 2007, http://www.reason.com/news/show/118819.html, accessed 21 October 2008.

Chapter 3: Marketing to the Mind

[1] Stuart Elliot, "Is the Ad a Success? The Brain Waves Tell All," *New York Times*, 31 March 2008.

[2] Ali McConnon, "If I Only Had a Brain Scan," *BusinessWeek*, 16 January 2007.

[3] Marco Iacoboni, Joshua Freedman, and Jonas Kaplan, "This Is Your Brain on Politics," *New York Times*, 11 November 2007.

[4] Niknil Swaminathan, "This Is Your Brain on Shopping," *Scientific American*, http://www.sciam.com/article.cfm?id=this-is-your-brain-on-sho, accessed 7 August 2008.

[5] Jonathan Leake and Elizabeth Gibney, "High Price Makes Wine Taste Better," [London] *Sunday Times*, 13 January 2008.

Chapter 4: Finance with Feelings

[1] Jon Gertner, "The Futile Pursuit of Happiness," *New York Times*, 7 September 2003.

[2] Adam Levy, "Sex, Drugs, Money: The Pleasure Principle," *International Herald Tribune*, 2 February 2006.

Chapter 6: Do You See What I Hear?

[1] Michael J. Bannisy and Jamie Ward, "Mirror-Touch Synesthesia Is Linked with Empathy," *Nature Neuroscience* 10 (17 June 2007): 816.

[2] V. S. Ramachandran and William Hirstein, "The Science of Art: A Neurological Theory of Aesthetic Experience," *Journal of Consciousness Studies* 6, no. 6–7 (June–July 1999).

Chapter 7: Where Is God?

[1] Benedict Carey, "A Neuroscientific Look at Speaking in Tongues," *New York Times*, 7 November 2006.

[2] TED, "Talks: Jill Bolte Taylor: My Stroke of Insight," Technology, Entertainment, Design, http://www.ted.com/index.php/talks/jill_bolte_taylor_s_powerful_stroke_of_insight.html, accessed 8 August 2008.

[3] Asheim Hansen and E. Brodtkorb, "Partial Epilepsy with 'Ecstatic' Seizures," *Epilepsy Behavior* 4, no. 6 (December 2003): 667–73.

[4] Sandra Blakeslee, "Out-of-Body Experience? Your Brain Is to Blame," *New York Times*, 3 October 2006.

Chapter 8: Fighting Neurowarfare

[1] Denise Gellene and Karen Kaplan, "They're Bulking Up Mentally," *Los Angeles Times*, 20 December 2007.
[2] James Randerson, "Scary or Sensational? A Machine That Can Look into the Mind," [London] *Guardian*, 6 March 2008.
[3] Noah Shachtman, "Be More Than You Can Be," *Wired*, March 2003.

Chapter 9: Perception Shift

[1] Anjan Chatterjee, "Cosmetic Neurology and Cosmetic Surgery: Parallels, Predictions, and Challenges," *Cambridge Quarterly of Healthcare Ethics* 16, 129. (April 2007)
[2] Hedweb, "The Hedonistic Imperative," http://www.hedweb.com/index.html, accessed 8 August 2008.
[3] Nikhil Swaminathan, "Legislation Introduced to Spur Treatments for Brain Ailments," *Scientific American*, 8 May 2008.

参考文献

Ackerman, Sandra J. *Hard Science, Hard Choices: Facts, Ethics, and Policies Guiding Brain Science Today*. New York: Dana Press, 2006.

Alper, Matthew. *The God Part of the Brain: A Scientific Interpretation of Human Spirituality and God*. New York: Rogue Press, 2006.

Alston, Brian. *What Is Neurotheology?* BookSurge Publishing, 2007.

Arthur, Brian. "Is the Information Revolution Dead?" *Business 2.0*, March 2002.

Bailey, Ronald. *Liberation Biology: The Scientific and Moral Case for the Biotech Revolution*. New York: Prometheus Books, 2005.

Bainbridge, William. "The Evolution of Semantic Systems in the Coevolution of Human

Potential and Converging Technologies." *Annals of the New York Academy of Sciences* 1013 (2004): 150–77.

Banissy, Michael J., and Jamie Ward. "Mirror-Touch Synesthesia Is Linked with Empathy." *Nature Neuroscience* 10 (17 June 2007): 815–16

Barnes, D. A. "CNS Drug Discovery: Realizing the Dream." *Drug Discovery World* (Summer 2002): 54–57.

Barondes, Samuel H. *Better Than Prozac: Creating the Next Generation of Psychiatric Drugs*. New York: Oxford University Press, 2001.

Bartels, Andreas, and Semir Zeki. "Functional Brain Mapping During Free Viewing of Natural Scenes." *Human Brain Mapping* 21, no. 2 (2003): 75–83.

Bell, Daniel. *The Coming of the Post-Industrial Society: A Venture into Social Forecasting*. New York: Basic Books, 1973.

Beniger, James. *The Control Revolution: Technological and Economic Origins of the Information Society*. Cambridge, MA: Harvard University Press, 1986.

Blakeslee, Sandra. "Brain Experts Now Follow the Money." *New York Times Magazine*, 7 September 2003.

Boire, Richard Glen. "On Cognitive Liberties Part III." *Journal of Cognitive Liberties* 2 (2000): 7–22.

Brand, Stewart. *The Media Lab: Inventing the Future at MIT*. New York: Penguin, 1988.

Braun, Stephen. *The Science of Happiness: Unlocking the Mysteries of Mood*. New York: Wiley, 2000.

Brizendine, Louann. *The Female Brain*. New York: Morgan Road Books, 2006.

Burn, Tom. "Student Perceptions of Methylphenidate Abuse at a Public Liberal Arts College." *Journal of American College Health* 49 (2000): 143–45.

Camerer, Colin, George Lowenstein, and D. Prelec. "Neuroeconomics: How Neuroscience Can Inform Economics." *Journal of Economic Literature* 43 (March 2005): 9–64.

Canham, L. T. "Silicon Technology and Pharmaceutics—An Impending Marriage in the Nanoworld." *Drug Discovery World* (Summer 2000): 56–63.

Caplan, Arthur. "Is Better Best?" *Scientific American* (September 2003): 68–73.

Carlsson, Arvid. "A Paradigm Shift in Brain Research." *Science* 294: 1021–24.

Castells, Manuel. *The Rise of the Network Society*. Oxford, UK: Blackwell Publishers, 1996.

Chatterjee, Anjan. "Cosmetic Neurology and Cosmetic Surgery: Parallels, Predictions, and Challenges." *Cambridge Quarterly of Healthcare Ethics* 16 (2007): 129–37

Chatterjee, Anjan. "Cosmetic Neurology: The Controversy over Enhancing Movement, Mentation, and Mood." *Neurology* 63 (2004): 968–74.

Chiu, P. H., T. M. Lohrenz, and P. R. Montague. "Smokers' Brains Compute, but Ignore, a Fictive Error Signal in a Sequential Investment Task. *Nature Neuroscience* 11, no. 4 (2008): 514–20.

Chorost, Michael. *Rebuilt: How Becoming Part Computer Made Me More Human*. New York: Houghton Mifflin, 2005.

Condon, Richard. *The Manchurian Candidate*. Four Walls Eight Windows, 2003.

Damasio, Antonio R. *Looking for Spinoza: Joy, Sorrow, and the Feeling Brain*, New York: Harvest Books, 2003.

D'Aquili, Eugene G., and Andrew B. Newberg. *The Mystical Mind: Probing the Biology of Religious Experience (Theology and the Sciences)*. Augsburg Fortress Publishers, 1999.

Dennett, Daniel C. *Freedom Evolves*. New York: Viking, 2003.

Dowd, Kevin. "Too Big to Fail? Long-Term Capital Management and the Federal Reserve." *Cato Briefing Paper* no. 52 (1999).

Drexler, Eric K. *Engines of Creation: The Coming Era of Nanotechnology*. New York: Anchor, 1986.

"The Ethics of Brain Science: Open Your Mind." *Economist*, May 23, 2002, 77–79.

Ekman, Paul. *Emotions Revealed: Recognizing Faces and Feelings to Improve Communication and Emotional Life*. New York: Henry Holt, 2003.

Farah, Martha. "Neurocognitive Enhancement: What Can We Do and What Should We Do?" *Nature Reviews Neuroscience*, May 2004, 421–24.

Fehmi, Les, and Jim Robbins. *The Open-Focus Brain: Harnessing the Power of Attention to Heal Mind and Body*. New York: Trumpeter, 2007.

Fellous, Jean-Marc, and Michael A. Arbib, ed. *Who Needs Emotions? The Brain Meets the Robot*. New York: Oxford University Press, 2005.

Freeman, Christopher. *Long Waves in the World Economy*. London: Frances Pinter, 1983.

Freeman, Christopher, and Francisco Louçã. *As Time Goes By: From the Industrial Revolution to the Information Revolution*. Oxford, UK: Oxford University Press, 2001.

Freeman, Christopher, John Clark, and Luc Soete. *Unemployment and Technical Innovation: A Study of Long Waves and Economic Development*. London: Frances Pinter, 1982.

Freud, Sigmund. *Civilization and Its Discontents*. New York. Penguin, 2002.

Fukuyama, Francis. *Our Posthuman Future: The Consequences of the Biotechnology Revolution*. New York: Farrar, Straus and Giroux, 2002.

Garreau, Joel. *Radical Evolution: The Promise and Peril of Enhancing Our Minds, Our Bodies—and What It Means to Be Human*. New York: Doubleday, 2004.

Gazzaniga, Michael S. *The Ethical Brain*. New York: Dana Press, 2005.

———. *The Social Brain*. New York: Basic Books, 1985.

Gertner, Jon. "The Futile Pursuit of Happiness." *New York Times*, 2003.

Gibson, William. *Neuromancer: Remembering Tomorrow*. New York: Ace Books, 1984.

Gilbert, Daniel. *Stumbling on Happiness*. New York: Alfred A. Knopf, 2006.

Gilbert, Daniel T., and Tim D. Wilson. "Miswanting: Some Problems in the Forecasting of Future Affective States." In J. Forgas, ed., *Thinking and Feeling: The Role of Affect in Social Cognition*. Cambridge, UK: Cambridge University Press, 2000.

Glimcher, Paul W. "Decisions, Decisions, Decisions: Choosing a Biological Science of Choice." *Neuron* 36, no. 2 (October 2002): 323–32.

———. *Decisions, Uncertainty, and the Brain: The Science of Neuroeconomics*. Cambridge, MA: MIT Press/Bradford Press, 2002.

Greenfield, Susan. *Tomorrow's People: How 21st Century Technology Is Changing the Way We Think and Feel*. London: Allen Lane, 2003.

Harvey, David. *Conditions of Postmodernity*. Cambridge, UK: Blackwell, 1989.

Huxley, Aldous. *Brave New World*. Garden City, NY: Doubleday, 1932.

———. *The Doors of Perception*. New York: Harper and Row, 1970.

———. *Island*. New York: Harper Perennial, 2002.

Illes, Judy, Allyson C. Rosen, Lynn Huang, R. A. Goldstein, Thomas A. Raffin, G. Swan, and Scott W. Atlas. "Ethical Consideration of Incidental Findings on Adult Brain MRI in Research." *Neurology* 62, no. 6 (2004): 888–90.

James, William. *The Varieties of Religious Experience: A Study in Human Nature*. 1902. New York: Routledge, 2002.

Kane, Pat. *The Play Ethic: A Manifesto for a Different Way of Living*. London: Pan Books, 2006.

Kant, Immanuel. *The Critique of Judgment*. New York: Cosimo Classics, 2007.

Kauffman, Stuart. *The Origins of Order: Self-Organization and Selection in Evolution*. New York: Oxford University Press, 1993.

Kelly, Kevin. *Out of Control: The Rise of Neo-Biological Civilization*. New York: Addison-Wesley, 1994.

Kesey, Ken. *One Flew Over the Cuckoo's Nest*. New York: Signet, 1963.

Key, Wilson B. *Subliminal Seduction*. New York: Signet, 1973.

Knutson, Brian, Charles S. Adams, Grace W. Fong, and Daniel Hommer. "Anticipation of Monetary Reward Selectively Recruits Nucleus Accumbens." *Journal of Neuroscience* 21 (2001): RC159.

Knutson, Brian, Jamil Bhanji, Rebecca E. Cooney, Lauren Atlas, and Lan H. Gotlib. "Neural Responses to Monetary Incentives in Major Depression." *Biological Psychiatry* 63 (2008): 686–92.

Knutson, Brian, Jeffrey Burgdorf, and Jaak Panksepp. "High-Frequency Ultrasonic Vocalizations Index Conditioned Pharmacological Reward in Rats." *Physiology and Behavior* 66 (1999): 639–43.

Knutson, Brian, and Peter Bossaerts. "Neural Antecedents of Financial Decisions." *Journal of Neuroscience* 27 (2007): 8174–77.

Kolman, Joe. "LTCM Speaks." *Derivatives Strategy Magazine*, April 1999, 25–32.

Kondratieff, Nikolai D. *The Long Wave Cycle*. New York: Richardson and Snyder, 1984.

Kuhn, Thomas. *The Structure of Scientific Revolutions*. 2nd ed. Chicago: The University of Chicago Press, 1970.

Kuhnen, Camelia, and Brian Knutson. "The Neural Basis of Financial Risk Taking." *Neuron* 47 (2005): 763–70.

Kurzweil, Ray. *The Singularity Is Near: When Humans Transcend Biology*. New York: Viking, 2005.

Kuznets, Simon. *Economic Change*. New York: W.W. Norton, 1953.

Langleben, Daniel, Frank M. Dattilio, and Thomas G. Guthei. "True Lies: Delusions and Lie-Detection Technology." *Journal of Psychiatry and Law* 34, no. 3 (2006): 351–70.

LeDoux, Joseph. *The Emotional Brain: The Mysterious Underpinnings of Emotional Life*. New York: Touchstone, 1996.

Lehrer, Jonah. *Proust Was a Neuroscientist*. New York: Houghton Mifflin, 2007.

Levitin, Daniel J. *This Is Your Brain on Music: The Science of a Human Obsession*. New York: Plume, 2007.

Levy, Adam. "Brain Scans Show Link Between Lust for Sex and Money." Bloomberg.com, February 1, 2006.

Lo, Andrew W., and Dmitri V. Repin. "The Psychophysiology of Real-Time Financial Risk Processing." *Journal of Cognitive Neuroscience* 14 (2002): 323–39.

Loewenstein, George. "Emotions in Economic Theory and Economic Behavior." *American Economic Review: Papers and Proceedings* 90 (2000): 426–32.

Loewenstein, George, and Daniel Adler. "A Bias in the Prediction of Tastes." *Economic Journal* 105 (1995): 929–37.

Loewenstein, George, Ted O'Donoghue, and Matthew Rabin. "Projection Bias in Predicting Future Utility." *Quarterly Journal of Economics* 118 (2003): 1209–48.

Luntz, Frank. *Words That Work: It's Not What You Say, It's What People Hear*. New York: Hyperion, 2006.

Lynch, Casey, and Zack Lynch. *The Neurotechnology Industry 2008: Drugs, Devices, and Diagnostics for the Brain and Nervous System; Market Analysis and Strategic Investment Guide to the Global Neurological Disease and Psychiatric Illness Markets*. San Francisco: NeuroInsights, 2008.

Lynch, Zack. "Emotions in Art and the Brain." *Lancet Neurology* 3 (2004): 191.

———. "Neuropolicy (2005–2035): Converging Technologies Enable Neurotechnology, Creating New Ethical Dilemmas." In William S. Bainbridge and Mihail C. Roco, eds. *Managing Nano-Bio-Info-Cogno Innovations: Converging Technologies in Society*. The Netherlands: Springer, 173–91.

———. "Neurotechnology and Society 2010–2060 in the Coevolution of Human Potential and Converging Technologies." *Annals of the New York Academy of Sciences* 1013 (2004): 229–33.

Malone, Thomas W. *The Future of Work: How the New Order of Business Will Shape Your Organization, Your Management Style, and Your Life.* Boston: HBS Press, 2004.

McCabe, Kevin, and Vernon Smith. "A Two Person Trust Game Played by Naïve and Sophisticated Subjects." *Proceedings of the National Academy of Sciences* 97, no. 7 (2000): 3777–81.

McClure, Samuel M., and P. Read Montague. "Neural Correlates of Behavioral Preference for Culturally Familiar Drinks." *Neuron* 44, no. 2 (October 14, 2004): 379–87.

McKinney, Laurence O. *Neurotheology: Virtual Religion in the 21st Century.* American Institute for Mindfulness, 1994.

McLuhan, Marshall. *Understanding Media—The Extensions of Man.* Cambridge, MA: MIT Press, 1964.

Mithen, Steven. *The Singing Neanderthals: The Origins of Music, Language, Mind, and Body.* Cambridge, MA: Harvard University Press, 2005.

Montague, P. Read. "Neuroeconomics: A View from Neuroscience." *Functional Neurology* 22, no. 4 (2007): 219–34.

Montague, P. Read, and Pearl Chiu. "For Goodness' Sake." *Nature Neuroscience* 10, no. 2 (2007): 137–38.

Montague, Read. *Why Choose This Book? How We Make Decisions.* New York: Penguin, 2006.

Moreno, Jonathan D. *Mind Wars: Brain Research and National Defense.* New York: Dana Press, 2006.

———. *Undue Risk: Secret State Experiments on Humans.* New York: Routledge, 2000.

Nabokov, Vladimir. *Speak, Memory.* New York: Everyman's Library, 1999.

Negropante, Nicholas P. *Being Digital.* New York: Vintage Books, 1995.

Newberg, Andrew. *Why We Believe What We Believe: Uncovering Our Biological Need for Meaning, Spirituality, and Truth.* New York: Free Press, 2006.

Newberg, Andrew, Eugene D'Aquili, and Vince Rause. *Why God Won't Go Away: Brain Science and the Biology of Belief.* New York: Ballentine Books, 2002.

Newberg, Andrew, et al. "The Measurement of Regional Cerebral Blood Flow During the Complex Cognitive Task of Meditation: A Preliminary SPECT Study." *Psychiatry Research* 106, no. 2 (2001): 113–22.

Oeppen, Jim W. "Broken Limits to Life Expectancy." *Science* 296 (2002): 1029–31.

Packard, Vance. *The Hidden Persuaders*. New York: D. Mackay, 1957.

Panskeep, Jaak. *Affective Neuroscience: The Foundations of Human and Animal Emotions*. New York: Oxford University Press, 1998.

Parens, Erik, ed. *Enhancing Human Traits: Ethical and Social Implications*. Washington, DC: Georgetown University Press, 1998.

Penrose. Roger. *The Emperor's New Mind: Concerning Computers, Minds, and the Laws of Physics*. New York: Oxford University Press, 1989.

Perez, Carlota. *Technological Revolutions and Financial Capital: The Dynamics of Bubbles and Golden Ages*. Northampton, MA: Edward Elgar, 2002.

Peterson, Richard L. *Inside the Investor's Brain: The Power of Mind over Money*. New York: Wiley Trading, 2007.

Phelps, Elizabeth A., et al. "Neurophysiological Mechanisms Underlying the Understanding and Imitation of Action." *Nature Reviews Neuroscience* 12, no. 5 (2000): 729–38.

Pinker, Steven. *The Blank Slate: The Modern Denial of Human Nature*. New York. Penguin Press, 2002.

Porter, Michael E. *The Competitive Advantage of Nations*. New York: Free Press, 1990.

Postrel, Virginia. *The Substance of Style: How the Rise of Aesthetic Value Is Remaking Commerce, Culture, and Consciousness*. New York: HarperCollins, 2003.

President's Council on Bioethics. *Beyond Therapy: Biotechnology and the Pursuit of Happiness*. Washington, DC: President's Council on Bioethics, 2003.

Ramachandran, V. S. "Mirror Neurons and Imitation Learning as the Driving Force Behind the Great Leap Forward in Human Evolution." Third Edge. www.edge.org.

Ramachandran, V. S., and Sandra Blakeslee. *Phantoms in the Brain: Human Nature and the Architecture of the Mind*. New York: Fourth Estate, 1998.

Rich, Motoko. "Oliver Sacks Joins Columbia Faculty as 'Artist.'" *New York Times*, 1 September 2007.

Roco, Mihail. "Science and Technology Integration for Increased Human Potential and Societal Outcomes in the Coevolution of Human Potential and Converging Technologies." *Annals of the New York Academy of Sciences* 1013 (2004): 1–16.

Roco, Mihail C., and William S. Bainbridge, eds. *Converging Technologies for Improving Human Performance: Nanotechnology, Biotechnology, Information Technology, and Cognitive Science*. 2002.

Rose, Steven. *The Future of the Brain: The Promise and Perils of Tomorrow's Neuroscience*. Oxford, UK: Oxford University Press, 2005.

Rothschild, Michael. *Bionomics: Economy as Ecosystem*. New York: Henry Holt, 1990.

Sacks, Oliver. *Awakenings*. New York: Duckworth, 1973.

———. *Musicophilia: Tales of Music and the Brain*. New York: Alfred A. Knopf, 2007.

Safire, William. "Neuroethics: Mapping the Field, a Report from the Conference." *Cerebrum* 4, no. 3 (Summer 2002).

Sandel, Michael J. "The Case Against Perfection: What's Wrong with Designer Children, Bionic Athletes, and Genetic Engineering." *Atlantic Monthly*, April 2004, 58.

Schopenhauer, Arthur. *The World as Will and Representation*. New York: Longman, 2007.

Schumpeter, Joseph. *Business Cycles: A Theoretical, Historical, and Statistical Analysis of the Capitalist Process*. 2 vols. New York and London: McGraw-Hill, 1939.

Schwartz, Peter. *The Art of the Long View*. New York: Doubleday, 1991.

Scripture, Edward W. *The New Psychology*. 1898. Kessinger Publishing, 2007.

Sententia, Wrye. "Brain Fingerprinting: Databodies to Databrains." *Journal of Cognitive Liberty* 2, no. 3 (2001): 31–46.

———. "Neuroethical Considerations: Cognitive Liberty and Converging Technologies for Improving Human Cognition." In The Coevolution of Human Potential and Converging Technologies. *Annals of the New York Academy of Sciences* 1013 (2004): 221–28.

Sheridan, Clare. "Benefits of Biotech Clusters Questioned." *Nature Biotechnology* 21, no. 11 (2003): 1258–59.

Shermer, Michael. *The Mind of the Market: Compassionate Apes, Competitive Humans, and Other Tales from Evolutionary Economics*. New York. Henry Holt, 2008.

Smith, Adam. *An Inquiry into the Nature and Causes of the Wealth of Nations*. 1776. New York: Bantam, 2004.

Stock, Gregory. *Metaman: The Merging of Humans and Machines into a Global Superorganism*. New York: Simon and Schuster, 1993.

———. *Redesigning Humans: Our Inevitable Genetic Future*. New York: Houghton Mifflin, 2002.

Tarnas, Richard. *Cosmos and Psyche: Intimations of a New World View.* New York: Plume, 2006.

Taylor, Jill B. *My Stroke of Insight: A Brain Scientist's Personal Journey.* New York: Viking, 2008.

Tinbergen, Nikolaas. *The Herring Gull's World: A Study of the Social Behaviors of Birds.* London: Anchor Books, 1967.

Toffler, Alvin. *Future Shock.* New York: Bantam Books, 1970.

———. *The Third Wave.* New York: Bantam Books, 1980.

Wolpe, Paul R., Kenneth R. Foster, and Daniel D. Langleben. "Emerging Neurotechnologies for Lie Detection: Promises and Perils." *American Journal of Bioethics* 5, no. 2 (2005): 39–49.

Zak, Paul. "The Neurobiology of Trust." In *Proceedings of the 2003 Economic Science Association Conference.*

Zeki, Semir. "Artistic Creativity and the Brain." *Science* 293(2001): 51–52.

———. "The Chronoarchitecture of the Human Brain." *NeuroImage* 22, no. 1 (2004): 419–33.

———. *Inner Vision: An Exploration of Art and the Brain.* New York: Oxford University Press, 1999.

Zimmer, Carl. *Soul Made Flesh: The Discovery of the Brain—and How It Changed the World.* New York: Free Press, 2004.

致　谢

本书得以问世，非系单凭一已之力，也不是一挥而就的。大凡此类书籍，都会有这样的共同点。本书中奔涌着全世界献身于研究工作的人们的奇妙灵感，也折射出将这些人的成果逐日向公众报告的人们的辛劳。我自己也对这些人的工作投入了将近十年的功力。一路走来，体验着实不凡。

为撰写本书，我的双脚踏遍了全世界，大脑更是驰骋不羁。许多人对这一写作过程的不同内容发挥了举足轻重的作用。对此，我要大力感谢艾伦·斯科特、詹姆斯·坎顿、马丁·格林伯格、迈克尔·罗思柴尔德、保罗·察克、杰克·林赛、怀尔·森坦夏、加林·斯泰格林、罗斯·梅菲尔德、山姆·巴伦德斯、埃米·科尔泰塞、克里斯·林奇、希尔顿·乔利夫、库尔特·亚历山大、诺埃尔·埃克斯特隆、乔西·麦卡特、马特·马奥尼、丹尼尔·里特、弗兰克·埃克曼和保罗·斯蒂默斯。我还要特别向我的两位出版经纪人乔·斯皮勒和戴尔德丽·莫拉尼致意，感谢他们阅读了此书的初稿。还要感谢出版商菲尔·列兹文，是他促成了本书结尾部分对未来前景的更深入的探讨。

拜伦·劳尔森是我要特别致以谢忱的一位。他使本书增添了活力。在独自一人花费数年光阴完成《第四次革命：看神经科技如何改变我们的未来》的初稿后，我邀请拜伦加盟，请他润色与约见者讨论的部分。我的初衷只是希望使行文风格更统一一些，结果收获却远远不止这些。拜伦是位讲故事的能手、出色的合作伙伴和性格出众的人物。

最重要的一点，是我要永远感谢我的集朋友、顾问、妻子和挚爱于一身的凯茜。八年前我开始构思本书时，她便给予了积极支持。而在此后的岁月中，她宝贵的热情和闪光的睿智始终不见削减。她与我一起调查，相互砥砺，共同构筑了人性未来的全面图景。我热切地盼望能与她以及我们的儿子凯尔并肩走过这一神经革命的全程。

旧金山市

2008年12月